福島事故後の原発の論点

編　　集：公益財団法人 政治経済研究所
　　　　　環境・廃棄物問題研究会
編集委員：野口邦和・歌川　学・舘野　淳
　　　　　八田純人・松田真由美
編集協力：核・エネルギー問題情報センター

本の泉社

まえがき

　公益財団法人政治経済研究所は、1938 年 9 月 1 日に企画院の外郭団体として設立された財団法人東亜研究所（初代総裁・近衛文麿内閣総理大臣）の資産を受け継ぎ、財団法人政治経済研究所として 1946 年 8 月 14 日に設立された。その後、1951 年 6 月 1 日に文部省（当時）指定の民間学術研究機関となり、2011 年 10 月 11 日に公益財団法人に移行した。現在は、附属大島・社会文化研究所（公財移行後は研究室）、附属東京大空襲・戦災資料センター、附属東京中小企業問題研究所（公財移行後は研究室）と統合して成り立っている。

　1946 年の創設時の役員は、末廣巖太郎、大内兵衛、平野義太郎、近藤康男、森戸辰男、小林義雄、金森徳次郎ら日本国憲法に具現化されている平和主義と民主主義のもとに戦後改革をリードした人々であった。安倍晋三政権が「戦争法」と「共謀罪法」を強行成立させ 9 条改憲を企てるなど、戦後改革の巻き戻しを強行しようとしている現在、「内外の政治・経済・社会・文化の状況に関する調査研究」を通じて戦後改革の成果を維持・発展させていくことは、現在及び将来の社会に対する政治経済研究所の重要な責務であると考える。

　さて、本書は政治経済研究所環境・廃棄物問題研究会編である。環境・廃棄物問題研究会は、①環境・廃棄物問題について討論・意見交換して調査研究活動の総合化と進展に寄与する、②これらの活動を通して政治経済研究所と外部関係者との人的つながりを広げ、同研究所の活動基盤の強化・発展に寄与する、ことを目的に 2004 年 9 月に発足した。同研究会は、研究例会や見学会の開催、研究プロジェクトの実施を軸に、研究活動を継続して今日に至っている。

　環境・廃棄物問題研究会がここ数年間、「環境・廃棄物・エネルギー問題の研究」として問組んできた研究プロジェクトの成果の一端が本書である。一端とはいえ、本書で取り扱っている範囲は実に幅広い。核エネルギー利用における環境上の諸問題は、次の 3 点に集約される。(1) 原子炉の炉心損傷事故（炉心溶融事故及び原子炉暴走事故）による環境汚染、(2) 原子炉の通常運転に伴う環境汚染、(3) 核燃料サイクルに伴う環境問題、である。(3) は、廃棄物問題にもつながる。

　原子力発電の問題は、原子炉の安全性が確立していない点に留まらない。使用済み核燃料など高レベル放射性廃棄物を安全に処分する見通しが立っていないことも重大な問題である。仮に原子炉の安全性が十分に確立したとしても、原子炉の運転に伴って必然的に発生する使用済み核燃料などの高レベル放射性廃棄物が安全に処分できる見通しがないまま

原子炉を運転し続けることは、無責任極まりない。また、原子力発電には、ウラン濃縮施設で生産される濃縮ウランと使用済み核燃料再処理施設で生産されるプルトニウムが核兵器に転用可能な物質であるという問題もある。原子炉を運転することが即核兵器製造につながるわけではなく、核兵器はそれを製造・取得する明確な政治的意思をもって研究開発しない限り達成できるものでないとしても、ウラン濃縮技術と再処理技術は核兵器製造に直結することを忘れてはならない。さらに、9.11事件以降、原発テロが国際政治の焦点になっている。国土狭小・人口過密・集中立地の日本の原発は、テロリストにとって第一級の攻撃目標たり得る。仮想敵国を想定して互いにミサイルをいつでも発射できる国際関係の下では、原子力発電所を建設すべきではない。

原水爆禁止運動は核戦争阻止、核兵器廃絶、被爆者援護・連帯を一致点に、国際世論を動員して国際条約で核兵器を禁止し、廃絶することをめざす運動である。折しも2017年7月7日、国連で核兵器禁止条約が採択されたことは、道半ばとはいえ画期的である。一方の原発ゼロをめざす運動は、原子力発電所を早期になくすことを一致点に、国民世論を動員して、政府と電力会社にその決断を迫るものである。

第Ⅰ部では、福島原発事故と放射能汚染をテーマに、解説とコラムを含めて4人の研究者が執筆した。第Ⅱ部では、原発事故をめぐる論点をテーマに、解説とコラムを含めて8人の研究者が執筆した。第Ⅲ部では、海外の動向をテーマに、解説とコラムを含めて5人の研究者が執筆した。もとより個々のテーマについて、執筆者間で意見が必ずしも一致しているわけではない。それは原子力発電問題をめぐる複雑性の反映であると読者には理解していただきたい。

本書は、自然科学者と社会科学者の共同の著作である。福島第一原発事故や原発事故一般、あるいは原子力発電開発が社会に提起する問題の側面は多岐に及ぶ。そのすべてを遺漏なく網羅することは望むべくもないが、本書の執筆者は、きわめて限られた紙幅の範囲内で、可能な限り多角的に問題を提示することに努力したつもりである。巻末資料は、各部に挿入した解説とコラムとともに、読者が原子力発電問題とエネルギー問題について、読者が総合的に理解する手助けとなるよう解説したものである。

本書が、日本における原子力発電問題とエネルギー問題を考える際に多面的に利用されることを期待している。

編集委員一同

目　次

まえがき　　　　　　　　　　　　　　　　　　　　　　　　　　　　　　　**2**

第Ⅰ部　福島原発事故と放射能汚染

第1章　福島第一原発事故と事故炉の現状　　　　　　野口邦和　　**8**

　　　解説1　福島第一原発事故後の甲状腺がんの「多発見」について

　　　　　　　　　　　　　　　　　　　　　　　　　　児玉一八　　43

　　　コラム1　福島第一原発事故とチェルノブイリ原発事故との違い

　　　　　　　　　　　　　　　　　　　　　　　　　　野口邦和　　47

　　　コラム2　国際原子力事象評価尺度（INES）　　　野口邦和　　49

　　　コラム3　医療被ばくを怖がる患者が増えた！　　野口邦和　　50

　　　コラム4　福島原発事故による農水産物と汚染　　八田純人　　52

第2章　原発事故賠償の問題点と復興政策の課題　　除本理史　　54

第Ⅱ部　原発事故をめぐる論点

第3章　福島事故とヒューマンファクター

　　　── IAEA 事故調査報告書の提起したもの　　　舘野　淳　　**68**

　　　コラム5　原発の寿命と廃炉、放射性廃棄物　　　岩井　孝　　80

第4章　日本の原子力防災対策を検証する　　　　　児玉一八　　**82**

　　　コラム6　放射線測定器は正しく使われているか　児玉一八　　102

　　　コラム7　原発とM7以上の地震地図　　　　　　野口邦和　　104

第5章　原発差止訴訟の論点　　　　　　　　　　　柴崎　暁　　**105**

第6章　高レベル放射性廃棄物処分の現状と課題　　本島　勲　　**117**

　　　解説2　使用済み核燃料の再処理と核燃料サイクル　舘野　淳　　135

第7章　ICRP 公衆被ばく線量限度 1mSv ／年の設定根拠およびリスクの推定

　　　　　　　　　　　　　　　　　　　　　　　　　小野塚春吉　　**137**

　　　解説3　リスクレベル「1000 分の1（10^{-3}）」および

　　　「100 万分の1（10^{-6}）」について　　　　　　小野塚春吉　　153

第 8 章	環境対策と両立する日本のエネルギー需給の現状と課題	歌川 学	157
解説 4	再生可能エネルギー普及の現状と課題	歌川 学	170
コラム 8	発電コスト	歌川 学	174
コラム 9	電力システム改革と送電網受入ルール	歌川 学	176
コラム 10	消費側からのエネルギー選択	歌川 学	178
コラム 11	エネルギー政策	歌川 学	180

第Ⅲ部　海外の動向

第 9 章　アメリカの原子力政策　　　　　　　　　　　　　　青柳長紀　182

第10章　イギリスの原発政策　　　　　　　　　　　　　　松田真由美　197

第11章　原発に依存しないという選択、ドイツの場合
　　　　　―原発と市民社会―　　　　　　　　　　　　　　　北村　浩　206

第12章　チェルノブイリ被災者補償法
　　　　　―年間 1mSv を法制化、1 ～ 5mSv ゾーンに選択的移住権を保証―
　　　　　　　　　　　　　　　　　　　　　　　　　　　　小野塚春吉　217

第13章　先進国・新興国のエネルギー需給・電力需給の変化　　歌川 学　229

　　　　コラム 12　原発国民投票・住民投票　　　　　　　　　歌川 学　241

　　　　コラム 13　原発廃止政策　　　　　　　　　　　　　　歌川 学　242

資　料

【巻末資料 1】　放射能・放射線の単位　　　　　　　　　　　　　　　　244

【巻末資料 2】　SI 接頭語　　　　　　　　　　　　　　　　　　　　　251

【巻末資料 3】　英略語　　　　　　　　　　　　　　　　　　　　　　252

あとがき　　　　　　　　　　　　　　　　　　　　　　　　　　　　254

編者・執筆者一覧　　　　　　　　　　　　　　　　　　　　　　　　255

第Ⅰ部

福島原発事故と放射能汚染

—— 第 1 章 ——

福島第一原発事故と事故炉の現状

野口邦和

1 福島第一原発事故による被害状況

（1）東日本大震災

　2011 年 3 月 11 日 14 時 46 分、三陸沖（仙台市の東方沖 70 km）の深さ 24 km を震源とする「東北地方太平洋沖地震」が発生した。地震により宮城県栗原市で震度 7 を観測するなど、東日本各地で激しい揺れが観測された。地震により発生した津波は、東北地方を中心に太平洋沿岸部を襲った。同年 4 月 1 日、政府はこの地震による震災を「東日本大震災」と命名した。

　地震の規模を示すマグニチュード（M）は 9.0 で、関東大震災を引き起こした 1923 年 9 月 1 日の大正関東地震の M 7.9 をはるかに上回る、日本観測史上最大の地震となった。世界的にも 1900 年以降に発生した地震の中で、チリ地震（1960 年 5 月 22 日、M 9.5）、アラスカ地震（1964 年 3 月 28 日、M 9.2）、スマトラ島沖地震（2004 年 12 月 26 日、M 9.1）に次ぐ、4 番目の規模の地震であった。

表1　東日本大震災の被害状況[1]
（2017年9月8日現在）

人的被害	人数（人）
死　　者	1万5894
行方不明者	2546
重軽傷者	6156
建物被害	戸数（戸）
全　　壊	12万1852
半　　壊	28万1042
一部破損	72万7391

　東日本大震災の被害状況の概要を表 1 にまとめた[1]。震災による全国の死者は 1 万 5894 人、行方不明者は 2546 人、重軽傷者は 6156 人に及んだ。死者の 90％以上の死因は津波による溺死であった。岩手、宮城及び福島のいわゆる被災 3 県での人的被害は、全国における死者の 99.6％、行方不明者の 99.8％、重軽傷者の 73.8％を占めた。また、被災 3 県の建物被害は、全国における全壊の 96.7％、半壊の 86.5％、一

部破損の 52.9％を占める甚大なものであった。全国の避難者は最大約 47 万人（2011 年 3 月 14 日時点）に上った。地震発生から 6 年 7 ヵ月経った 2017 年 10 月 12 日現在においても、避難者は約 8 万 2000 人に上った[2]。

　表 2 は、被災 3 県の直接死者、行方不明者、震災関連死者をまとめたものである。国語辞典によれば、震災関連死とは、「建物の倒壊や火災、津波など地震による直接的な被害ではなく、その後の避難生活での体調悪化や過労など間接的な原因で死亡すること」をいう。直接死者と行方不明者の合計に対する震災関連死者の割合は岩手県 8.0％、宮城県 8.6％とほぼ同様だが、福島県は 119％と突出している。震災関連死の認定基準が被災自治体で統一されていない問題点はあるにしても、福島県だけが突出している理由は、約 6 割が福島第一原発事故の避難に伴う「原発関連死」であり、県外避難を余儀なくされた原子力災害の特殊性にあると指摘されている[3]。

表2　被災3県の直接死者、行方不明者及び震災関連死者

	直接死者[1]	行方不明者[1]	震災関連死者[2]
岩手県	4673	1121	463
宮城県	9540	1225	926
福島県	1614	196	2147

（2）福島第一原発事故の原因

　東北地方太平洋沖地震が発生した時、東京電力福島第一原子力発電所（以下「福島第一原発」）にある 6 基の原子炉のうち 4 ～ 6 号機は定期検査のため運転停止中だった。1 ～ 3 号機は運転中であったが、地震の大きな揺れにより緊急停止した。福島第一原発の 12 km 南にある東京電力福島第二原子力発電所（以下「福島第二原発」）にある 4 基の原子炉はすべて運転中であったが、地震の大きな揺れにより緊急停止した。

　しかし、福島第一原発では地震により受電用の送電鉄塔が倒壊して送電線が切れ、外部からの電力供給が断たれ外部電源を喪失した。これは外部電源喪失事故と呼ばれる恐ろしい事態である。なぜなら外部電源を喪失することは、ポンプを稼働させる電源を失うことを意味する。たとえ原子炉の運転を停止しても、ポンプにより原子炉内に水を送って核燃料を冷却できなければ、核燃料中の核分裂生成物などによる崩壊熱（放射性物質が放射性壊変する際に発生するエネルギーが熱に変化したもの）により核燃料の温度が上昇して融点（約 2850℃）を超え、溶融してしまうからである。

　もちろん外部電源喪失事故が恐ろしい事態であることは電力会社も重々承知しており、そうした事態に備えて発電所内には必ず内部電源（非常用ディーゼル発電機など）が用意

されている。今回の地震の際にも非常用ディーゼル発電機が起動し、非常用炉心冷却装置（ECCS）が稼働して原子炉の冷却が途絶えることはなかった。ところが地震発生から55分後の15時41分、高さ15mもの大津波が福島第一原発を襲い、タービン建屋地下に設置してある非常用ディーゼル発電機や配電盤が冠水し、故障・停止した。その結果、1号機では原子炉を冷却することができなくなった。2号機及び3号機では交流電源がなくても駆動できる冷却設備があり、しばらく原子炉を冷却していたが、やがてこれらの冷却設備も停止した。こうした事態を受けて1～3号機では、消防ポンプなどで代替注水する作業が懸命に進められたが、原子炉を冷却できない時間があまりに長過ぎた。

1～3号機は核燃料の温度が上昇した結果、冷却水が蒸発して水位が下がり、核燃料の上部がむき出しになった。約1000℃で燃料被覆管のジルカロイ（ジルコニウム合金の一種）と水蒸気が反応して熱と水素ガスが発生することと相まって、核燃料の温度はさらに上昇し、原子炉内の圧力も高くなった。約1800℃でジルカロイが溶融し、遂には約2850℃に達したウラン燃料が溶融した。溶融したジルカロイとウラン燃料は原子炉圧力容器底部に落下し、さらに圧力容器底部をも貫通し、一部は格納容器にまで漏れ出た。

やがて格納容器の圧力も高くなり、同容器の破損を避けるため、1～3号機では格納容器ベント（格納容器に取り付けられている弁を開放して排気する作業）が行われた。しかし、既に原子炉建屋にまで漏れ出ていた水素ガスが火花などにより爆発し、1号機と3号機の原子炉建屋上部が水素爆発により吹き飛んだ。2号機では格納容器底部に位置する圧力抑制室プール付近で水素爆発が起こり、同プール付近が一部損傷した。全交流電源喪失から炉心溶融に至る経緯は現在でも十分に解明され尽くされているわけではなく、全交流電源喪失に陥った日時も1～3号機でそれぞれ異なるが、概ね上述の如くであったと考えられている。

このように述べると、福島第一原発事故の原因は巨大地震と大津波であると考える読者がいるかも知れない。しかし、それは間違った理解である。そもそも非常用ディーゼル発電機や配電盤が津波により冠水するような場所に設置されていたことを考えれば、それは明らかである。少なくともその設計に問題があったことに疑問の余地はない。

同事故を踏まえ、各電力会社が安全上重要な設備の津波による浸水防止対策、電源喪失を起こさせないため電源の多重化・多様化対策、原子炉や使用済燃料プールの冷却手段の多様化対策に取り組んでいるのはその証左である。

また、M8.3の明治三陸地震（1896年）規模の巨大地震が起こった場合、高さ15mを超える大津波が襲来する可能性が指摘され、東京電力がそれを事故前に認識していたにも拘わらず、経済優先・安全軽視の姿勢に終始して十分な対策を採ってこなかったことも、事故後明らかになっている[4),43)]。加えて、こうした状態を改善するよう東京電力に厳しく対応してこなかった規制機関（原子力安全・保安院）にも問題があった。それ故に

こそ経済産業省の外局である資源エネルギー庁の特別の機関であった原子力安全・保安院は2012年3月に廃止され、環境省の外局として新たに原子力規制庁が設けられたのである。同事故の素因は巨大地震と大津波であるとしても、それを災害に顕在化させ被害規模を拡大させた要因を考えれば、まさに「人災」であると言わざるを得ない。

　なお、原子力施設の事故・故障・トラブルの程度を評価する国際原子力事象評価尺度（INES）によれば、福島第一原発事故は1986年4月26日に起こった旧ソ連ウクライナ共和国のチェルノブイリ原子力発電所（以下「チェルノブイリ原発」）の事故と同じ、最悪の「レベル7」（深刻な事故）と評価されている。

（3）放出された放射性物質の種類と量

　福島第一原発事故により大気中に放出された主な放射性物質は、放射性希ガス（キセノン133が主）、放射性ヨウ素（ヨウ素131が主）、放射性セシウム（セシウム137とセシウム134が主）、放射性テルル（テルル132が主）である。溶融した核燃料が原子炉圧力容器底部に落下し、圧力容器底部を溶融・貫通した核燃料が格納容器にまで漏れ出る事故だったため、常温で気体状のキセノンと揮発性元素であるヨウ素、セシウム、テルルの放射性物質が、主に原子炉建屋の水素爆発、格納容器ベント、2号機格納容器底部に位置する圧力抑制室プール付近の損傷部を通じて大気中に放出された。揮発性と不揮発性の中間に位置する元素（ストロンチウムなど）や不揮発性元素（プルトニウムなど）の放射性物質は、これらの箇所から大気中にあまり放出されなかった。実際、福島第一原発のごく近傍を除けば、表層土壌中のストロンチウム90及びプルトニウム239＋240の放射能濃度は、大気圏核実験に由来する表層土壌中の放射能濃度と変わらない[5]。この事実は、福島第一原発事故ではこれらの放射性物質があまり大気中に放出されなかったことを示唆するものである。

　2012年10月までに発表された情報に基づき、「原子放射線の影響に関する国連科学委員会」（UNSCEAR*）は、2014年4月に2013年報告書を刊行した[6]。この報告書は信頼性が高いと考えられる国内外の16研究機関・グループの放射性物質の放出量を表3の如く取りまとめている（表3の脚注は筆者による）。初期被ばくで問題となるヨウ素131は原子炉内の2〜8％、事故当初から現在まで問題になり続けているセシウム137

＊UNSCEARは、1955年12月の第10回国連総会において、電離放射線の人体と環境への影響に関する情報の収集及び評価のために設置された。1958年の最初の報告書の刊行後は、数年ごとに報告書が刊行されている。報告書の内容は、国際放射線防護委員会（ICRP）の勧告や国際原子力機関（IAEA）の基本安全基準（BSS）など放射線防護の安全基準を制定する上で、重要な科学的知見を提供している。UNSCEARは科学的情報を独自かつ客観的に評価するが、その目的は、放射線リスクと防護についての政策決定と意思決定に取り組むことではなく、それら決定のための情報を提供することであるとされている。

は同 1 ～ 3％が大気中に放出された。チェルノブイリ原発事故における大気放出量と比較すると、福島第一原発事故ではヨウ素 131 は 10 分の 1、セシウム 137 はおよそ 5 分の 1 と評価されている。しかし、大気中に放出された放射性物質の種類と放射能量は、チェルノブイリ原発事故と福島第一原発事故ではかなり異なる。その理由は、チェルノブイリ原発事故では制御棒の欠陥や運転員の規則違反などを契機に原子炉出力が定格出力の 100 倍に暴走した結果、水蒸気爆発により原子炉と原子炉建屋が激しく破壊されたからである。減速材である黒鉛の火災も大量の放射性物質を大気中に放出させる要因となった。そのため本来なら大気中に放出されにくい不揮発性元素なども、水蒸気爆発と黒鉛火災により大気中に大量に放出された。チェルノブイリ原発事故では、不揮発性元素プルトニウムは福島第一原発事故の大気放出量の数千倍、不揮発性元素と揮発性元素の中間に位置するストロンチウム 90 は 70 倍も多かった[7]。

　チェルノブイリ原発事故と異なる福島第一原発事故の特徴のひとつは、放射性物質の「直接的」な海洋放出があったことである。事故直後の 4 ～ 5 月、確認されているものだけで計 770 トンの高濃度汚染水が海洋に漏洩した。UNSCEAR は、2013 年報告書刊行後に発表された情報に基づき、2015 年及び 2016 年に白書を刊行した[8], [9]。白書は、福島第一原発事故に関する 2013 年報告書のフォローアップ（追跡調査）である。環境に放出された放射性物質の種類と量に関する限り、2016 年白書は 2013 年報告書と大筋において変わらない。

　大気放出の場合、放射性物質が揮発性（気化しやすい性質）か否かにより放出量は著しく異なる。海洋放出の場合は、放射性物質が水溶性か否かにより漏洩量は大きく異なる。核燃料中のウランとプルトニウムは酸化物として存在し、不溶性である。一方、ヨウ素及びセシウムは容易に水に溶解する。それ故、「直接的」に海洋放出された主な放射性物質はヨウ素 131、セシウム 137 及びセシウム 134 と考えられる。ストロンチウムも水に容易に溶解するため、ストロンチウム 90 の「直接的」な海洋放出は無視できない可能性がある。しかし、これまでに水産庁（農林水産省の外局）により発表されている福島県沖の魚介類中のストロンチウム 90 濃度を見る限り、最大でもセシウム 137 の 70 分の 1 以下である[10]。ストロンチウム 90 の分析試料数が少ないためもっと試料数を増やし信頼性を高める必要はあるとしても、魚介類の汚染に関する限り，ストロンチウム 90 は問題にならないといってよい。

　なお、主な大気及び海洋放出の時期は、前者は事故直後から 2011 年 4 月末まで、後者は事故直後から同年 5 月末までと考えられている。これらの時期以降の放出量は、これまでの全放出量のそれぞれ 1％以下と考えられている。それ故、現在まで続く福島県沖の魚介類の放射性セシウムによる汚染は、ほとんどが事故直後の 5 月末までに「直接的」に海洋放出されたものに由来する。

表3　福島第一原発事故による環境放出量[6]　（PBq）

放射性物質	緊急停止時の原子炉内放射能量	大気放出量	海洋放出量	
			直接的	間接的
ヨウ素131	6000	100〜500	約10〜20	60〜100
セシウム137	700	6〜20	3〜6	5〜8

（注1）1 PBq＝10^{15} Bq＝1000兆ベクレル
（注2）海洋放出量の「直接的」は取水口などを通じて海洋に直接放出されたもの、「間接的」は大気放出後に海洋に降下・沈着したものを意味する。
（注3）大気放出量の70〜80％は海洋に降下・沈着したと考えられている[11]。
（注4）セシウム134の緊急停止時の原子炉内放射能量、大気放出量、海洋放出量（直接的、間接的）は、セシウム137とほぼ同じである。
（注5）大気放出量で最も多かったのは放射性希ガスのキセノン133（半減期5.2475日）であるが、被ばく源としては無視できる。

（4）「ステップ2」達成までの取り組み

　福島第一原発の事故収束に向けた道筋として、政府及び東京電力は、事故後3カ月程度の期間内に事故炉を安定的に冷却できることを目標とする「ステップ1」に取り組んだ。事故炉が安定的に冷却できるようになれば、発生する水蒸気量を低減させ、放射性物質の大気放出量を着実に減少させることができるからである。この時期には、格納容器の水素爆発を回避するため、同容器内に窒素ガスを充填することも併せて行われた。事故炉の循環注水冷却システムの構築は2011年6月末までに完了した。

　続く「ステップ2」では、2011年内に放射性物質の大気放出が管理され放射線量が大幅に抑えられることを目標に、事故炉の循環注水冷却と格納容器内の窒素ガス充填を継続しつつ、原子炉圧力容器底部と格納容器内の温度を概ね100℃以下にする取り組みが行われた。「放射線量が大幅に抑えられる」とは、格納容器からの放射性物質の追加的放出による敷地境界における被ばく線量（実効線量）を年1ミリシーベルト以下にすることを意味する。この時期には、放射性物質の飛散抑制対策として飛散防止剤の散布、1号機原子炉建屋のカバー設置、3〜4号機原子炉建屋上部のがれき撤去などが行われた。同年12月16日、政府は「ステップ2」の完了を宣言した[12]。

（5）廃止措置に向けた取り組み

　2011年12月21日、事故炉の廃止措置等に向けた「中長期ロードマップ」が政府により発表された[13]。ロードマップ（行程表）はこれまでに何度も見直され、その度に作業工程を先延ばしする傾向にある。図1は、2017年9月末時点におけるロードマップを筆者が簡潔に整理したものであるが、後述するように、燃料デブリ（溶融した核燃料などが冷えて再び固化したもの）の号機毎の取り出し方針、初号機の取り出し方法さえ確定し

ていない。

　中長期的ロードマップは、廃止措置工程を3期に分ける。第1期は基点となる「ステップ2」完了から2013年11月までの2年間で、使用済み燃料プール内の燃料取り出し開始までの期間に相当する。

　第2期は燃料デブリの取り出しが開始されるまでの、2013年12月～2021年12月までの8年間である。「ステップ2」の完了から10年以内の期間に相当する。第2期の直前に相当する2013年11月、4号機の使用済み燃料取り出しが始まり、2014年12月に終了した。3号機の使用済み燃料取り出し開始は2018年度中頃、1号機及び2号機の使用済み燃料取り出しは2023年度の予定で、当初の作業工程よりだいぶ遅れる見通しである。燃料デブリの取り出しについては、2019年度に初号機における取り出し方法を確定する予定である。燃料デブリが原子炉圧力容器内にどれだけ残っているか、圧力容器から格納容器内に漏れ出た核燃料が燃料デブリとしてどこにどれだけ存在しているかを調査するため、2017年から2号機と3号機格納容器内にロボットを投入する作業が始まった。また、2015年から宇宙線ミュー粒子を用いた事故炉の調査も行われている。こうした調査を号機毎に行い、その結果を受けて、号機毎に取り出し方法が確定されることになる。そして中長期ロードマップ通りに進めば、2021年内にいよいよ初号機の燃料デブリ取り出しが始まる。

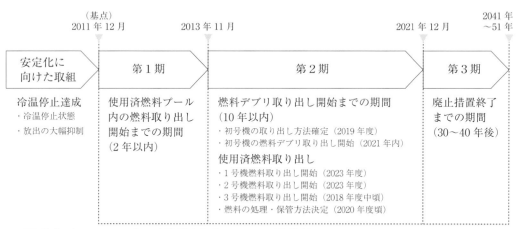

図1　廃止措置等に向けた中長期ロードマップ（2017年9月末現在）

第3期は1～4号機すべての廃止措置が終了する（2041～2051年）までの期間である。「ステップ2」が完了した2011年12月を基点とすると、30～40年後に廃止措置が終了することになる。燃料デブリ取り出しは、事故炉の廃止措置の中で最難関の工程である。格納容器にまで漏れ出た燃料デブリを取り出した経験は、アメリカ、フランス及びロシアを含め世界中のどこの国にもない。それを1～3号機までの3基を実行することになる。

　そもそも中長期ロードマップは技術的裏付けがなく、端的にいって政府及び東京電力の願望を述べたに過ぎない。それ故、事故炉の廃止措置の作業工程が先延ばし傾向にあるとはいえ、それを批判するのはあまり賢明なことではない。むしろ私たち国民は、たとえ少し遅れようとも、政府と東京電力が周到な準備の上、安全最優先で慎重・確実に作業工程を進めることを望むとともに、廃止措置が終了するまでの期間、世代を超えて関心を持ち続け、その状況の推移をしっかり見守ることが必要である。

　2016年12月に経済産業省「東京電力改革・1F問題委員会」が取りまとめた東電改革提言（案）[14]によれば、福島第一原発の事故処理費用が従来想定の11兆円から22兆円に倍増すると試算されている。このうち廃炉費用（汚染水費用を含む）は2兆円から燃料デブリ取り出しの工程で最大6兆円の追加資金が必要となり、計8兆円に膨らむ見込みだ。この他に賠償費用が従来想定の5兆円から8兆円、除染費用（中間貯蔵施設費用を含む）が従来想定の4兆円から6兆円に膨らむ見込みである。東京電力の負担額は総額22兆円のうち約16兆円（廃炉8兆円、賠償4兆円、除染4兆円）となる見込みだ。東電改革提言（案）は、廃炉費用8兆円については後述する「『管理型積立金制度』の下で、号機毎の工法が決まって行く中で、東電が作成する数年単位の計画に基づいて原賠機構が金額を精査・確認するというプロセスを繰り返す」。賠償費用4兆円については、「東電が自ら捻出し、増額に見合った負担金を負担」する。除染費用4兆円については、「企業価値向上による株式売却益」を当て込み、「東電が腰を据えて抜本的な改革で対応」すると述べているが、たとえば廃炉費用が8兆円で収まる保障はなく、あまりに不透明だ。また、総額22兆円の多くは電気料金に上乗せされ、結局は国民が負担することになる。「一日も早い福島県の復興・再生を果たす」という目的に誰も異論はないが、負担のあり方について国民的合意が十分に得られているとは思えない。

　なお、30年間の廃炉期間中、東京電力に年間3000億円程度の資金積み立て義務を課すため、政府は原子力損害賠償・廃炉等支援機構法の改正案を2017年通常国会に提出した。同年5月、同改正案が賛成多数で成立した。これにより、廃炉費用の積み立て義務に加え、廃炉費用などを示した「廃炉実施計画」を東京電力に作らせることや、経済産業省と同機構が東京電力の会計をチェックする立入検査もできるようになった。

（6）汚染水対策

　福島第一原発事故の特徴のひとつは、原子炉建屋やタービン建屋地下に1日当たり400トンの地下水が流入し、建屋地下に滞留する高濃度汚染水と混合する結果、高濃度汚染水が増え続けていることである。福島第一原発では敷地内を山側から海側に向かって豊富な地下水が常に流れている。そのため事故前から、建屋底部への地下水の流入防止や建屋に働く揚圧力防止を目的としたサブドレンと呼ばれる57本の井戸を建屋近傍に設置し、1～4号機合わせて1日当たり850トンの地下水を汲み上げていたという。建屋への地下水の流入箇所の詳細は不明だが、敷地山側の地中を通る配管が建屋地下に接続する箇所などから地下水が流入していることは一部確認されている。加えて、地震と津波によりサブドレンがすべて壊れ、井戸にがれきなどが混入して使用不能となったことも、流入量増加の要因になっている。これまでに実施された汚染水対策を以下に述べる。

1）地下水の建屋への流入低減

　地下水の建屋への流入低減対策は、東京電力が「汚染源に水を近づけない」と呼んでいるものである。建屋への地下水の流入量を減らすため、東京電力は、①敷地内の山側に地下水バイパスと呼ばれる12本の井戸を設置し、地下水を汲み上げる、②敷地周辺に降る雨水が主な地下水源であることから敷地内を舗装し、雨水が土壌に浸透するのを抑える、③41本のサブドレンを復旧・新設し、地下水を汲み上げる、④凍土方式の陸側遮水壁を設置する、ことを実施してきた。一部凍らない箇所のある凍土遮水壁に対し、原子力規制委員会の委員長代理が「壁というよりすだれのような状態」と揶揄するなど、遮水壁の効果に疑問も出されている。320億円もの巨費を投じたためか凍土遮水壁ばかりが注目されているが、どれかひとつの対策で地下水の流入量が格段に減ると考えることこそが安易なのではないか。上記①～④を行った総合的な結果として、地下水の建屋への流入量1日当たり400トンから、現在では200トンに減ってきているという。ただ、建屋への地下水の流入量をさらに減らすためには、既に上記①～③の対策は限界に近く、やはり④凍土遮水壁の成否が重要であることは間違いない。

2）汚染水の浄化 [15]

　汚染水の浄化対策は、東京電力が「汚染源を取り除く」と呼んでいるものである。2017年11月9日現在、1～4号機の建屋地下に4万5000トンの高濃度汚染水が存在する。これをポンプで1日当たり600トン汲み上げ、浄化する前の段階の集中廃棄物処理建屋（事故前は高温焼却炉建屋とプロセス主建屋）地下に移送する。集中廃棄物処理建屋地下には高濃度汚染水が1万7000トンあるため、計6万2000トンの高濃度汚染水が建屋地下に存在する。これをセシウム吸着装置（KURION）または第二セシウム吸着装置（SARRY）により浄化し、放射性セシウム濃度を浄化前の5万分の1～6万分の1

に減らした後、淡水化装置（逆浸透膜〈RO〉方式）により淡水と処理水（濃縮塩水）に分ける。淡水化するのは、事故当時の津波により大量の海水が建屋地下に入り込み、高濃度汚染水の塩分濃度が非常に高くなっていたからである。淡水化装置により生成する淡水と処理水（濃縮塩水）の体積割合はほぼ2：3であるから、1日当たり淡水が240トン、処理水（濃縮塩水）が360トンが増えることになる。淡水は事故炉（1～3号機）の注水冷却に使われる。注水冷却後、淡水は事故炉圧力容器底部から格納容器底部、さらには建屋地下に漏れ出る。一方の処理水（濃縮塩水）は、多核種除去設備（ALPS）により半減期12.32年のトリチウム（水素3）以外の放射性物質を除去し、排水の法定濃度限度以下にする。処理水（濃縮塩水）は最大で36万8000トンまで増え続けた（2014年9月初め）。ALPSが2013年3月末に導入されてから1年以上もの間、トラブル続きでまともに稼働してなかったからである。しかも東京電力は、事故当初から処理水（濃縮塩水）の多くを溶接型ではなくボルトでつなぎ合わせただけのフランジ型タンクで貯蔵していたため、汚染水がタンクから漏れ出す事態が頻発したのも私たちの記憶に新しい。しかし、トラブルを徐々に克服し、ALPSも改良・増設・高性能化され、2014年秋以降は稼働率も高くなり、処理水（濃縮塩水）は目覚ましく減った。

　その後、処理水（濃縮塩水）を貯蔵していたタンクは概ね溶接型タンクに交換され、ALPSによる処理水（濃縮塩水）の浄化と並行して、処理水（濃縮塩水）に含まれる放射性ストロンチウム除去も進んだ結果、処理水（濃縮塩水）は700トンにまで減った。現在、溶接型タンクで保管されているのはALPS処理水（2017年11月9日現在で83万1000トン）とストロンチウム処理水（同18万5000トン）である。ストロンチウム除去装置は、処理水（濃縮塩水）中で最も問題となるストロンチウム90を処理前の10分の1～1000分の1の放射能濃度に減らすことができるという。ストロンチウム処理水は、やがてALPSにより浄化されることになる。ALPS処理水中に含まれるトリチウムは水分子として存在し、どのような浄化装置を以ってしても除去できない。希釈して排水の法定濃度限度以下にして外洋に排出するか、あるいは保管したまま放射能の減衰を待つ以外に方法はない。トリチウムは決して危険性の高い放射性物質ではない。ALPS処理水中のトリチウムをどうするかという問題は残っているものの、現在の汚染水対策の焦点は、建屋地下への地下水の流入量を如何に抑制するか、建屋地下の高濃度汚染水量を如何に減らすかにあるといってよい。

　なお、汚染水の浄化ではないが、「汚染源を取り除く」対策として、東京電力は2～4号機タービン建屋の海側にある海水配管トレンチ（配管やケーブルを収納している地下トンネル）内に事故直後から溜まっていた高濃度汚染水の除去を実施している。

3）港湾内への漏洩防止
　港湾内への漏洩防止対策は、東京電力が「汚染水を漏らさない」と呼んでいるものであ

第1章　福島第一原発事故と事故炉の現状

る。汚染水が福島第一原発の港湾内に漏れ出るのを防止するため、東京電力は海水配管ト
レンチよりさらに海側に近い位置に5本の地下水ドレンと呼ばれる井戸を設置し、汚染
された地下水を汲み上げている。さらに1〜4号機の海側に遮水壁を設置し、汚染水が
港湾内に漏れ出るのを防止している。海側遮水壁の効果はめざましく、同遮水壁の設置以
降、港湾内の海水の放射能濃度は格段に減った。東京電力はホームページ上で、海側遮水
壁の設置により、「廃炉へ向け中長期的に取り組む各作業において、万が一、汚染水の漏
えい事故が生じた場合にも、海洋に流出するリスクが大幅に低減できると考えています。」
と述べている[16]。海側遮水壁の設置は、当面する汚染水の港湾内への漏洩防止に加え、
廃炉へ向けた中長期的な各作業における汚染水の港湾内への漏洩事故を見据えた対策であ
ることが分かる。

2　環境の放射能汚染、避難及び除染問題

（1）環境の放射能汚染

　大量の放射性物質が大気中に放出された事故直後の3週間、各地のモニタリングポス
トなどの示す空間線量率に寄与した主な放射性物質はキセノン133（半減期5.2475日）、
ヨウ素131（同8.02070日）、ヨウ素132（同3.204日*）、セシウム134（同2.0648
年）及びセシウム137（同30.1671年）であった。セシウム134及びセシウム137以
外は半減期が相対的に短かったため、同事故の約2カ月後以降は、空間線量率に寄与し
た放射性物質はセシウム134とセシウム137であったといってよい[17]。

　環境試料の放射能分析結果から、福島第一原発事故で大気中に放出されたセシウム
134及びセシウム137の放射能割合はほぼ1：1であることが分かっている。これらの
放射性物質で表層土壌が広範囲に汚染された場合、その線量率割合はほぼ2.7：1にな
る。放射性壊変による放射能の減衰のみを考慮した場合、事故後10年間の放射性セシウ
ムによる空間線量率の経時変化は図2の如くになる。線量率は事故3年後に52％、6年
後に33％、10年後に24％に低減する。事故の10年後以降は低減が緩慢になり、20年
後に17％に低減する。

　図2は、2011年6月初めに福島県本宮市で開催された筆者の講演会後の質疑応答の中

＊ヨウ素132の半減期は2.295時間である。しかし、ヨウ素132は核分裂生成物であるテルル132（半減期
　3.204日）の放射性壊変により生成し、テルル132とほぼ放射平衡状態で大気中に存在していたため、大
　気中ではテルル132の半減期で減衰していた。

18

で、一人の女性による「放射性セシウムで汚染されているのでしょう。半減期は30年ですよね。ということは30年経っても半分は残っているではないですか。私たちはもう諦めています」という発言に驚いた筆者が、講演会後に直ちに作成したものである。

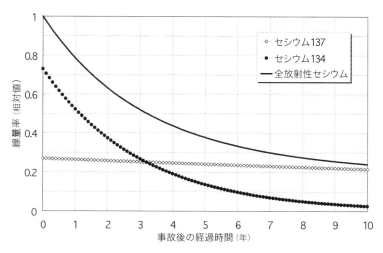

図2　放射性セシウムの線量率の経時変化

　当時、政府の説明が不十分極まりなかったため、多くの住民は事故で大気中に放出された放射性セシウムはセシウム137であると思い込んでいたのである。その後、図2は幸いにも福島民友新聞に掲載され[18]、多くの県民の知るところとなった。まだ作成していなかったとはいえ、図2の概略は当時の筆者の頭の中にあった。筆者はこの女性の質問に対し、「事故で大気中に放出された放射性セシウムは、セシウム134とセシウム137です。その放射能割合は1：1ですが、セシウム134の方がセシウム137より放射線を多く放出するため、線量率割合は2.7：1になります。放射性セシウムの線量率は30年で半分に減るのではなく約3年で半分に減ります。風雨などで流失することを考慮すると、実際はもっと早く減ります。除染をすれば、さらに早く減ります。諦めている場合ではなく、しっかり除染することが大切ですよ」と回答したのを今でもはっきり覚えている。政府が図2とほぼ同様の図を公表したのは、福島民友新聞掲載から2カ月後のことであった[19]。未曽有の原発大事故に対する対応で県民への説明まで十分に手が回らなかったのだろうが、講ずるべき有効な手立てがあるにも拘わらず、「私たちもう諦めています」と住民を絶望させるような状況を招いてはいけない。事故による汚染状況を県民に迅速・正確に伝える点において、当時の政府の対応に手抜かりがあったことは否めない。

　2017年2月、原子力規制委員会は福島第一原発から80 km圏内の航空機モニタリングの測定結果を発表した[20]。発表資料には、地表面から1 mの高さにおける空間線量率のマップの推移も載っている。事故の1カ月後、7カ月後、15カ月後、20カ月後、30

カ月後、42 カ月後、54 カ月後、67 月後のマップである。カラーマップのため本書に掲載することは適わないが、関心のある読者はぜひ文献[20]を参照してほしい。地表面から1 m の高さにおける空間線量率の高い地域の面積が、事故後の時間経過の推移に伴って着実に縮小しているのが確認できるはずである。

（2）避難指示と解除

1）避難指示区域の変遷

　事故直後の避難指示対応を経て、政府は 2011 年 4 月、一律に立入禁止とする警戒区域（20 km 圏）及び計画的避難区域（20 km 圏外で年 20 ミリシーベルト超）を指定した。また、屋内退避や避難がいつでも行えるよう準備しておくことを住民に求める緊急時避難準備区域を指定したが、同年 9 月末に解除した。その後、警戒区域や計画的避難区域の外側でも年 20 ミリシーベルト超となる地点が南相馬市や伊達市などに点在することが分かったため、政府は 2011 年 6 月以降、これらの地点を世帯ごとに特定避難勧奨地点に指定したが、年 20 ミリシーベルト以下となることが確実であることが確認できたとして 2014 年 12 月までに順次解除した。2011 年 12 月、「ステップ 2」の完了を受けて、政府は表 4 に示す新たな避難指示区域設定の考え方を発表した。2015 年 6 月、政府は帰還困難区域を除いた区域の避難指示を 2017 年 3 月までに解除する方針を示した[21]。

表4　新たな避難指示区域

	区域の基本的考え方
避難指示解除準備区域	年間積算線量20ミリシーベルト以下となることが確実であることが確認された地域
居住制限区域	年間積算線量20ミリシーベルトを超えるおそれがあり、住民の被ばく線量を低減する観点から引き続き避難の継続を求める地域
帰還困難区域	事故後6年間を経過してもなお、年間積算線量20ミリシーベルトを下回らないおそれのある、2012年3月時点で年間積算線量が50ミリシーベルト超の地域

2）避難指示の解除 3 要件

　避難指示基準は、全身の年間積算線量（実効線量）が年 20 ミリシーベルト超か否かである。それなら避難指示の解除基準は年 20 ミリシーベルト以下かといえば、そう単純な話ではない。表 4 から分かるように、たとえば居住制限区域の線量が年 20 ミリシーベルト以下となることが確実であると確認された地域は、避難指示解除ではなく避難指示解除準備区域に指定されるからである。環境省放射線健康管理担当参事官室などの資料[22]によれば、避難指示の解除基準は以下の（i）～（iii）の 3 要件である。そのまま引用する。

「避難指示は、

（ⅰ）年間積算線量が20ミリシーベルト以下となることが確実であることが確認された地域について、

（ⅱ）下記の状況となった段階で、

○日常生活に必須なインフラが概ね復旧

○生活関連サービスが概ね復旧

○子どもの生活環境を中心とする除染作業が十分に進捗

（ⅲ）県、市町村町〔原文ママ〕、住民の皆様との十分な協議を踏まえ、解除することとされています。」別の箇所では「国は、インフラや生活関連サービスの復旧や除染を進めながら、地元との協議をしっかり踏まえた上で、順次、避難指示を解除していく方針です。」とも明記している。

それ故、「年20ミリシーベルトで帰還させている」という批判を耳にすることがあるが、解除3要件から明らかなように、その批判は当たらない。むしろ問題は避難指示が解除されると、その1年後に精神的苦痛に対する損害賠償金（1人当たり月10万円）を打ち切る仕組みにあるのではないか。そもそも避難指示解除と損害賠償打ち切りをワンセットにする合理的理由はない。この仕組みは、解除3要件の達成が不十分であるにも拘わらず、損害賠償金を減じたい政府が避難指示解除に突き進む動機になるし、避難住民の自立を遅らせる動機にもなり得る。筆者には、双方にとって望ましい仕組みであると思えない。

新聞報道[23]によれば、復興庁の中嶋護参事官は解除3要件の中の（ⅲ）に関連して、「"地元"とは、あくまで『協議』であり合意ではない。丁寧に説明することです」と言っている。しかも「その"地元"も町村の議会であり、住民は念頭にない」とまで言い放っているという。これが事実であるとすれば、参事官の発言は、前述の解除3要件から著しく逸脱している。確かに「合意」とは書いてないが、「県、市町村町〔原文ママ〕、住民の皆様との十分な協議を踏まえ」あるいは「地元との協議をしっかり踏まえた上で」と書いてあるではないか。国語辞典を引用するまでもなく、「説明」は一方が他方に事柄の内容を分かるように解き明かすことであり、「協議」は双方が寄り集まって相談することのはずだ。「十分な協議」をすることと「丁寧に説明する」こととはまったく違う。双方が十分に協議すれば、双方にとっての落としどころは自ずと見えてくるはずだ。政府は自ら決めた避難指示解除3要件を後退させることなく、しっかり守らなければならない。そうでなければ「初めに解除ありきではないか」と批判されても、弁解の余地はない。

また、上記（ⅱ）の中の「子どもの生活環境を中心とする除染作業が十分に進捗」とは、どの程度の実効線量にまで下がったら子どもの生活環境を中心とする除染作業が十分に進捗したと判断するかが明示されていないことも問題である。おそらく今なら年5ミ

リメートルより低い年3ミリシーベルト辺りを判断基準にしていると筆者は推察するが、これでは「県、市町村町〔原文ママ〕、住民との十分な協議」と言われても、県、市町村、住民ともに納得し難いのではないか。このことが「年20ミリシーベルト以下になったら解除している」との誤解を生む要因にもなっているのではないかと思う。

（3）除染の問題

　1960年代初頭の米国と旧ソ連による大気圏内核実験に由来する放射性降下物のセシウム137は、水田表土で9～24年、畑表土で8～26年で半減する[24]。放射性壊変による物理的な半減期より速く減少するのは、風雨などによる流失（ウェザリング効果）があるからである。セシウムを強く吸着する粘土成分がどれだけ表土に含まれているかなど表土の性質によって、その減少速度はかなり異なる。放射性壊変とウェザリング効果以外に空間線量率の低減を期待できる自然要因はないため、さらに空間線量率を積極的に低減させるためには人為的要因を導入する以外に方法はない。それは除染（放射性物質による汚染の除去）である。

　福島第一原発事故に由来する福島県内における放射性物質の除染は、「放射性物質汚染対処特措法」に基づき実施されている。同法に基づく除染事業の詳細は文献[25]に譲るが、避難指示地域の除染は国の直轄、その他の地域の除染は当該市町村の直轄で行われる。

　国直轄の除染は、帰還困難区域以外の区域（居住制限区域及び避難指示解除準備区域）については、前述したように2017年3月までに避難指示を解除することをめざして取り組まれた。2017年1月末時点で、宅地2万2000戸（進捗率98％）、農地8000ヘクタール（同97％）、森林5700ヘクタール（同98％）の除染が完了した。南相馬市と浪江町で残る除染作業も同年3月末までに終えた。また、除染の効果について環境省は、空間放射線量が飯舘村の宅地で実施前の平均毎時2.33マイクロシーベルトから1.01マイクロシーベルト（57％減）、浪江町の宅地で平均毎時1.74マイクロシーベルトから0.52マイクロシーベルト（70％減）に低減したと説明しているという。帰還困難区域の除染については、2017年度の早期に着手することになっている。

　2017年4月1日をもって、帰還困難区域を除き、避難指示区域はすべて解除された。（田村市都路地区（2014年4月）、川内村東部（2014年10月）、楢葉町（2015年9月）、葛尾村（2016年6月）、川内村荻・貝ノ坂両地区（同年6月）、南相馬市（2016年7月）である。浪江町（2017年3月）、飯舘村（同）、川俣町山木屋地区（同）、富岡町（同年4月））。事故から6年も経っているため、既に避難先で生活再建を果たし、解除されても戻らないと決めている住民がいる。一方で、避難先から戻り、地元で生活再建に取り組む住民もいる。地元に帰ろうにも、帰れない住民もいる。たとえば先日読んだ新

聞記事[26] は、川内村から郡山市に強制避難したある夫妻を紹介していた。同村の避難指示の解除後、夫妻は自主避難者の立場となった。妻は週3回の人工透析が必要だが、地元（川内村）の病院は閉鎖されたままである。夫は避難中にがんで胃を全摘し、週に何度も病院に通う体力がない。近隣の病院も空きがなく、地元の自宅からいわき市の病院まで自動車で往復すると2時間半もかかる。これでは村に帰ろうにも帰れない。原発事故によりやむを得なかったとはいえ、強制避難させられた住民の基本的人権のひとつである居住の権利が避難指示解除により回復することは好ましいことであると筆者は思う。しかし、解除後の住民の個別の状況に応じたきめ細かいケアが行政に求められることを忘れてはいけない。

　一方、当該市町村直轄の除染は2017年3月までにほぼ終了した。「ほぼ」と述べたのは森林の除染が残っているからである。そもそも除染は、汚染されている地域に居住する住民の外部被ばく線量の低減を目的に行うものであり、学校の校庭、保育園・幼稚園の園庭の除染、公園や公共建物の除染、宅地、農地、道路・街路樹などの除染が優先され、森林の除染が後回しにされたのはやむを得ないことだと思う。森林の除染といっても住民の外部被ばく線量の低減が目的であるから、森林全体を除染するわけではなく、除染するのは家の近くの場所（生活圏から20m以内）、人が日常的に出入りする場所（キャンプ場やほだ場）に限られる。

　除染していない森林から放射性セシウムが飛来して空間線量率が元に戻るのではないかと心配する人がいるかも知れないが、それは杞憂である。何よりもこれまでに行われた学校の校庭、保育園・幼稚園の園庭の除染、公園や公共建物の除染、宅地などの除染の実績が、それを裏付けている。除染により空間線量率がもとの3分の1～5分の1に低減するなど、この6年間に行われた除染の実績に疑問の余地はない。

　図3は、筆者が放射線健康リスク管理アドバイザーを務める福島県本宮市のある兄妹のガラスバッジによる追加外部被ばく線量の測定結果を示したものである。後述するように、本宮市で15歳以下の乳幼児・児童の追加外部被ばく線量の測定を開始したのは2011年9月からである。個人の外部被ばく線量を測定するガラスバッジを用いて同一年度内の6～8月、9～11月及び12月～翌年2月の各3カ月間の積算線量を測定している。3～5月は卒業・入学の時期と重なり、この時期に同じ児童・生徒を3カ月間継続的に測定することは難しいため、測定していない。図3に示した兄妹は、2011年9～11月の測定結果から積算線量が相対的に高い児童として抽出された20人ほどの中の2人である。2011年12月～2012年2月の測定結果でも、この兄妹はともに積算線量が相対的に高かった。兄妹そろって積算線量が相対的に高い理由は、兄妹の居住する家周りが相対的に強く汚染されているからだと推察された。実際、この兄弟の居住する地区は市内で最も空間線量率の高い地域として知られていた。

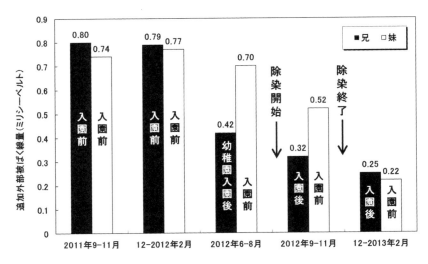

図3 本宮市のある兄妹の追加外部被ばく線量に見る除染の有効性

　2012年6～8月の測定結果では、兄の積算線量がほぼ半減し、妹は相変わらず積算線量が高かった。実は兄は4月から幼稚園に入園していた。園庭の除染は既に2011年5～6月に完了しており、また幼稚園の建物は鉄筋コンクリート造りのため、兄妹の居住する木造家屋より放射線の遮蔽効果が高いことが理由として考えられた。いずれにせよこの兄妹の居住する地区が本宮市で空間線量率が最も高い地域であったため、この地区の住宅除染が真っ先に優先された。住宅除染の終了後、妹はまだ幼稚園入園前であるにも拘わらず、兄とほぼ同様の積算線量に下がった。2016年9～11月の測定結果によれば、兄妹ともに0.1ミリシーベルト（年換算0.4ミリシーベルト）を優に下回っており、一度下がった積算線量がまた元に戻るなどということはない。

　もちろん除染を「移染」などと傍観者的に揶揄する人びとが未だにいるし、除染しても空間線量率の数値がすぐに元に戻るなどと除染を否定的に描き出すことに熱心な人びとも未だにいる。2014年春、「福島を広域に除染して人が住めるようにするなんてできない」「福島の人たちに、危ないところから逃げる勇気を持ってほしい」などと登場人物に言わせる漫画も話題になった。漫画の原作者や実名で登場する人物の意図は分からないが、除染は本質的に移染であるとしても、人の居住する地域から放射性物質を取り除けば、住民の被ばく線量は確実に低減できるのだ。

　筆者は本宮市の放射線健康リスク管理アドバイザーを2011年6月から務めているが、学校の校庭、保育園・幼稚園の園庭、公園や公共建物、宅地、農地、道路・街路樹などの除染を行って、空間線量率の数値が元に戻ったところは一カ所もない。もちろん降雨により山間部の斜面下や法面下の道路に放射性セシウムを吸着した汚染土壌が流出し、空間線量率が少し上がることはあるかも知れない。放射能検査で2011年秋に基準値超の玄米が

福島県内で見つかった時も、その多くは山間部の水田で収穫された玄米だという話を聞いたこともある。それ故、山間部の斜面下や法面下では汚染土壌を流出させない対策が別途必要であるが、こうしたきわめて特殊な場所における例外的な事例を持ち出して、除染一般を否定するのは愚かなことと言わなければならない。筆者は、いま行われている除染を批判するなと言っているのではない。除染の不備な点は率直に批判すべきであるが、それはあくまでも除染を効率的に推進し福島県の復興を願う立場からのものであるべきである。何を目的にした批判なのか、誰のための批判なのかが問われているのではないか。

3　食品の汚染と県民の被ばく

（1）放射性ヨウ素による初期被ばく

　一般に原発事故直後の初期段階では、放射性ヨウ素による甲状腺の被ばくを避けることが最重要課題である。それなら福島第一原発事故ではどうだったのか。

　事故直後の行政の対応をまとめた文献[27]によれば、福島第一原発事故直後に決められた食品の暫定規制値は飲料水・牛乳・乳製品が 300 ベクレル /kg、野菜類・魚介類が 2000 ベクレル /kg で、これに基づく放射能検査が厚生労働省から通知されたのは 2011 年 3 月 17 日であった。しかし、通知の前日の 16 日に福島県川俣町で検査のために原乳が採取され、18 日に測定結果が判明し、19 日にヨウ素 131 が 1190 ベクレル /kg（セシウム 137 は 18 ベクレル /kg、セシウム 134 は検出限界以下）と発表された。これを受けて、21 日に福島県全域で原乳の出荷制限が指示された。同じ県内でも地域により原乳中のヨウ素 131 濃度は異なるので、県全域での出荷制限措置はあまりに雑駁ではないかとの批判が当時あった。筆者も同様に思ったものだった。しかし、3 月 21 日時点で全県的に原乳の出荷制限を指示したことは、結果論からいえば、幸いにも放射性ヨウ素による子どもの甲状腺被ばくを低減させることに繋がった。

　出荷制限中とはいえ、福島県内 128 件、県外 48 件、計 176 件の原乳の採取と放射能検査が行われた。最高濃度は 3 月 19 日と 20 日に川俣町で採取された原乳で、ヨウ素 131 がそれぞれ 5200 ベクレル /kg（セシウム 137 とセシウム 134 はともに 210 ベクレル /kg）と 5300 ベクレル（同 11 ベクレル /kg と 9 ベクレル /kg）であった。この 2 件の原乳だけがチェルノブイリ原発事故直後の旧ソ連の基準値 3700 ベクレル /kg を上回っていた。4 月中には福島県内 46 件、県外 72 件、計 116 件、5 月中には福島県内 65 件、県外 86 件、計 151 件の原乳の採取と放射能検査が行われた。福島県内では 3 月 22 日に飯館村で採取された原乳が暫定規制値を超えたのが最後となり、これ以降はすべて規制値

以下となった。3月30日以降はすべての原乳が100ベクレル/kg以下となり、遂には4月19日に採取された原乳が17ベクレル/kg検出されたのを最後に、これ以降はすべての原乳が検出限界以下となった。

　福島県外では3月19日〜21日に茨城県内で採取された原乳からヨウ素131がそれぞれ1700ベクレル/kg（水戸市）、900〜1700ベクレル/kg（河内町）検出され、全県的に出荷制限となった。これ以降は暫定規制値を超える原乳は見つからず、3月22日以降に採取された原乳は最高でも50ベクレル/kg以下、4月10日以降は10ベクレル/kg以下となった。

　3月21日以降、原子力災害対策特別措置法に基づく食品の出荷制限が、原乳以外の食品（野菜類、原木しいたけ、イカナゴの稚魚）にも順次指示された。結果論からいえば、放射性ヨウ素による事故直後の初期被ばくの管理については、事故後5日間以上も旧ソ連圏内で事故隠しが行われたためにヨウ素剤投与などの緊急時の被ばく低減対策が決定的に遅れたチェルノブイリ原発事故の場合とは異なり、福島第一原発事故では大きな失敗はなかったといってよい。

　実際、UNSCEAR 2008年報告書[28]によれば、チェルノブイリ原発事故で1986年中に避難した子どもの甲状腺被ばく線量の平均値が0〜6歳児1548ミリシーベルト（ベラルーシ、ロシア、ウクライナの3国計で1万1931人）、7〜14歳児506ミリシーベルト（同1万3120人）、15〜17歳児392ミリシーベルト（同5815人）であった。一方、事故直後の3月26日〜30日にいわき市、川俣町及び飯舘村で放射線医学総合研究所（以下「放医研」）が行った0〜15歳の1080人の甲状腺被ばく検査結果[29]や床次真司らが行った62人（成人を含む浪江町17人及び南相馬市45人）の甲状腺被ばく検査結果[30]などを見る限り、経口摂取より甲状腺線量が高くなる吸入摂取を前提に評価した場合でも、99%以上が30ミリシーベルト未満と低く抑えられている。放医研の検査数1080人が少ないと思う読者がいるかも知れないが、小児人口に占める検査数の割合が飯舘村41%、川俣町36%あり、その代表性は高いと考えられる。

（2）県民の外部被ばく

1）事故直後4カ月間の外部被ばく

　空間線量率が最も高かった事故直後4カ月間（2011年3月11日〜7月11日）の県民の追加外部線量の調査は、当時の県民の行動記録を基に、放医研が開発した外部被ばく線量評価システム[31]により推計されている[32]。ここで言う「追加」とは、自然放射線などに由来する事故前の線量を基準とし、福島第一原発事故に由来する追加された線量を意味する。放医研の外部被ばく線量評価システムにより推計される線量の精度は不明だが、安全側（過大評価）に推計されるようになっているという。2016年9月末現在、対象者

205.5万人のうち56.6万人（回答率27.5％）が問診票で行動記録を回答している。回答率は追加外部被ばく線量が高いと予想される相双46.0％、県北30.2％では高く、追加外部線量が低いと予想される南会津20.7％、会津21.6％、県南23.0％と低い傾向にあるが、その代表性は高いと考えられる。

表5は、県民健康調査結果[32]から得られた47.3万人のうち放射線業務従事経験者を除く46.4万人の推計結果を地域別人口計とともに示したものである。最高値、平均値、中央値のみを示したが、文献[32]には市町村別回答者数、回答率に加え、地域別・線量別の人口分布、年齢別・線量別の人口分布、男女別・線量別分布の推計結果が示されている。最高値は相双地域のひとりで25ミリシーベルトである。平均値と中央値が最も高かったのは県北地域で、ともに1.4ミリシーベルトであった。平均値と中央値が最も低かったのは南会津地域で、ともに0.1ミリシーベルトであった。

図4は、県民健康調査結果[32]から得られた、46.4万人の実効線量別分布状況を示したものである。地域によっても異なるが、全県的には0～1ミリシーベルト未満が62.2％、0～2ミリシーベルト未満が93.8％、0～3ミリシーベルト未満が99.3％、0～4ミリシーベルト未満が99.7％、0～5ミリシーベルト未満が99.8％であった。

表5　事故後4カ月間の実効線量の推計結果[32]　（ミリシーベルト／事故直後4カ月）

	県北	県中	県南	会津	南会津	相双	いわき
人口計	124,647	112,766	29,391	46,029	4,983	55,767	73,052
最高値	11	6.3	2.6	6.0	1.9	25	5.9
平均値	1.4	1.0	0.6	0.2	0.1	0.8	0.3
中央値	1.4	0.9	0.6	0.2	0.1	0.5	0.3

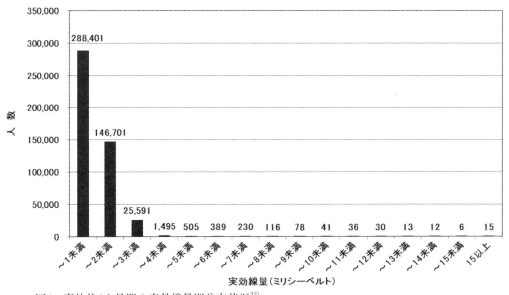

図4　事故後4カ月間の実効線量別分布状況[32]

2）事故4カ月後以降の外部被ばく

　事故後4カ月以降の追加外部被ばく線量の調査は市町村ごとに随時行われている。その結果は各市町村のホームページなどに掲載されている。ここでは本宮市のガラスバッジによる測定結果を紹介する。ガラスバッジは蛍光ガラス線量計ともいい、個人の外部被ばく線量を測定する優れた個人線量計のひとつである。「放射線職業人の外部被ばくを測定するために開発されたものであるから、一般人の外部被ばくの測定には使えない」「一般人に使うと、被ばく線量の数値が実際より低く出る」などといった批判を耳にすることがあるが、根拠のない的外れなものである。ガラスバッジは感度が高く、繰り返しの測定が可能、かつガラスバッジ間のばらつきが小さい、実績のある個人線量計である。ガラスバッジを回収後、専用リーダーを用いて外部被ばく線量を読み取るため、利用者がその場で線量を知ることのできない点がガラスバッジの唯一の欠点といえるかも知れない。なお、ガラスバッジの被ばく線量の測定値は、ほぼ実効線量に等しいといってよい。

　前述したように、本宮市が15歳以下の乳幼児・児童及び妊婦の追加外部被ばく線量の測定を開始したのは2011年9月からである。測定期間は同一年度の6〜8月、9〜11月、12月〜翌年2月の各3カ月間、年9カ月間の積算線量を測定している。強制ではなく希望者のみの測定であり、測定参加者は2011年度4700〜4800人、2012年4300〜4400人、2013年度4000人、2014年度3700〜3800人、2015年度3000〜3100人、2016年度2600人、2017年度2100人と年々減っている。原因は、後述するように追加外部被ばく線量が時間経過に伴って年々着実に減少し続けていることにある。測定に参加する保護者と児童の煩わしさが、線量値から得られる安心感を上回るようになったと言い換えることもできる。なお、本宮市の年間出生数は200人台で推移していることから、測定に参加する妊婦は200人ほどであり、測定結果の大部分は15歳以下の乳幼児・児童・生徒のものであるといってよい。

　図5は、本宮市におけるガラスバッジの外部被ばく線量の測定結果のうち、平均値と最大値の経時変化を示したものである。平均値は2011年9〜11月の0.42ミリシーベルトを基準にすると、1年後の2012年9〜11月は基準の55％相当の0.23ミリシーベルト、2年後の2013年9〜11月は同38％相当の0.16ミリシーベルト、3年後の2014年9〜11月は同26％相当の0.11ミリシーベルト、4年後の2015年9〜11月は同19％相当の0.08ミリシーベルト、5年後の2016年9〜11月は同14％相当の0.06ミリシーベルトであった。放射性壊変による放射能の減衰のみを考慮した図2と比較すると、線量率の減少はおよそ1.5〜2.5倍ほど早い。これは放射性壊変に伴う放射能の減衰に加えて、ウェザリング効果と除染の効果によるものであるといえる。詳しく解析すると、減少率が年々増大していることが分かる。ウェザリング効果が年々増大するとは考えづらいので、年々加速されている除染の効果が大きく影響している結果だと筆者は考

えている。当然のことながら平均値だけでなく、最大値も時間経過に伴って図2よりも早く減少している。最大値も2011年9〜11月の1.61ミリシーベルトを基準にすると、1年後には基準の59％相当の0.95ミリシーベルト、2年後には同49％相当の0.79ミリシーベルト、3年後には同31％相当の0.50ミリシーベルト、4年後には同24％相当の0.38ミリシーベルト、5年後には同20％相当の0.33ミリシーベルトであった。

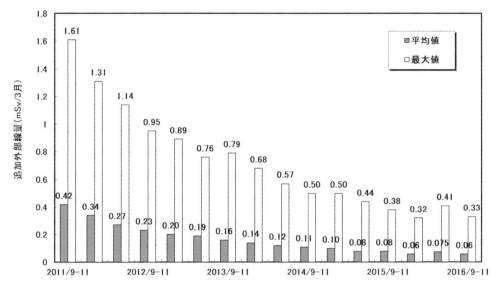

図5　本宮市の子どもと妊婦の外部被ばく線量の平均値と最大値（ミリシーベルト/3カ月）

　図6は、本宮市の子どもと妊婦の外部被ばく線量の分布を示したものである。煩雑になるため、2011年〜2016年の9〜11月分のみを示し、かつ縦軸の割合の数値は2011年と2016年のみ図の中に挿入した。測定を始めた2011年9〜11月には割合が最も高かったのは0.38〜0.49ミリシーベルト、すなわち年1.5〜2.0ミリシーベルト相当の範囲で、全体の38.9％の割合であった。2012年9〜11月以降は割合が最も高いのは0.00〜0.24ミリシーベルト、すなわち年1ミリシーベルト未満相当の範囲に移った。2016年9〜11月には0.00〜0.24ミリシーベルト、すなわち年1ミリシーベルト未満相当の範囲に99.96％が入るようになった。平均値が年々低減している所以である。

　追加内部被ばく線量については後述するが、追加外部被ばく線量の100分の1〜1000分の1のレベルにある。追加被ばく線量のほとんどは、追加外部被ばく線量によるものであるといってよい。2016年9〜11月時点における本宮市の追加外部被ばく線量は、0.06ミリシーベルトすなわち年0.24ミリシーベルト相当である。国際放射線防護委員会（ICRP）流にいえば、現在の中通り地方は事故直後の「緊急時被ばく状況」を脱して「現存被ばく状況」にあり、決して「平常時被ばく状況」にはない。しかし、本宮市のガラスバッジによる実測データが示すように、実際には中通り地方の住民の追加被ばく線

29

量は「平常時被ばく状況」における線量限度の国際勧告値である年1ミリシーベルトを十分に下回っているといえる。この点をしっかり見ておく必要がある。

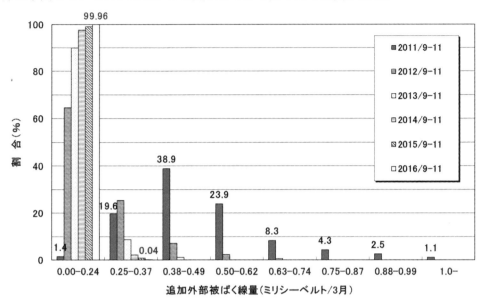

図6　本宮市の子どもと妊婦の外部被ばく線量の分布

(3) 食品の放射能汚染と県民の内部被ばく

1) 食品の放射能汚染の現状
①県産米（玄米）の全量全袋検査の現状

　福島県産の米（玄米）は、2012年度産からベルトコンベア式放射性セシウム濃度検査器を用いて全量全袋検査を行っている。全量全袋検査とは、福島県産の米（玄米）を1袋30kg単位ですべて放射性セシウム濃度の検査を行うものであり、年間1020万～1100万件が対象となる。何とも気が遠くなるような検査といえる。検査の仕組みは、全量全袋のスクリーニング検査を行い、検査結果がスクリーニング・レベルを超えるものについては詳細検査を行う。スクリーニング・レベルを超えるものは、確実に現行基準値を下回ることを保証できないからである。詳細検査にはエネルギー分解能がよく、測定精度の優れたゲルマニウム半導体検出器を用いる。スクリーニングは「ふるい分け」を意味し、集団の中から現行基準値を超える疑いがあり、詳細検査を要するものを選び出すことをいう。これまでに行われた全量全袋検査結果を表6に示した[33]。表6から、現行基準値を超えた米（玄米）は、2012年度産71件（詳細検査に回ったもの867件）、2013年度産28件（同693件）、2014年度産2件（同31件）、2015年度産0件（同141件）、2016年度産0件（同51件）と、年々減り続け、2015年度産以降はゼロ件になっている。現行基準値を超える米（玄米）が年々減っているということは、基準値以下の米（玄

米）の放射性セシウム濃度も年々減っていることを意味する。それは表6から明らかである。最新の2016年度産について見ると、99.996％が1kg当たり25ベクレル未満（検出限界値未満を含む）である。

2012年春、本宮市や二本松市の担当職員が水稲の根から放射性セシウムが吸収されるのを抑制するため、水田に懸命にカリウム肥料を散布していた姿を、筆者は思い出す。こうした地道な土壌改良対策があったからこその結果であると思う。

表6　福島県産の米（玄米）の年度別検査結果[33]　（単位：件）

収穫年度	全検査数	放射性セシウム濃度（Bq/kg）				
		25未満*	25〜50	51〜75	76〜100	100超
2012年	10,346,169 (100%)	10,323,674 (99.782%)	20,357 (0.197%)	1,678 (0.016%)	389 (0.004%)	71 (0%)
2013年	11,006,551 (100%)	10,999,223 (99.933%)	6,484 (0.059%)	493 (0.004%)	323 (0.003%)	28 (0%)
2014年	11,014,647 (100%)	11,012,721 (99.983%)	1,910 (0.017%)	12 (0%)	2 (0%)	2 (0%)
2015年	10,488,348 (100%)	10,487,683 (99.994%)	647 (0.006%)	17 (0%)	1 (0%)	0 (0%)
2016年	10,232,593 (100%)	10,232,173 (99.996%)	415 (0.004%)	5 (0%)	0 (0%)	0 (0%)

（＊）検出限界値未満を含む。

②県産農林水産物の放射能汚染の現状

事故直後には、福島県内外の原乳や露地栽培の野菜類（ホウレンソウやカキナなど）から暫定規制値を超える食品が見つかり、出荷制限措置や摂取制限措置が取られた。事故当初は検査体制も不十分だったために、暫定規制値を超えた一部の食品が市場に出荷され、大きく報道されることもあった。しかしその後、放射能監視体制が急速に整備された。また、放射性セシウムの経根吸収抑制対策として、水田などにカリウム肥料（塩化カリウム）が散布された。反転耕や表土の削り取りなどの農地土壌の改良、果樹樹木の粗皮削りや高圧洗浄、剪定や整枝なども行われた。

表7は、福島県産の農林水産物の放射能検査結果を厚生労働省が取りまとめたものである[34]。検査を実際に行ったのは福島県及び緊急時モニタリングセンターである。

県産の米（玄米）だけで年1020万〜1100万件も検査されているのに、表7中の検査件数は少なく、間違いではないかと思う読者がいるかも知れない。年1020万〜1100万件という米（玄米）の検査数は、スクリーニング検査を行った数である。表7の検査数にはスクリーニング検査の数は含まれず、詳細検査に回った米（玄米）の数のみが含まれる。

表7　福島県産の農林水産物の年度別検査結果[34]

検査年度	検査件数	基準値超過件数	基準値超過割合（%）
2011年	21,549	718	3.3
2012年	34,857	1,377	4.0
2013年	42,199	647	1.5
2014年	39,525	289	0.73
2015年	39,979	68	0.17
2016年*	37,314	291	0.83

　食品の規制値は、2012 年 4 月に暫定規制値から現行の基準値に引き下げられたため、2011 年度と比べて 2012 年度は基準値超過割合が増えたものの、その後は基準値超過割合が徐々に減ってきている。読者の中には、2015 年度に比べて 2016 年度に基準値超過件数と基準値超過割合が増えていると考える人がいるかも知れない。基準値超過数と基準値超過割合は、どのような食品群を詳細に検査するかにより大きく変わる。2015 年度には 50 件の野生鳥獣肉の検査を行い、7 割の 35 件が基準値超過であった。同年度の基準値超過件数 68 件のうち 35 件は野生鳥獣肉だったのである。一方、後述するが 2016 年度には 581 件もの野生鳥獣肉の検査を行い、5 割弱の 281 件が基準値超過であった。同年度の基準値超過件数 291 件のうち実に 281 件は野生鳥獣肉だったのである。住宅地に近い森林以外は除染していないため、森林内に多くが生息する野生鳥獣類の肉は、一般に放射能濃度が高いことで知られる。なお、基準値を超過した農林水産物は廃棄等の適切な措置が取られている。

　表 8 は、表 7 の中から 2016 年度の検査結果の内訳を示したものである。表 8 中の「栽培／飼育管理を行っていない」は、山菜や野生鳥獣類などのように自然に山野に生育する動植物、養殖を行っていない天然の魚介類を意味する。反対に「栽培／飼育管理を行っている」は、人が飼育・栽培している動植物、養殖を行っている魚介類を意味する。表 8 を見てすぐに気づくことは、基準値超過農林水産物 291 件すべてが「栽培／飼育管理を行っていない」ものであることである。2015 年度の検査結果では、基準値超過農林水産物 68 件のうち「栽培／飼育管理を行っていない」が 64 件、「栽培／飼育管理を行っている」は 4 件であった。4 件の内訳は大豆 2 件、米（玄米）2 件である。この米（玄米）2 件は、表 6 中の 2014 年度産の基準値超過米（玄米）2 件に相当する。検査が行われたのが 2015 年度に入ってからのことであったため、表 7 では 2015 年度に振り分けられたのである。少し分かりにくいかも知れないが、表 6 は収穫年度、表 7 は検査年度で分類している点に注意してほしい。

　農産物は検査数 7573 件に対し基準値超過数は 5 件で、すべてが山菜と天然キノコ（ナメコ）である。畜産物は検査数 1 万 7469 件に対し、基準値超過数はゼロ件であった。

表8　2016年度福島県産農水産物の公表検査結果（概略）

食品群	検査件数	基準値超過件数	基準値超過品目	
			栽培/飼育管理を行っていない	栽培/飼育管理を行っている
農産物	7,573	5	コシアブラ（2），タラの芽（1），クサソテツ（コゴミ）（1），ナメコ（1）	
畜産物	17,469	―		
水産物	9,484	4	ヤマメ（4）	
牛乳・乳児用食品	437	―		
野生鳥獣肉	581	281	イノシシ肉（255），ツキノワグマ肉（20），ヤマドリ肉（5），ニホンジカ肉（1）	
飲料水	38	―		
その他	1,732	1	乾燥シイタケ（1）	
合　計	37,314	291	291	0

　2011年7月に暫定規制値を超える牛肉が見つかり大きな話題になったが、畜産物の汚染は基本的に餌に由来することが分かっている。それ故、餌をしっかり管理すれば、畜産物の放射能汚染には繋がらない。餌の管理をしっかりやっている成果が着実に現れているといってよい。

　水産物は検査数9484件に対し、基準値超過数は4件で、すべて川魚であった（因みに2015年度における水産物の検査数は8910件に対し、基準値超過数は7件、すべて川魚（イワナとヤマメ各3件、アユ1件）。水産物は淡水魚より海水魚の方が10倍以上多く検査されているにも拘わらず、基準値超過は川魚だけであることは何を意味するか。海水魚は淡水魚よりも速く放射能濃度が減少しており、海水魚の全魚種の出荷制限の解除はそう遠くないといってよい。海水魚に比べると淡水魚の放射能濃度の減り方は遅いが、2016年度の基準値超過が1魚種（ヤマメ）になったことは、海水魚ほど早くはないにしても、淡水魚の出荷制限の解除も遠くはないといえるのではないか。

　牛乳・乳児用食品は検査数437件に対し、基準値超過数はゼロ件であった。畜産物同様に餌の管理をしっかり行っているため、原乳の放射性セシウム濃度が非常に低く抑えられ、結果として牛乳や粉ミルクなどの放射性セシウム濃度も非常に低く抑えられているといってよい。

　前述したように、野生鳥獣肉は検査数581件に対し、基準値超過数は281件であった。基準値超過数281件の内訳は、イノシシ肉255件、ツキノワグマ肉20件、ヤマドリ肉5件、ニホンジカ1件である。イノシシ、ヤマドリは県内全域で出荷制限、クマ肉も県内の多くの市町村で出荷制限となっているので、表8の食品群の中には、実際には出荷できないものも含まれている。表8では分からないが、出荷・販売を目的とした県内農林水産物の基準値超過数は6件であり、表8中の基準値超過数291件よりはるかに

少ない。

　出荷・販売を目的とした県内農林水産物の放射性セシウム検査は県が、自家消費を目的とした県産農林水産物の検査は各市町村が行っている。自家消費を目的とした県産農林水産物の検査結果は、各市町村のホームページで公表されている。放射性セシウムが検出されるのは「栽培／飼育管理を行っていない」ものであり、「栽培／飼育管理を行っている」もので放射性セシウムが検出されることは、どこの市町村でも現在ではほぼなくなってきている。ましてや「栽培／飼育管理を行っている」もので基準値を超過するものはないといってよい。

　いずれにせよこれまでに述べてきた県内農林水産物の放射性セシウム検査結果は、必ずしも県民に十分に知られているわけではない。ましてや県外の人びとにはあまり知られていない。そのため事故後の県内農林水産物の放射性セシウム検査結果の推移を知らず、事故当初の放射性セシウム濃度が高かった状況が記憶に残ったままの人びとが大勢いるに違いない。こうした状況を払拭して風評被害をなくすために、県内農林水産物の放射性セシウム検査結果を県内外の人びとにしっかり伝えることが必要である。

2）県民の内部被ばくの現状

　福島第一原発事故後に作られた食品の暫定規制値は、最大で年5ミリシーベルトまでの内部被ばくを許容することを前提に作られていた。また、2012年4月から運用されている現行基準値は最大で年1ミリシーベルトを許容することを前提に作られている。しかし、実際の内部被ばく線量はこれらの前提よりはるかに低いレベルにあることを、多くの専門家は知っていた。

　内部被ばく線量の評価は、外部被ばく線量を測定するガラスバッジのような個人線量計がないため、①陰膳法、②マーケットバスケット（MB）法、③ホールボディカウンタ（WBC）法により行われている。

①陰膳法による内部被ばく検査

　陰膳法は、検査対象となる家族が経口摂取する食事と同じ食事を1食分余分に作ってもらい、その食事1～3日分をまとめて放射性セシウムの分析を行い、当該家族が1日に経口摂取する放射性セシウムの放射能量を求める方法である。陰膳法では、得られた放射性セシウム量（Bq）を含む食事を年365日間毎日経口摂取し続けることを仮定し、年齢に対応する実効線量係数（mSv/Bq）を用いて内部被ばく線量（預託実効線量）を算出する。陰膳法の欠点は、検査当日の食事がたまたま日常とは異なる非常に高い放射能量であったり、反対に日常とは異なる非常に低い放射能量であったりすると、その影響を受けるため、内部被ばく線量の評価の信頼性が低くなることである。福島県、日本生活協同組合（コープふくしま）、大学の研究者などが陰膳法による検査を行っているが、ここでは県の検査結果を紹介する[35]。

福島県が検査を始めたのは 2012 年度からであり、地域性に偏りがないように家族を選んでいる。検査人数は年度により異なるが、78 ～ 398 人である。放射性物質の経口摂取による内部被ばく線量の最大値を表9に示した。

表9　陰膳法による内部被ばく線量の最大値[35]　（ミリシーベルト／年）

放射性物質	2015年度（最大値）	参考値（最大値）		
		2014年度	2013年度	2012年度
放射性セシウム（セシウム137＋セシウム134）	0.023	0.010	0.028	2.1（0.12）＊
ストロンチウム90	0.0015	0.0024	0.0017	0.0012

＊2.1の最大値を示した対象者は野生きのこ等を含む食材を経口摂取していた。この者を除いた時の最大値は0.12であった。

　表9を見ると、放射性セシウムに由来する内部被ばく線量の最大値は、2012 年度が年 0.12 ミリシーベルト（野生きのこを経口摂取していた者を除く）と高く、その後は 2013 年度が年 0.028 ミリシーベルト、2014 年度が年 0.010 ミリシーベルト、2015 年度が 0.023 ミリシーベルトとなっている。福島県のホームページには、検査した対象者の値がすべて公表されている。これによれば、放射性セシウムに由来する 2015 年度の内部被ばく線量の中央値は年 0.00042 ミリシーベルトである。因みに私たちの体内に存在する天然の放射性物質であるカリウム 40 に由来する内部被ばく線量は年 0.17 ミリシーベルトである[36]。事故由来の放射性セシウムによる内部被ばく線量は 2012 年度でも最大 0.12 ミリシーベルトであり、カリウム 40 の 70％に過ぎない。2013 年度以降は、カリウム 40 の 6 ～ 16％に過ぎない。

　一方、放射性ストロンチウムに由来する内部被ばく線量の最大値は、2012 年度以降変化していないように見える。放射性セシウムとの正相関性もない。既に第 1 章で述べたように、福島第一原発のごく近傍を除けば、表層土壌中のストロンチウム 90 やプルトニウム 239 ＋ 240 の放射能濃度は、大気圏核実験に由来する表層土壌中の放射能濃度と変わらない。福島第一原発事故ではこれらの放射性物質があまり大気中に放出されなかったからである。それ故、表 9 中のストロンチウム 90 に由来する県民の内部被ばく線量は、ほとんどが大気圏核実験に由来するストロンチウム 90 によるものであるといえる。

②マーケットバスケット（MB）法による内部被ばく検査

　マーケットバスケット（MB）法は、流通食品を小売店等の街中で購入し、放射性セシウムの分析を行って食品中の放射能濃度を求め、日本人の各食品の平均的な消費量から食事を再構成して、1 日に経口摂取する放射性セシウムの放射能量を求める方法である。放射能摂取に寄与する食品を特定できる点が陰膳法より優れているが、14 群に分類された

食品を1群当たり最低でも10種類以上、全体として200種類ほどの食品を購入して分析しなければならないことが難点である。放射性セシウムの摂取量から内部被ばく線量を算出する方法は、陰膳法と同じである。国立保健医療科学院、国立医薬品食品衛生研究所、大学の研究者などがMB法による検査を行っているが、ここでは厚生労働省の委託により国立医薬品食品衛生研究所が実施した検査結果を紹介する[37]。

　同研究所は、事故後9〜10月と2〜3月に各調査対象地域で市販されている食品を購入して、MB法による内部被ばく線量の評価を行っている。表10は、各年に2〜3月調査分として発表されている値を筆者がまとめたものである。内部被ばく線量の値は、地域別平均線量といえるものである。2012年は、岩手県、栃木県、福島県などの東北・関東地方の都県の内部線量が西日本の府県より高い。しかし、最大値でも岩手県の年0.0094ミリシーベルトに過ぎず、年0.010ミリシーベルトに満たないものであった。事故による影響は2013年にも少し残っているが、それでも最大値は福島県（浜通り）の年0.0071ミリシーベルトに過ぎない。2014年以降は最大でも年0.0020ミリシーベルト（福島県（中通り））となり、多くの地域が年0.0010ミリシーベルト前後の内部被ばく線量であった。表9と比較すると表10の値は低いのではないかと考える読者がいるかも知れない。しかし、表9は陰膳法による内部被ばく線量の最大値、表10はMB法による内部被ばく線量の平均値であることを見落としてはいけない。表9の元データが福島県のホームページで公表されているが、個々のデータの中央値は表10の福島県の値と特段の矛盾はない。

表10　MB法による内部被ばく線量[37]　（ミリシーベルト／年）＊

地　域	被ばく線量（ミリシーベルト／年）				
	2016年	2015年	2014年	2013年	2012年
福島県（浜通り）	0.0009	0.0016	0.0019	0.0071	0.0063
福島県（中通り）	0.0010	0.0020	0.0019	0.0054	0.0066
福島県（会津）	0.0010	0.0010	0.0017	0.0043	0.0039
北海道	0.0007	0.0007	0.0009	0.0010	0.0009
岩手県	0.0010	0.0010	0.0017	0.0026	0.0094
宮城県	0.0008	0.0010	0.0012	0.0019	－
茨城県	0.0008	0.0009	0.0012	0.0025	0.0044
栃木県	0.0011	0.0009	0.0013	0.0022	0.0090
埼玉県	0.0007	0.0009	0.0009	0.0013	0.0039
東京都	0.0008	0.0008	0.0010	0.0014	－
神奈川県	0.0008	0.0011	0.0011	0.0013	0.0033
新潟県	0.0007	0.0007	0.0008	0.0018	0.0023
大阪府	0.0007	0.0006	0.0008	0.0008	0.0016
高知県	0.0006	0.0006	0.0009	0.0009	0.0012
長崎県	0.0007	0.0006	0.0007	0.0010	－

＊各年の実施月はすべて2〜3月。

平常時における一般人の線量限度の国際勧告値が年1ミリシーベルトであることを考えると、内部被ばく線量が国際勧告値の0.1～1%以下に抑えられていることは不幸中の幸いであるといってよい。

③ホールボディカウンタ（WBC）法による内部被ばく検査

ホールボデヴィカウンタ（WBC）法は、ガンマ線の透過力が高いことを利用し、人体内に存在する放射性物質の放出するガンマ線を体外に配置した放射線検出器により測定して体内量を求め、内部被ばく線量を推定する方法である。福島県と市町村がそれぞれ行っている。市販のWBCの価格は1台4500万円ほどするため、すべての市町村がWBCを所有しているわけではない。たとえば筆者がアドバイザーを務める本宮市ではWBCを2011年11月に購入し、希望する市民に対して同年12月からWBC方による内部被ばく検査を行っているが、隣の大玉村にはWBCがない。そのため大玉村は、本宮市のWBCを利用して村民の内部被ばく検査を行っている。二本松市、本宮市、大玉村は安達地方を構成する自治体であり、震災前から安達地方広域行政組合を作って同地域の共通課題に取り組んできた。そうした実績の成せる業だろうと思う。ここでは2011年6月からWBC法による内部被ばく検査を行っている福島県の検査結果を始めに紹介する[38]。

福島県は、WBCを用いて2017年1月までに延べ31万9962人の内部被ばく検査を行っている。現在でも毎月3000人以上が検査を受けている。実施主体は県、県の委託を受けた日本原子力研究開発機構と県立医科大学である。

表11は、WBC法による内部被ばく検査の結果を示したものである。これまでに検査した者の99.99%以上に相当する31万9936人が1ミリシーベルト未満であった。1～2ミリシーベルトの者は14人で、2012年2月までの検査で全員が見つかっている。2～3ミリシーベルトの者は10人で、2011年12月までの検査で全員が見つかっている。3ミリシーベルト以上の者は2人で、2011年9月までの検査で全員が見つかっている。総じて高い内部被ばくをした者ほど、相対的に早い時期に見つかっており、2012年3月以降は全員が1ミリシーベルト未満である。平常時における一般人の線量限度の国際勧告値が年1ミリシーベルトであることが理由だと思うが、県は1ミリシーベルト未満の者のうち検出限界未満の者がどの程度いたかを公表していない。ただ、WBC法による内部被ばく検査の検出限界値を、県も市町村も300ベクレルで実施している。

表11　WBC法による福島県の内部被ばく検査結果[38]

2011年6月～2017年1月　検査人数319,962人		
検査結果	預託実効線量	1ミリシーベルト未満　319,936人 1～2ミリシーベルト　14人 2～3ミリシーベルト　10人 3ミリシーベルト以上　2人

第1章 福島第一原発事故と事故炉の現状

　事故6年後の時点における放射性セシウムの約87％はセシウム137（残りの約13％はセシウム134）である。そこで話を分かりやすくするため、放射性セシウムはすべてセシウム137であるものと仮定し、少し考察してみた。300ベクレルの検出限界値を超えるには、成人の場合、1日当たり3ベクレルのセシウム137を経口摂取し続けなければならない（300（Bq）÷ 1.44 ÷ 70（日）= 2.98 ≒ 3.0（Bq/日））。セシウム137を毎日3ベクレルずつ1年間経口摂取し続けると、年0.014ミリシーベルトの内部被ばく線量になる（3（Bq/日）× 365（日）× 0.000013（mSv/Bq）= 0.014（mSv））。実際には事故当初、セシウム137とセシウム134の放射能割合は1：1であったため、300ベクレルの検出限界値を超えると、2割増の年0.017ミリシーベルトの内部被ばくに相当すると考えてよい。WBC法による内部被ばく検査の検出限界値300ベクレルとは、事故当初なら年0.17ミリシーベルト、事故6年後の時点なら年0.14ミリシーベルトの内部被ばく線量に相当するといってよい。

　次にWBC法による本宮市の内部被ばく検査結果を表12に紹介する。300ベクレルという放射性セシウムの検出限界値を超える人数と割合は、2011年度82人（受診者数の2.6％）であったが、2012年度15人（同0.14％）、2013年度1人（0.02％）、2014年度11人（同0.14％）、2015年度1人（0.02％）、2016年度0人（0％）と推移している。検出限界値を超えた人数が2011年度に特に多かったのは、検出限界値を200ベクレルに設定して検査したからである。検出限界値を低く設定すると検査時間が余分にかかるため、2012年度以降は300ベクレルの検出限界値で検査している。2011年度に検出限界値200ベクレルを超えた82人のうち54人は300ベクレル未満であった。総じて検出限界値を超える者の多くは、60～70歳代以上の人びとである。しばしば指摘されているように、高齢者は若者と比べると山菜や野生きのこをあまり気にせず経口摂取する割合が相対的に多いからである。検出限界値を超えた人びとも、多くは検出限界値の2～3倍ほどの放射性セシウム量であり、これまでに1000ベクレルを超えていた人は2人しかいない。これまでに行われたWBC法による内部被ばく検査の中で、被ばく線量の最大値は約0.3ミリシーベルトであった。本宮市の検査例から推察すると、おそらく県の1ミリシーベルト未満の者のほとんどは、検出限界未満なのではないだろうか。無用の憶測を生まないためにも、県は1ミリシーベルト未満の内訳（検出限界未満者数と検出者数）を公表しても

表12　WBC法による本宮市の内部被ばく検査結果[39]

	受診者数	検出限界未満者数	検出者数
2011年度*	3,124	3,042	82
2012年度	11,050	11,034	15
2013年度	4,881	4,880	1
2014年度	5,506	5,495	11
2015年度	4,457	4,456	1
2016年度	3,747	3,747	0

＊2011年度の検出限界値は200ベクレル。他の年度の検出限界値は300ベクレル。

よいのではないか。

　以上、陰膳法、MB 法、WBC 法による内部被ばく検査の結果を紹介してきたが、県民のほとんどが最大でも年 0.01 ミリシーベルト以下である点で相互に矛盾はないといってよい。

4　おわりに——福島に対する偏見と差別を超えて

　核エネルギーを動力源とし、人間と同じ感情を有する少年型ロボットが活躍する漫画『鉄腕アトム』は、今から 60 年以上も前に誕生した。『鉄腕アトム』をデマだといって批判する人を私は知らない。一方、漫画『美味しんぼ』「福島の真実」編を「風評被害や差別を助長する」「デマだ」といって批判する人は非常に多い。一体この違いはどこから来るものなのか。

　前者はその誕生から 50 年以上も先の 21 世紀の未来社会を描いた漫画であり、誰もがフィクションであると思って読む。一方、後者の『美味しんぼ』「福島の真実」編は、福島第一原発事故に由来する現在進行中の福島県内の被害を描いており、前双葉町長、岐阜市の開業医、福島大学准教授やら実在する人物が実名で登場する。おまけに「福島の真実」編などというサブタイトルまで付いているので、誰もがノンフィクションであると思って読む。漫画の体裁をとっているものの、これは時事問題を扱った記事なのだ。この違いがひとつあると思う。記事であるなら、その信憑性が問われるのは当然だ。

　加えて「福島の真実」編で原作者は、主人公らに福島に行った後で「鼻血が止まらなくなった」「ひどく疲れやすくなった」などと言わせている。前双葉町長が主人公らに「福島では同じ症状の人が大勢いますよ。言わないだけです」と話し、その原因は「被ばくしたからです」とまで言い切っている。また、原作者は前双葉町長や福島大学准教授に、「今の福島に住んではいけない」「福島がもう取り返しのつかないまでに汚染された」「除染をしても汚染は取れない」「（除染しても）汚染物質などが山などから流れ込んできて、すぐに数値が戻る」「福島を広域に除染して人が住めるようにするなんてできない」などと繰り返し言わせている。

　ここまで読んで来ると、さすがに鈍感な私もこの漫画の主題は「福島に住んではいけない」ということであり、その理由付けとして鼻血や耐え難い疲労感、除染しても数値がもとに戻ると原作者が実在する登場人物に言わせていることに気づく。「福島の真実」編の最終回で原作者は、「福島の人たちに、危ないところから逃げる勇気を持ってほしい」とまで主人公らに言わせている。避難指示区域に県民は現在住んでいないので、2014 年春の時点で原作者は避難指示区域外の浜通り、中通り、会津地方の全福島県民に、自主避難

する勇気を持てと呼びかけているのだ。事実誤認も甚だしく、不遜きわまりない態度である。話題になった福島の被ばくと鼻血の関係も、放射線医学的には議論にもならない低俗な代物である。漫画に出てくる主人公たちの恐ろしく鈍感な台詞を、多くの福島県民がどういう気持ちで受け取るか、福島県民の心情をどれだけ傷つけているか、原作者は皆目想像できないようだ。

　本文では紹介できなかったが、事故に起因する空間線量率の高いことで知られる伊達市では全市民を対象にガラスバッジによる外部被ばく線量の測定を2012年7月から1年間行っているが、その測定結果（2013年11月発表）によれば、当時でさえ年1ミリシーベルト未満は66.3%、年2ミリシーベルト未満は94.4%、年3ミリシーベルト未満は98.8%、年4ミリシーベルト未満は99.7%、年5ミリシーベルト未満は99.9%、年5ミリシーベルト以上は0.1%である[40]。陰膳法やMB法による県民の内部被ばく線量の評価結果によれば、現在の県民の内部被ばく線量（預託実効線量）は最大でも年間0.01ミリシーベルト、中央値は0.001ミリシーベルト未満である。除染さえしっかりやれば、十分に安全であり安心して住むことができる。本文でも触れたように除染事業もこの7年間で多くの実績があり、十分に線量低減効果があり、実証済みといってよい。

　原作者は脱原発派であり、脱原発運動を盛り上げるため、福島県内の実情を無視して、福島県は人が住めるような所ではない、県民は県外に全員自主避難しなければならないと主張しているように思える。それは事実に基づかない偏見や差別、誹謗中傷の類でしかない。原発の是非の問題と放射線による健康被害の有無の問題を混同してはいけない。同様に原発の是非の問題と除染効果の有無の問題も混同すべきではない。福島県民をスケープゴートにするような主張や運動に未来はないと私は確信する。

　私の遠い昔の記憶になるが、国民学校1年生の時に広島で被爆した作者の体験を基にした自伝的漫画『はだしのゲン』は、被爆者が遭遇した結婚差別や就職差別などが赤裸々に描かれていた。『はだしのゲン』を持ち出すまでもなく、被爆者は病気と貧困の悪循環に加えて、日常生活の中でいろいろな社会的差別を受けた。原爆被害や放射能汚染、放射線障害に対する無知、無理解及び偏見により、被爆者があらぬ侮辱を受けたという証言や相談は枚挙にいとまがない。

　2011年4月末、当時の熊本県水俣市長が「特に懸念しておりますのが風評被害からの偏見や差別の問題です。……言いようのない辛さであります」「放射線は確かに怖いものです。しかし、事実に基づかない偏見、差別、非難中傷は、人としてもっと怖く悲しい行動です」と緊急メッセージ[41]を発表したのは、放射能汚染や放射線障害に対する無知、無理解から生まれる、事実に基づかない偏見や差別、風評被害を繰り返してはならないという思いからであった。

　2016年、避難者に対するいじめの問題が各地で話題になった。「ばいきんあつかいさ

れて、ほうしゃのうだとおもっていつもつらかった。いままでなんかいも死のうとおもった」という小学生（当時）の手記も報道された[42]。いじめは自主避難者にも強制避難者にも県内在住者にもある。こうしたいじめは福島に対する偏見や差別と表裏一体のものである。悲しい不幸な歴史を私たちは繰り返してはならない。

【参考文献】

1) 警察庁緊急災害警備本部：平成 23 年（2011 年）東北地方太平洋沖地震の被害状況と警察措置。平成 29 年 9 月 8 日付広報資料。

2) 復興庁被災者支援班：東日本大震災における震災関連死の死者数（平成 29 年 6 月 30 日現在調査結果）。復興庁：全国の避難者数（平成 29 年 10 月 27 日）。

3) 東京新聞：2014 年 3 月 10 日付。

4) 読売新聞：2011 年 8 月 25 日付。国会事故調（東京電力福島原子力発電所事故）報告書：85 ページ、90 ページ（2012）

5) 文部科学省：文部科学省による、プルトニウム、ストロンチウムの核種分析の結果について（平成 23 年 9 月 30 日）。文部科学省による、①ガンマ線放出核種の分析結果、及び②ストロンチウム 89、90 の分析結果（第 2 次分布状況調査）について（平成 24 年 9 月 12 日）。

6) UNSCEAR：UNSCEAR 2013 Report, Volume I, REPORT TO THE GENERAL ASSEMBLY SCIENTIFIC ANNEX A：Levels and effects of radiation exposure due to the nuclear accident after the 2011 great east-Japan earthquake and tsunami（2014）.

7) 児玉一八、清水修二、野口邦和：放射線被曝の理科・社会、75 ページ（2014）。

8) UNSCEAR：UNSCEAR 2015 white paper to guide the Scientific Committee's future programme of work, Developments since the 2013 unscear report on the levels and effects of radiation exposure due to the nuclear accident following the great east-Japan earthquake and tsunami（2015）.

9) UNSCEAR：UNSCEAR 2016 white paper to guide the Scientific Committee's future programme of work, Developments since the 2013 unscear report on the levels and effects of radiation exposure due to the nuclear accident following the great east-Japan earthquake and tsunami（2016）.

10) 水産庁ホームページ：水産物の放射性物質の調査結果（ストロンチウム）（平成 28 年 12 月 19 日更新）。

11) Yoshida, N., Kanda, J.：Tracking the Fukushima Radionuclides, Science, Vol. 336, No. 6085, pp.1115-1116（2012）.

12) 原子力災害対策本部：東京電力福島第一原子力発電所・事故の収束に向けた道筋 ステップ 2 完了報告書（2011）。

13) 原子力災害対策本部：東京電力（株）福島第一原子力発電所 1 ～ 4 号機の廃止措置等に向けた中長期ロードマップ（2011）。

14) 経済産業省「東京電力改革・1 F 問題委員会」：第 8 回配布資料 1、東電改革提言（案）（平成 28 年 12 月 20 日）。

15) 東京電力：高レベル滞留水の貯蔵及び処理の状況（平成 29 年 11 月 9 日現在）。

16) 東京電力：HYPERLINK "http://www.tepco.co.jp/decommision/planaction/seasidewall/index-j.html" http://www.tepco.co.jp/decommision/planaction/seasidewall/index-j.html

17) 日本分析センター HP：日本分析センターにおける空間放射線量率（線量率と放射性核種の関係）（2017 年 1 月 5 日更新）。

18) 福島民友新聞 2011 年 6 月 25 日付。

19) 原子力災害対策本部：推定年間被ばく線量の推移、第 19 回原子力災害対策本部配布資料（平成 23 年 8 月 26 日）。

20) 原子力規制委員会：http://radioactivity.nsr.go.jp/ja/contents/13000/12701/24/170213_11th_air.pdf

21) 原子力災害対策本部：「原子力災害からの福島復興の加速に向けて」改訂（平成 27 年 6 月 12 日）。

22) 環境省放射線健康管理担当参事官室・国立研究開発法人放射線医学総合研究所：放射線による健康影響等に関する統一的な基礎資料第 II 編（平成 26 年度版（改訂版））、138 ページ。

23) しんぶん赤旗：2017 年 2 月 22 日。

24) 日本土壌肥料学会 HP：原発事故関連情報（1）放射性核種（セシウム）の土壌－作物（特に水稲）系での動きに関する基礎的知見（平成 29 年 2 月 6 日更新）。

25) 野口邦和：外部被ばく低減へ、除染推進にいまなにが必要か、議会と自治体 No.179、48 ～ 54 ページ（2013）。

26) しんぶん赤旗：2017 年 2 月 5 日。

27) 児玉一八、清水修二、野口邦和：放射線被曝の理科・社会、102 ～ 117 ページ（2014）。

28) UNSCEAR 2008 Report, Volume II, REPORT TO THE GENERAL ASSEMBLY SCIENTIFIC ANNEX D：Health effects due to radiation from the Chernobyl accident (2008)。

29) 原子力安全委員会：福島県における小児甲状腺被ばく調査結果について（2011 年 5 月 12 日）、第 31 回原子力安全委員会資料 4-3 号。

30) S. Tokonami et al：Thyroid doses for evacuees from the Fukushima nuclear accident, Scientific Reports 2, Article number 507（2012）。

31) 放射線医学総合研究所：外部被ばく線量の推計について―外部被ばく線量評価システムの概要と避難行動のモデルパターン別の外部被ばく線量の試算結果（講演資料）、平成 23 年 12 月 13 日。

32) 福島県「県民健康調査」検討委員会：第 25 回「県民健康調査」検討委員会、資料 1 県民健康調査「基本調査」の実施状況について（平成 28 年 12 月 27 日）。

33) ふくしま恵み安全対策協議会：放射性物質検査情報 玄米。

34) 厚生労働省：報道発表資料 食品中の放射性物質の検査結果について。

35) 福島県：日常食の放射線モニタリング結果。

36) 日本アイソトープ協会：アイソトープ手帳、177 ページ（2011 年）。

37) 厚生労働省：食品からの放射性物質の摂取量調査結果。

38) 福島県：ホールボディカウンターによる内部被ばく検査 検査結果について。

39) 福島県本宮市保健福祉部：私信。

40) 伊達市健康福祉部健康推進課：㈱千代田テクノル、FBNews、No.459、6 ～ 10 ページ（2015）。

41) 宮本勝彬水俣市長：HYPERLINK "https://www.youtube.com/watch?v=22x39oVJqd8" https://www.youtube.com/watch?v=22x39oVJqd8。

42) 朝日新聞：2016 年 11 月 16 日付。

43) 前橋（2017 年 3 月）、千葉（同年 9 月）、福島（同年 10 月）の 3 地裁判決は、国は原発の敷地の高さを超える津波を予見できたと認定している。しかし、千葉地裁判決は予見に基づき対策を取っても事故は回避できなかった可能性がある。前橋、福島の地裁判決は予見に基づき対策を取っていれば事故は回避可能であったとしている。

| 解説 1 | 福島第一原発事故後の甲状腺がんの「多発見」について |

　福島第一原発事故をふまえて、2011年3月11日時点でおおむね0歳から18歳までの福島県民を対象に、子どもたちの健康を長期に見守るために甲状腺検査が行われている。「先行検査」（2011年10月～2014年3月、30万473人が受診）で116人、「本格検査（検査2回目）」（2014年4月～2016年3月、27万516人が受診）で71人、「本格検査（検査3回目）」（2016年4月～継続中、2017年6月30日現在13万8422人が受診）で7人が、それぞれ穿刺吸引細胞診によって「悪性ないし悪性疑い」と判定された。

　チェルノブイリ原発事故の後、放射性ヨウ素による内部被曝に起因する小児甲状腺がんが、放射線被曝による健康影響として明らかになった。それでは福島県で発見されている、事故時に0～18歳であった方々の甲状腺がんをどう見ればいいのだろうか。

甲状腺がんはどんな"がん"なのか

　一般にがんは、小児や青年期の発生は少なく、高齢になるにしたがって指数関数的に増加していく。進行してしまうと治りにくくなり、若い人のがんほど進行が速いといわれており、リンパ節やほかの臓器への転移などがあると進行がんと判断される。

　ところが甲状腺がんは、若い人の発症も少なくない。若年での発症は予後良好の因子となっており、リンパ節転移がおこっても治療もしないで自然消失することが観察される。日本人では甲状腺がんの約90%が乳頭がんといわれ、乳頭がんには①生命予後が極めて良い、②低危険度がんの進行はきわめて遅く、生涯にわたって人体に無害に経過するものもある、③若年者の乳頭がんはほとんどが低危険がんである、という特徴がある。

　亡くなった後に剖検で見つかるがんを「潜在がん」といい、甲状腺は潜在がんがとても多い臓器として知られている。フィンランド人の剖検で35.6%に甲状腺がんが発見されたという報告があり（Harach *et al.* [1985]）、日本人でも潜在甲状腺がんの発見率が11.3～28.4%と報告されている（Fukunaga and Yatani [1975]、Yamamoto *et al.* [1990]）。これらのデータは、甲状腺がんがあっても、寿命が尽きるまで何も起きないものが結構あることを示している。

第1章　福島第一原発事故と事故炉の現状

福島第一原発事故とチェルノブイリ原発事故の違い

　福島県で原発事故後に見つかっている甲状腺がんについて考える上で、チェルノブイリ原発事故と福島第一原発事故の違いを踏まえる必要がある。まず、放射性ヨウ素の事故による放出量の違いについて述べる。

　チェルノブイリ原発事故では、出力が定格の100倍に急上昇し、水蒸気爆発が起って原子炉と原子炉建屋が破壊された。格納容器をもたない炉型であったこと、爆発によって圧力容器の上蓋が吹き飛んで青天井になったこと、減速材の黒鉛が火災を起こして10日間燃え続けたことが相まって、放射性ヨウ素は原子炉内に存在したうちの50%が放出されたと評価されている。

　福島第一原発事故では、原子炉建屋の上部は水素爆発で破壊（1,3,4号機）されたが、格納容器は比較的健全（2号機は圧力抑制室が一部破損）であり、主に格納容器ベントと2号機圧力抑制室の破損箇所から放射性核種が大気中に放出され、ヨウ素131の放出量はチェルノブイリ原発事故のおよそ10分の1であったと評価されている。

　次に放射性ヨウ素の摂取と被曝については、チェルノブイリ事故では放射性ヨウ素に汚染されたミルクにより、多くの子どもたちが高線量の内部被曝をした。ベラルーシやウクライナが内陸にあってヨウ素欠乏地域であることも、放射性ヨウ素の甲状腺への取り込みを促進した。ベラルーシでは約3万人の子どもたちが、1Sv（1000mSv）を超える被曝（甲状腺等価線量）をしている。

　福島第一原発事故では、幸いにして飲食物からの内部被曝はごく低いレベルであった。日本は世界でもヨウ素の摂取量が多い国であって、例えば、ヨウ素131を用いて画像診断や治療を行う際、投与前1～2週間にわたって厳格にヨウ素を制限しないと、ヨウ素131が甲状腺に取り込まれない。甲状腺等価線量はもっとも高い子どもで約80mSvで、99%以上が30mSv未満であったと推定されている。

福島県県民健康調査で発見された甲状腺がん

　先行検査で甲状腺がんと診断された人数は、100万人当たりで177人に相当する。福島県県民健康調査の甲状腺検診は、感度の高い超音波検査によって行われているため、感度の低い方法で行われた以前の検査結果とは比較できない。福島と同様の高感度検査で集団検診が行われた報告では、千葉大学で9988人のうち3人（100万人当たり300人相当）、岡山大学で2307人のうち3人（100万人当たり1300人相当）、慶応高校で2868人の女子生徒のうち1人（100万人当たり350人相当）が甲状腺がんと診断された。

　福島での甲状腺検診で小結節や嚢胞が見つかっているが、事故による有意な放射性物質の沈着が生じていない3県（青森、山梨、長崎）で同様な検査で見つかった小結節や嚢

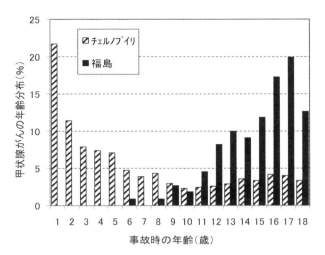

図1　チェルノブイリ原発事故後と福島第一原発事故後の甲状腺がん症例の年齢分布（年齢は事故時）
出典：Williams, D., *Eur. Thyroid J.*, Vol.4, pp.164-173（2015）の図を一部改変

胞の有病率は、福島県と同様のものであった（UNSCEAR［2015］）。

　上の図は、チェルノブイリ原発事故後と、福島第一原発事故後の最初の3年間で発見された甲状腺がんの年齢別頻度である（Williams［2015］）。チェルノブイリでは曝露時に年齢が低いほど甲状腺がんの発生数が多く、年齢の増加に伴って急激に低下している。チェルノブイリ事故後の低年齢層での甲状腺がんの発症は、放射線被曝に起因すると考えられている。いっぽう福島では、5歳以下で甲状腺がんは見つかっておらず、年齢の上昇とともに発生が増加している。この傾向は年齢の上昇に伴ってみられる通常の甲状腺がんの増加と同じであって、放射線に関連した増加ではないことを示唆する。チェルノブイリで10歳以上の子どもにおいて年齢上昇とともに若干の発生の増加が見られるが、これも通常の甲状腺がんによるものと考えられる。

　福島第一原発事故に起因する外部被曝線量が低い地域、中程度の地域、高い地域のそれぞれに居住していた小児について、甲状腺がんの有病率を比較したところ、線量反応関係はまったく認められなかった。被曝と甲状腺がんの発現の間には通常、遅延期間がみられ、チェルノブイリ原発事故後においても4年以内に過剰発生は見られていない。被曝線量が低いと遅延期間はより長くなる。福島県民の先行調査は事故後4年以内に行われており、これも甲状腺がんが被曝に起因しないことを示唆している。

　以上のような理由から、福島県県民健康調査によって発見された甲状腺がんは、原発事故に伴う放射線の影響によるものではなく、集団検診の検査法の感度の高さによる可能性が高いと考えられる。すなわち、「多発」ではなくて「多発見」ということである。

　福島医大による甲状腺がんの遺伝子解析結果は、①成人の乳頭がんで多く見られる「BRAF遺伝子」の点突然変異が67％で陽性であった、②小児に多いとされる「RET／

PTC」遺伝子再構成の頻度は低く、チェルノブイリ原発事故後の子どもに多く見つかった「RET／PTC3」遺伝子再構成は1例もなかった、③通常の成人型の乳頭がんと同様のパターンを示した、というものであった（Mitsutake *et al.*［2015］）。これもまた、加齢とともに増えていく通常の甲状腺がんが、検診によって小児や若年の段階で見つかったことを示す重要な知見と考えられる。

　冒頭で述べた甲状腺がんの特徴は、「甲状腺がんは探せば探すほど見つかる」ということにつながる。韓国では甲状腺がんがスクリーニング検査に加えられ、発生率が15倍に急増した。しかし、甲状腺がんの死亡率はほとんど変化しなかった。米国でも同様のことがおこった。両国の例は、検査技術の向上に伴い、従来は検出できなかった微小な甲状腺がんが見つかるようになり発生率が増加したものの、新たに見つかったのは寿命に関係しないがんだったため、死亡率に変化がなかったことを示している（Ahn *et al.*［2014］、Davies and Welch［2006］）。

　このように甲状腺がんのスクリーニング検査には、生命予後に影響しないがんも大量に見つけてしまう過剰診断の問題がある。福島県での甲状腺検査にも同様のことが考えられ、慎重な対応が必要である。

　なお、福島県で原発事故後に甲状腺がんが多発見されていることについて、『しあわせになるための「福島差別」論』（かもがわ出版、2018年）で詳細に論じているので、関心がおありの方はお読みいただきたい。

（児玉一八）

【参考文献】

・Ahn, H.S., H.J.Kim, and H. G. Welch［2014］"Korea's thyroid-cancer "epidemic" –screening and overdiagnosis", N.Engl.J.Med., Vol.371, No.19, pp.1765-1767.

・Davies, L. and H.G. Welch（2006）"Increasing incidence of thyroid cancer in the United States, 1976-2002", JAMA, Vol.295, No.18, pp. 2164-2167.

・Fukunaga, F. H. and R. Yatani［1975］" Geographic pathology of occult thyroid carcinomas", Cancer, Vol. 36, pp. 1095-1099.

・Harach, H. R., K.O. Franssila and V.-M. Wasenius［1985］"Occult papillary carcinoma of the thyroid. A "normal" finding in Finland. A systematic autopsy study", Cancer, Vol.56, No.3, pp. 531-538.

・Mitsutake, N., T. Fukushima, M. Matsuse, T. Rogounovitch, V. Saenko, S. Uchino, M. Ito, K. Suzuki, S. Suzuki and S. Yamashita［2015］" BRAF^{V600E} mutation is highly prevalent in thyroid carcinomas in the young population in Fukushima: a different oncogenic profile from Chernobyl", Scientific Reports, 5, 16976. doi:10.1038/srep16976.

・UNSCEAR［2015］『東日本大震災後の原子力事故による放射線被ばくのレベルと影響に関するUNSCEAR（国連科学委員会）2013年報告書刊行後の進展−2015年白書』

・Williams, D.［2015］, "Thyroid Growth and Cancer", Eur. Thyroid J.,Vol.4, pp. 164-173.

・Yamamoto, Y., T. Maeda, K. Izumi and H. Otsuka［1990］" Occult papillary carcinoma of the thyroid. A study of 408 autopsy cases", Cancer, Vol.65, No.5, pp.1173-1179.

コラム 1

福島第一原発事故とチェルノブイリ原発事故との違い

　国際原子力事象評価尺度（INES）によれば、福島第一原発事故は1986年4月26日の旧ソ連チェルノブイリ原発事故と同じ、最悪の「レベル7」（深刻な事故）と評価されている。そのためチェルノブイリ原発事故と同程度の被害の大きさになると思い込みやすいが、環境に放出された放射性物質の種類と放射能量はかなり異なる。

　その理由は、チェルノブイリ原発型の原子炉（沸騰水型黒鉛減速軽水冷却チャンネル炉）の制御棒の設計上の欠陥、運転員の操作ミスと規則違反などが主原因となって発生したチェルブイリ原発事故では、原子炉出力が定格出力の100倍に暴走した結果、水蒸気爆発により原子炉と原子炉建屋が激しく破壊されたからである。

　原子放射線の影響に関する国連科学委員会（UNSCEAR）2000年報告書などによれば、チェルノブイリ原発事故では、キセノン133などの放射性希ガスは原子炉内の全量、揮発性の放射性ヨウ素は同50％以上、放射性セシウムは同30％以上が大気中に放出されたと評価されている。一方UNSCEAR 2013年報告書によれば、福島第一原発事故による大気放出量は、ヨウ素131はチェルノブイリ原発事故の10分の1以下、セシウム137はチェルノブイリ原発事故の5分の1とされている。見落としてはならないことは、チェルノブイリ原発事故では原子炉と原子炉建屋が破壊された

結果、本来なら大気中に放出されにくいはずのプルトニウムなどの不揮発性元素、揮発性元素と不揮発性元素の中間の性質を持つストロンチウムなどの放射性物質が原子炉内の3～5％も放出されたことである。福島第一原発事故による避難指示区域などの区分が外部被ばく線量に基づいて行われているのに対し、チェルノブイリ原発事故による区分が外部被ばく線量と表土の表面汚染密度（キロベクレル /m^2）の2本立てになっている理由はここにある。しかも表面汚染密度による区分はセシウム137、ストロンチウム90及びプルトニウムについてそれぞれ行われている。

　また、地理的な違いや事故直後の緊急時被ばく対応の違いも見ておかなければならない。東京工業大学の吉田尚弘らは、福島第一原発事故で大気中に放出された放射性物質の2～3割が日本国内の陸上、7～8割が海上に降下・沈着したと評価している。一方、チェルノブイリ原発事故では、大気中に放出された放射性物質の多くは、原発周辺の陸上に降下・沈着した。海上への降下・沈着は海洋汚染を意味するが、海洋では放射性物質が大量の海水により希釈・拡散することが期待できるため、陸上への降下・沈着に比べると、周辺住民の被ばくは格段に小さくなる。

　さらに、チェルノブイリ原発事故では事故後5日間以上も旧ソ連圏内で隠されてい

たため、ヨウ素剤投与など緊急時の被ばく低減対策が決定的に立ち遅れた。チェルノブイリ原発事故の5日後の1986年5月1日、同原発の南130kmにあるウクライナの首都、旧ソ連第三の人口（当時250万人）を誇るキエフ市では、メーデーを祝うパレードが盛大に行われていた。雨の中、旅行者（事故発生時、123人の日本人旅行者が同市に滞在）だけでなく大勢のキエフ市民がパレードを見物していたという。少なくとも事故5日後のこの段階で、キエフ市民はチェルノブイリ原発で深刻な炉心損傷事故が起こっていることを知らされていなかったといってよい（4月30日の時点で、日本ではキエフおよびミンスク方面への渡航を自粛するよう、外務省が注意喚起を行っている）。

5月1日には放射性ヨウ素の放射能濃度が3700ベクレル/L以上の牛乳の摂取が禁止されたが、事故2〜3日後にはベラルーシ南部で3万7000ベクレル/Lの牛乳が検出された。当時、ウクライナ中央部とベラルーシ南東部では、牛乳中の放射性ヨウ素の放射能濃度が370〜100万ベクレル/L、ベラルーシ北西部では1000〜250万ベクレル/Lに達したという。事故直後の初期段階では、放射性ヨウ素の摂取による甲状腺被ばくを避けることが最重要課題だが、事故情報が隠されていたため、ウクライナやベラルーシのチェルノブイリ

原発周辺の住民、とりわけ影響を受けやすい子どもたちはヨウ素剤を適切な時期に服用するなどの防護対策が取れなかったため、甲状腺等価線量が数百〜数千ミリシーベルトにも達し、後に6800人を超える子どもたちが甲状腺がんを手術することになった。

一方、福島第一原発事故ではどうだったのか。政府がパニックを避けることを優先させたためにSPEEDI（緊急時迅速放射能影響予測ネットワークシステム）の情報が当初発表されなかったことなど政府の誤った対応は批判されて然るべきだが、私たちは東日本大震災から福島第一原発事故へと続く経緯や事故の進展をずっと注視できた。チェルノブイリ原発事故で大きな問題になった内部被ばくは、事故直後から食品の放射能監視体制を整備・強化して検査にあたってきた日本では、ほとんど問題にならない。ごく一部の人たちが福島第一原発事故に由来する内部被ばくを深刻だと未だに主張しているが、為にする議論であり、検討するに足りる根拠データは何も提示されていない。事故情報が何日も隠され適切な緊急時対策が取れなかったチェルノブイリ原発事故と不十分ながらも緊急時対策が採れた福島第一原発事故との違いは、極めて大きいといえる。

（野口邦和）

コラム **2**

国際原子力事象評価尺度（INES）

　国際原子力事象評価尺度（INES）は、原子力発電所など原子力施設の事故・故障について、それが安全上どの程度のものかを評価する世界共通の尺度である。国際原子力機関（IAEA）と経済協力開発機構・原子力機関（OECD/NEA）が策定し、1992年に導入された。INESは、生じた被害の大きさに応じて、原子力施設の事故・故障を「レベル0」（尺度未満＝安全上重要ではない事象）から「レベル7」（深刻な事故）までの8段階に分類する。「レベル1」（逸脱）、「レベル2」（異常事象）、「レベル3」（重大な異常事象）までを異常な事象、「レベル4」（局所的な影響を伴う事故）、「レベル5」（広範囲な影響を伴う事故）、「レベル6」（大事故）、

「レベル7」（深刻な事故）までを事故と呼んでいる。

　日本では、事故発生後に資源エネルギー庁（経済産業省の外局）が暫定評価を行い、原因究明が行われ再発防止策が確定した後、財団法人原子力発電技術機構に設置されている評価委員会が正式評価を行う。その評価基準は、「事業所外への影響（人と環境への影響）」「事業所内への影響（放射線バリアと管理への影響）」「多重防護の劣化」の3種類で構成され、基準ごとにそれぞれレベルを評価し、その中で最高のレベルを当該事故・故障のレベルとする。それ故、同じ数値のレベルであったとしても、仮に評価基準が異なれば、事故・故障の内容は異なる。

INESレベル	基準1 事業所外への影響（人と環境）	基準2 事業所内への影響 （放射線バリアと管理）	基準3 多重防護の劣化	参考事例
レベル7 深刻な事故	放射性物質の重大な外部放出：ヨウ素131等価で数万テラベクレル以上の放射性物質の外部放出。	原子炉や放射性物質障壁が壊滅、再建不能		チェルノブイリ原発事故（1986年） 福島第一原発事故（2011年）
レベル6 大事故	放射性物質のかなりの外部放出：ヨウ素131等価で数千〜数万テラベクレル相当の放射性物質の外部放出。	原子炉や放射性物質障壁に致命的な被害		ウラルの核惨事（1957年）
レベル5 広範囲な影響を伴う事故	放射性物質の限定的な外部放出：ヨウ素131等価で数百から数千テラベクレル相当の放射性物質の外部放出。	原子炉の炉心や放射性物質障壁の重大な損傷。		ウィンズケール原子炉火災事故（1957年） スリーマイル島原発事故（1979年）
レベル4 局所的な影響を伴う事故	放射性物質の少量の外部放出：法定限度を超える程度（数ミリシーベルトの公衆被ばく）。	原子炉の炉心や放射性物質障壁のかなりの損傷／従業員の致死量被ばく。		SL-1原子炉暴走事故（1961年） 東海村JCO臨界事故（1999年）
レベル3 重大な異常事象	放射性物質の極めて少量の外部放出（法定限度の10分の1を超える公衆被ばく）。	重大な放射性物質による汚染／急性の放射線障害を生じる従業員被ばく。	多重防護の喪失	動燃東海再処理工場火災爆発事故（1997年）
レベル2 異常事象		かなりの放射性物質による汚染／法定の線量限度を超える従業員被ばく。	多重防護のかなりの劣化	美浜原発2号機の蒸気発生器細管損傷事故（1991年）
レベル1 逸脱			運転制限範囲からの逸脱	もんじゅナトリウム漏洩火災事故（1995年）
安全上重要でない（尺度未満／レベル0）				

第1章　福島第一原発事故と事故炉の現状

INES 導入の目的は十分理解しているつもりだが、INES は地震の規模を表すマグニチュードや揺れの大きさを表す震度とは異なり、結局は人が評価するため、評価者の価値判断が入り込みやすい点は知っておく必要がある。また、同じ数値のレベルであると権威筋から発表されると、事故・故障の実際の内容を詳細に検討することを放棄し、同じ程度の事故・故障と思い込みやすいことが INES の盲点のひとつである。さらに、大気放出された放射能量はヨウ素 131 換算で、チェルノブイリ原発事故は 5200 ペタベクレル（1 PBq = 10^{15} Bq = 1000 兆 Bq）、福島第一原発事故は 770 PBq（原子力安全・保安院、2011 年 6 月 6 日発表）あるいは

570 PBq（原子力安全委員会、2011 年 8 月 24 日発表）と推定されている。INES の上限が「レベル 7」であるため、放出放射能量がかなり異なるにも拘わらず、両事故はともに「レベル 7」と評価されている。INES の数値が同じだと、両事故は同程度の規模の被害の大きさになると単純に思い込みやすい点も INES の盲点のひとつである。

それ故、当該事故・故障から有益な教訓を引き出すためには、INES の数値レベルを参考にしつつも、事故・故障の具体的な中身を知ることが重要であると肝に銘ずる必要がある。

(野口邦和)

コラム 3

医療被ばくを怖がる患者が増えた！

2011 年 3 月 19 日の記者会見で、暫定規制値を超える汚染ホウレンソウなどが見つかった件で枝野内閣官房長官（当時）は、「日本人の年平均摂取量で 1 年間摂取したとして、CT スキャン 1 回分の 5 分の 1 程度であるという報告を受けております」と説明した。

枝野発言の根拠になっているのは、ひとつは CT スキャン 1 回分の実効線量 6.9 ミリシーベルトである。UNSCEAR 2008 年報告書によれば、CT スキャン 1 回分の被ばく線量（実効線量）は 2.4 ～ 12 ミリシーベル

トである。一方、資源エネルギー庁発行の『原子力 2005』などには胸部 X 線断層撮影検査（CT スキャン）1 回で 6.9 ミリシーベルトとある。官房長官に入れ知恵した専門家は、この 6.9 ミリシーベルトを情報提供したと推察される。記者会見時の汚染ホウレンソウのヨウ素 131 濃度は、1 kg 当たり最高 1 万 5020 ベクレル（Bq）である。

日本人の平均野菜摂取量は 1 日当たり 281.7 g である（厚生労働省、平成 22 年国民健康・栄養調査報告）。大雑把にいえば 300 g だ。この専門家がどのような計算をし

たか不明だが、ホウレンソウを1年間毎日摂取することはあり得ないので、汚染野菜を毎日300g摂取するとして計算したと思う。1kg当たり1万5020Bqは採取日の3月18日時点の数値であり、時間経過に伴いヨウ素131の放射能は半減期（8.02日）で減少する。毎日300g摂取すると、3月18日摂取分は4506Bqになる。1日後の摂取分は4133Bq、2日後摂取分は3791Bq、8日後摂取分はおよそ半分の2257Bq、80日後摂取分はおよそ1000分の1の4.48Bqに減少する。1年間毎日300g摂取し続けると、総摂取放射能量は年5万4523Bqとなる。これに実効線量係数（経口摂取で成人の場合2.2×10^{-5}（ミリシーベルト／ベクレル））を乗じると、1.2ミリシーベルトとなる。「CTスキャン1回分の5分の1程度」という説明と符合する。

54,523（ベクレル／年）× 2.2×10^{-5}（ミリシーベルト／ベクレル）

= 1.2（ミリシーベルト／年）

6.9（ミリシーベルト）÷ 1.2（ミリシーベルト）≒ 5.8

記者会見当時、巷では一部に外部被ばく（CTスキャン）と内部被ばく（経口摂取）を同じに考えているとする批判があった。しかし、実効線量が同じなら外部被ばくも内部被ばくも健康影響は同じであると国際的に考えられており、この批判は当たらない。ヨウ素131は甲状腺に濃縮するので、実効線量ではなく甲状腺等価線量を求めるべきとする

批判もあった。真っ当な意見であるが、官房長官はCTスキャンの被ばく線量（実効線量）と比較しているので、とりあえず筆者も実効線量を算出したに過ぎない。

ここで問題にしたいのは、「CTスキャン1回分の5分の1程度」とする官房長官発言の直後から病院などの検査で医療被ばくを怖がる、極端な場合は拒否する患者が現れ、対応に困ったという医療現場の医師・歯科医師の生の声を何度も聞いたことである。医療で利用する放射線といえども被ばくに伴うリスクはある。しかし、医師・歯科医師がそうしたリスクをも勘案した上で、患者にとって正味でプラスの利益が十分にあるとの判断の下に医療現場で放射線は利用されているのである。一方、原発事故に由来する汚染ホウレンソウを摂取することによる被ばくは、何の利益もなく、100％不利益でしかない。そもそも医療被ばくと原発事故による被ばくという性格の異なる被ばくを比較してはいけない。比較するなら、同じ性格のもの同士で比較しなければ意味がない。

暫定規制値（当時）を超えていたため出荷されることはなかったが、おそらく官房長官は、それほど怖い汚染ではないと言いたかったのだと思う。しかし、単純に数値だけを持ってきて原発事故に由来する被ばくと医療被ばくを比較したことにより、医療現場で無用の困惑をもたらしたことは、ここに明記しておきたい。

（野口邦和）

コラム 4

福島原発事故による農水産物と汚染

　福島第一原発事故から6年以上経過した今日、放射性セシウムの基準値100Bq/kgを超過する品目は、山菜や淡水魚類などで認められる程度となり、一般的な農畜水産物からの検出はなくなっている。著者施設で行われた検査でも、2014年から2015年に生産された東北（福島を除く）および関東甲信越で生産された米穀類（主に玄米）1,057検体からは、基準値を超えるものは見つかっていない。また、89%は2.0Bq/kg以下に収まることが確認されている(図1)。

　さて、おなじ陸上に生育する植物にもかかわらず、山菜のような植物では、高い頻度での検出や基準値の超過があり、米穀類などの農産物では認められないのはなぜだろうか。この理由には、カリ肥料散布など経根吸収抑制対策を行っているか否かの違い、植物種によって放射性セシウムをどの程度好んで吸収するかといった移行係数の差や、産地によって福島第一原発事故による土壌汚染の状況が異なること、除染による効果、などがあげられるが、これまでに得られてきたデータを解析していくと、ほかも理由があることが見えてくる。

　福島第一原発事故により放出されたセシウム137（137Cs）とセシウム134（134Cs）の放出比率は、ほぼ1:1であった。つまり、福島第一原発事故の影響を受けていれば、事故時にまで減衰補正すると、土壌でも農畜水産物でも137Csと134Csがほぼ同比率で検出されることになる。ところが、山菜から検出される放射性セシウムの濃度を解析すると、この比率に一致しないサンプルの存在が見えてくる。

　図2に山形、宮城、福島、長野、新潟、福井で採取された27検体の山菜類（コゴミ、コシアブラ、タケノコ、フキノトウ、ウワバミソウ）について、事故発生時の濃度に減衰補正、解析したものをまとめた。この図は、横軸に事故発生時の137Cs濃度を、縦軸に137Csから134Csを差し引き、137Csで除した数値を配置してある。減衰補正後の濃度が放出比率1:1に

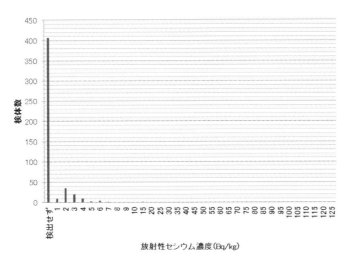

図1 米穀類の放射性セシウム濃度と分布

一致すれば、0%軸上にプロットされ、プラス側にプロットされれば、事故由来以外の137Csが存在することを示している。この関係性は、本来、マイナスにプロットされることはないため、縦軸の最小値である-22%を参考に±22%は測定誤差として信頼できない数値エリアと見なしたとしても、11件もの山菜が、放出比率1:1とは一致しない関係性にあることになる。これは山菜には福島第一原発事故由来ではない137Csが存在することを示している。日本土壌の放射性物質汚染の経緯や報告を踏まえれば、この理由は、チェルノブイリ事故や大気圏内核実験の影響と考えられるだろう。

同様の解析を10Bq/kg以上の検出が認められたコメで行うと、関係性の一致しないものは42検体中、4検体程度となり（最小値が-24%であることから誤差を±24%と見なした場合）、福島第一原発事故以外の影響があるようには見えない(図3)。

水田が、チェルノブイリ事故や大気圏内核実験の影響を受けなかった、ということではないだろう。環境省の資料によれば、水田に降下した放射性物質は、農作業に伴う耕起によって混和、希釈され、地表面から35cm程度までは薄く均一な濃度分布となることが示されている。同時に、放射性セシウムは、土壌中の粘土鉱物と強固な吸着をするため、経根吸収が困難な状態に変わっていく。一方、林地に降下してきた放射性物質は、耕起が行われないうえ、放射性セシウムの下層移行は極めて遅いことから、地表に高濃度の層として存在したままとなる。いわば、大気圏内核実験やチェルノブイリ事故の影響を保存した状態といえるだろう。また林地表層を覆う、落ち葉などが腐敗して形成される腐植層は、放射性セシウムを吸着する一方で、再び植物が吸収できる形態にする特徴も合わせ持つ。特に、タラノメ、コシアブラなどは、この腐植層付近に根を張り巡らせ、養分を吸収する生態を持つことを踏まえれば、降下してきた放射性物質の影響を色濃く反映すると考えられるだろう。

コメをはじめさまざまな農産物は、大気圏内核実験やチェルノブイリ事故の影響を受けていないのではなく、単に見えにくくなっているだけに過ぎない。

（八田純人）

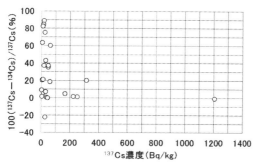
図2 山菜類における福島第一原発事故由来以外の137Cs比率

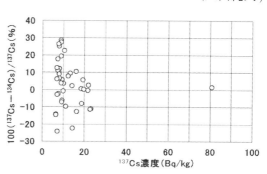
図3 米穀類における福島第一原発事故由来以外の137Cs比率

---- 第2章 ----

原発事故賠償の問題点と
復興政策の課題

除本理史

　福島原発事故は広範囲に深刻な環境汚染をもたらすとともに、甚大な社会経済的被害を引き起こした。この被害回復のためには、実態に即した賠償を含む各種の施策・措置が適切に講じられなくてはならない。しかし、現行の賠償や復興政策には数多くの問題点がある。

　本章ではまず、原発事故賠償の仕組みと問題点を述べる（第1節）。とくに、被害者にもっともよく利用されている直接請求方式に焦点をあてて検討する。また責任論の観点から、賠償の費用負担に関しても批判的に考察する。

　次に、福島復興政策を取り上げ、これまでの到達点について賠償の問題点とも関連づけながら考える（第2節）。帰還政策の最前線である旧緊急時避難準備区域（おおむね第一原発20〜30km圏）に着目し、福島県川内村での調査に基づいて住民帰還の実情を明らかにするとともに、「不均等な復興」という視点から検討を行なう。

　最後に第3節では、被害者の生活再建と被災地の再生に向けた課題を考える。生活再建には住居の確保が不可欠である。「長期待避」を選んだ人への住まいの保障など、多様な選択を尊重する施策が求められる。また、「不均等な復興」をこえて被災地の再生をめざさねばならない。住民などが主体となり内発的な地域再生へと踏みだすことが重要である。

1　原発事故賠償の仕組みと問題点 ·······························

（1）　直接請求方式と賠償格差

　福島原発事故の賠償は、「原子力損害の賠償に関する法律」にしたがって行なわれる。東京電力（以下、東電）が賠償すべき損害の範囲については、同法に基づき、文部科学省に置かれる原子力損害賠償紛争審査会（以下、原賠審）が指針を出すことができる（図1）。

出所:除本[2013]16頁、図4に一部加筆。

図1　原賠審の指針と東電の賠償基準

2011年8月5日に中間指針がまとめられ、2013年12月までに第1次～第4次追補が策定されている。

　原賠審の指針(追補を含む)は、東電が賠償すべき最低限の損害を示すガイドラインであり、明記されなかった損害がただちに賠償の範囲外になるわけではない。しかし、現実にはそれが賠償の中身を大きく規定している。そのため、放射線被曝の健康影響に対する不安や、「ふるさとの喪失」などの重大な被害が、慰謝料の対象外として取り残されている(除本[2015])。

　原賠審では、東電関係者がしばしば出席し発言しているのに対し、被害者の意見表明や参加の機会がほとんど設けられてこなかった。被害者が積極的に自らの被害を主張するには、世論への働きかけなどとともに、裁判外の紛争解決機関である原子力損害賠償紛争解決センター(以下、紛争解決センター)への申し立てや、訴訟提起などの手段が必要となる。

　中間指針が策定されて以降、東電は自らが作成した請求書書式による賠償を進めてきた。図1のように、被害者が直接、東電に賠償請求をする方式を直接請求と呼んでいる。

　この請求方式では、加害者たる東電自身が、被害者の賠償請求を「査定」する。したがって東電が認めた賠償額しか払われないが、支払いは早いので、紛争解決センターへの申し立てなどと比べれば、直接請求は利用されることがもっとも多い請求方法ではある。

　直接請求による東電の賠償では、国の避難指示等の有無によって、住民に対する賠償の内容に大きな格差が設けられている。これは原賠審の指針で定められた内容にしたがっている(除本[2013]12-15頁)。こうした地域間の賠償格差は、住民の間に深刻な「分断」を生み出してきた。

　国の避難指示等があった区域では、避難費用、精神的苦痛、収入の減少などに対する賠償が、それなりに行なわれている。他方、国の避難指示等がなかった場合、賠償はまったくなされないか、あるいはきわめて不十分である。実際にはもう少し複雑だが、おおむねこう理解してよいだろう。住居や家財についても、賠償の有無が避難指示区域(旧警戒区

域、旧計画的避難区域）の内・外ではっきりと分かれている。

これはつまり、避難指示区域外の被害が軽視されていることを意味する。この問題は、避難指示区域外からの「自主避難者」（区域外避難者）だけではなく、「滞在者」（避難をしなかったか、すでに帰還した人）にも共通するものだ。

現在、「自主避難者」を含む事故被害者の集団訴訟が全国に広がっている。その多くは東電と国に損害賠償を求める訴訟だが、司法判断を通じて「被曝を避ける権利」を確立していくことも目標の１つとされている。

「自主避難者」の救済を広げるうえで、低線量被曝に対する恐怖・不安の合理性をどう考えるかが重要な論点となる。放射線量が年間 20mSv（政府による避難指示の目安）に達しない地域でも、健康影響がゼロといえないのであれば、被害を避けるために予防的行動として避難をすることには、一定の範囲で「社会的合理性」が認められるべきである。

重要なのは、何 mSv なら合理性があるかというように、放射線量だけで判断を行なうのは妥当でないということだ（もちろん重要な指標の１つではあろうが）。たとえ小さなリスクでも、原発事故でそれを強いられることを嫌うのは、自己決定や公平性を侵されたくないという思いがあるからだ。リスクの大小だけでなく、人びとのこうした価値観や規範意識も正当に考慮されるべきである（科学技術振興機構 科学コミュニケーションセンター［2014］51 頁）。

（2）責任と費用負担

次に、賠償をめぐる責任と費用負担の問題がある。本来、被害を引き起こした関係主体（少なくとも東電と国が含まれる）の責任を明らかにし、それに基づいて費用負担の仕組みをつくるべきである。これは戦後日本の公害問題の教訓でもある。しかし現在、それとは正反対の仕組みで、賠償原資が調達されている。

第１に、東電の株主と債権者、そして国の責任が曖昧にされている。東電は、原発事故を起こしたことで、実質的に債務超過に陥り、法的整理が避けられないはずであった。にもかかわらず存続しているのは、2011 年５月の関係閣僚会合で、東電の債務超過を回避することが確認され、同年８月に「原子力損害賠償支援機構法」（以下、支援機構法。2014 年の改正で「原子力損害賠償・廃炉等支援機構法」に改称）がつくられたためである（除本［2013］9-11 頁）。

これにより、東電の株主と債権者は、法的整理にともなう減資と債権カットを免れた。東電は被害者に賠償を支払っているが、後述のとおり支援機構法に基づき、賠償のほぼ全額について資金交付を受けているため、実質的な負担はない。

一方、国は賠償責任を東電だけに負わせ、その背後に退いて追及の矛先をかわしている。国は賠償の原資を調達しているが、それは、事故被害に関する国の法的責任に基づく

ものではない。たしかに支援機構法第2条は「国は、これまで原子力政策を推進してきたことに伴う社会的な責任を負っている」としているが、これは国の法的責任を意味しない。国は「社会的責任」を踏まえて何をするのかといえば、東電の資金繰りを助けるにすぎない。

東電は形のうえでは賠償責任を負っているが、賠償の原資は国から出ており、その国の責任が曖昧になっている。支援機構法は、東電と国の責任逃れが、コインの表と裏のように一体化した仕組みである。

第2に、賠償負担が国民にしわ寄せされている。支援機構法に基づく賠償原資の流れは次のとおりである。国は東電の支払う賠償の元手を調達し、原子力損害賠償・廃炉等支援機構（以下、支援機構）を通じて東電に交付する（図2の①②）。これにより、事故被害に対する賠償のほぼ全額が、支援機構から東電に交付されている。

東電が交付を受ける賠償原資は、貸付でないため返済義務がないが、同社を含む原子力事業者の負担金により、いずれ国庫に納付されることが期待されている（図2の③）。そのため、支援機構法は原子力事業者による「相互扶助」だというのが建前である。

ただし、負担金の額は、原子力事業者の財務状況などに配慮して、年度ごとに定められることになっているため、いつまでに全額返納されるかわからない。しかも、このうち大部分をしめる一般負担金は、電気料金を通じて国民に負担を転嫁することができる。

ここでいう賠償には、除染や中間貯蔵施設の費用も含まれる。国がそれらの費用をいったん支出するが、「放射性物質汚染対処特措法」に基づき、東電に求償するものとされているからである。

しかし今後、電力システム改革が進むと、一般負担金を電気料金から回収するこの方式を続けるのは難しくなる。そこで、賠償費用を国民・消費者に転嫁する仕組みを再構築しようとする動きが出てきた（大島・除本［2017］）。以下では、この点について除染・中間貯蔵施設の費用をめぐる動向をみておきたい。

政府は2013年段階で、同法に基づく除染費用を2.5兆円、中間貯蔵施設の費用を1.1兆円と試算していた。その後、費用の総額は

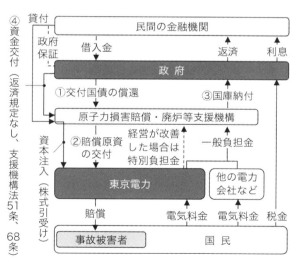

出所：『朝日新聞』2013年10月17日朝刊の図をもとに加筆。

図2　支援機構法による援助の仕組み

しだいに膨れ上がり、最新（2016年12月）の試算では除染が4.0兆円、中間貯蔵施設が1.6兆円とされる（経済産業省が設置した「東京電力改革・1F問題委員会」の第6回委員会参考資料による）。しかし、これでも足りるかどうか定かではない。

除染費用が増大するにともない、その総額を抑制するかのような動きも繰り返しあらわれてきた。環境省が2016年、放射性セシウム濃度8000ベクレル／kg以下の除染土を、全国の公共事業で利用できる方針を決定したこともその1つだ。これには、除染土の最終処分量を減らす意図があるのではないかと指摘されている（『毎日新聞』2017年1月5日付朝刊。ただし上記試算の4.0兆円に最終処分費用は含まれていない）。

2013年12月の閣議決定では、中間貯蔵施設相当分1.1兆円について国が支援機構に資金交付を行ない（図2の④。事実上の国費投入）、除染2.5兆円には支援機構が保有する東電株の売却益を充てるという案が示された。だが除染費用は、すでに4兆円に膨らんでいる。株価をあげ売却益を確保するため、東電は柏崎刈羽原発の再稼働を見据えるが、2016年10月の新潟県知事選で再稼働に慎重な米山隆一氏が当選し、困難さが増している。

さらに、増大する除染費用を東電賠償の枠外にくくりだす動きもあらわれた。たとえば森林の除染がある。

国の方針では森林除染は住宅等の周辺に限定され、ほぼ手つかずである。しかし事故で汚染された地域には里山も多く、住民からは除染を望む声が出されてきた。そのため「事実上の除染」として、実質的に全額国費でまかなわれる「ふくしま森林再生事業」が2013年度からスタートしている（早尻［2015］158-161頁）。

また帰還困難区域の除染についても、2016年12月の閣議で国費投入が決定された。同区域の除染はこれまで、モデル実証やインフラ復旧にともなう事業などが限定的に実施されてきた。しかし政府は、2016年8月末、帰還困難区域に復興拠点を整備する方針を決定し、5年をめどに同拠点の避難指示解除をめざすとした。そして同拠点等の整備にあたり「公共事業的観点からインフラ整備と除染を一体的かつ連動して進める方策」を検討課題に盛り込んだ。

2016年12月の閣議決定は、この方針にそって、帰還困難区域の除染を「放射性物質汚染対処特措法」に基づくこれまでの除染と区別し、国費を充てることを決めた。いわば「新たな除染カテゴリー」をつくりだしたのである。2017年予算案には約300億円が計上された。しかし、なぜ帰還困難区域の除染だけを別扱いにするのか、納得のいく説明はなされていない。

税金であれ電気料金であれ、支払う側からみればどちらでも同じだと思われるかもしれない。しかしそこで見過ごされているのは国の責任である。これを問うのは、従来の原子力政策を問い直すことにほかならない。

東電が担うべき補償を国が肩代わりするのであれば、相応の根拠が必要だ。支援機構法の枠組みでは、国の関与はあくまで東電への資金援助にすぎない、という建前であった。だが国費による賠償負担の肩代わりは、それを踏みこえている。

　国が福島事故の被害に対する責任を認めるというのなら理解できるが、そうでなければ理屈が通らない。2017年3月17日、避難者集団訴訟で前橋地裁が国の責任を認める判決を出した（他の集団訴訟では国の責任について、同年9月22日の千葉地裁判決が認めなかったが、同年10月10日の福島地裁判決は認めている）。国の責任を曖昧にしたまま国費投入を続けるべきではない。

2　原発災害はなぜ「不均等な復興」をもたらすのか

（1）福島復興政策と帰還政策

　復興庁によれば、福島復興に向けた施策体系は図3のとおりである。そこでは「福島復興再生特別措置法」（2012年3月成立）、および政府のグランドデザイン（同年9月策定）に基づく施策体系として、福島復興政策が描かれている。対象地域別にみると、「福島復興再生特別措置法」のもとで県全体に関する計画がつくられるが、とくに避難12市町村（以下、避難地域）については、グランドデザインなどに示されるように国の関与が大きい。

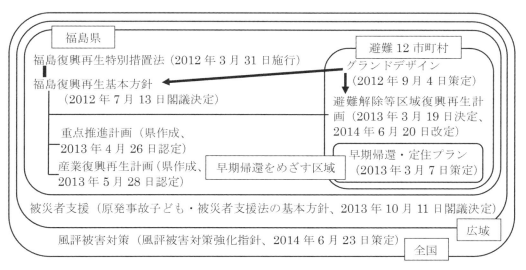

出所：復興庁［2014］35頁より作成。

図3　福島復興に向けた施策体系

これら以外に、広域の被災者支援、全国レベルの風評被害対策もある。このうち「原発事故子ども・被災者支援法」については、政府がその「骨抜き」を画策したとの批判があるのは周知のとおりだ（日野［2014］）。

福島復興にかかわる法制度等は、ほかにもある。重要なものとして、除染に関する「放射性物質汚染対処特措法」が挙げられる。同法は「福島復興再生特別措置法」に先立って、2011年8月に成立している。

避難地域に関しては、避難指示等の解除が復興の前提となる。解除は「原子力災害対策特別措置法」に基づいて行なわれるが、今回の事故でそれをどう進めるかについては、原子力災害対策本部が具体的な方針を決定している。

これら除染に関する法制度や、住民帰還をめざす政府の枠組みを前提に、図示したような福島復興政策の体系がつくられてきた。

政府は2011年後半から、除染とインフラ復旧をてこに、住民をもとの地に戻そうとする帰還政策を本格化させた。住民の帰還は、避難地域に対する国の復興政策の中心的課題だといってよい。

帰還政策の第1段階は2011年9月末で、第一原発20〜30km圏の緊急時避難準備区域が解除された。同区域に全域が含まれた広野町、大半が含まれた川内村は、2012年3月に役場業務をもとの地で再開している。

第2段階は2011年12月以降であり、政府は「事故収束」を宣言し、2012年4月から避難指示区域の見直しを開始した。避難指示区域は、旧警戒区域（第一原発20km圏）、および旧計画的避難区域に相当する区域であり、2013年8月までに避難指示解除準備区域、居住制限区域、帰還困難区域の3区域にひととおり再編された。

第3段階は2014年4月以降で、福島県田村市都路地区、川内村東部の20km圏、楢葉町などで避難指示が順次解除され、2017年3月31日と4月1日には、福島県内4町村、3万2000人への避難指示が解除された。残るはほぼ帰還困難区域のみとなり、避難指示の解除は一区切りを迎えている。

原賠審や東電の賠償基準では、早く帰還できる区域ほど賠償が減額される仕組みになっている。そのため、避難者は次の両極へと「分解」されていくことになる。すなわち、①避難が長期に継続し、それに応じて賠償が一定の額に積み上がる一方、原住地への帰還の展望を見出せない人びと、そして、②帰還政策の進展によって、希望すれば原住地に戻れる条件は形成されつつあるが、一方では賠償が低額に抑えられ（あるいはすでに打ち切られ）、生活再建の困難を抱えている人びと、である（もちろんこの両極の間に位置する人びとも存在する）。前者の典型は帰還困難区域の避難者であり、後者の典型は、本節でみる旧緊急時避難準備区域などの人たちである。

（2）住民帰還の現状——川内村の事例を中心に

　避難指示解除後の地域のゆくえを見据えるため、筆者を含む研究者グループと福島県弁護士会 原子力発電所事故対策プロジェクトチームは、川内村を対象に共同調査を行なってきた（除本・渡辺編著［2015］）。調査は主として 2014 年に実施された。以下ではその概要を紹介したい。

　「復興のフロントランナー」を自認する川内村は、前述のように 2012 年 3 月、避難自治体のなかで広野町とともにいち早く役場機能をもとの地に戻した。川内村の大半は旧緊急時避難準備区域に含まれる。同区域は 2011 年 9 月末に解除され、これにともない、避難費用と慰謝料の賠償が 2012 年 8 月末で打ち切られている。

　他方、住民の帰還は非常に緩やかである。2015 年 12 月 1 日時点では、村民 2756 人に対して、仮設住宅（借上げを含む）を返却した帰村者が 650 人、返却しない人を含め、村で実質的に生活しているとみられる人（村内生活者）が 1735 人である（村役場資料による）。

　年齢階層別にみると、20 歳未満の子どもの帰還率は低く、子育て世代と重なる 30 歳代、40 歳代でも、避難者数が村内生活者を若干上回っている。他方、50 歳代後半以降では村内生活者が多くなる。ただし、80 歳代、90 歳代と高齢になるにしたがい、村内生活者と避難者の差が縮まる傾向がみてとれる。一概に高齢者の帰還率が高いとはいえないだろう（図 4）。

　村民の帰還が緩やかに進んできた理由の 1 つは、次の点にある。川内村の場合、住民は医療、教育、買い物などの機能を、原発の立地する浜通り沿岸部に大きく依存していた。つまり、浜通り沿岸部と一体の生活圏を形成していたのである。しかし原発事故後、

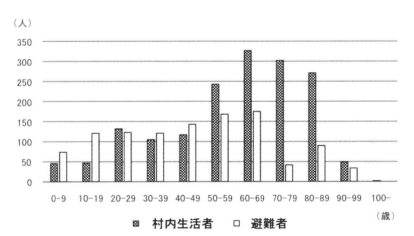

出所：川内村役場提供資料より作成。
図4　川内村の村内生活者、避難者数（2015年12月1日時点）

浜通り沿岸部の上記諸機能がストップし、回復が遅れた。また、それに代わる中通りやいわきの諸施設までは、必ずしも村からのアクセスがよくない。したがって子育て世代や、健康に不安のある人は、帰還をためらう傾向がある。早期に帰村した人の典型的なイメージは、比較的高齢で、村に仕事があり、あるいはすでにリタイアしていて、健康の心配があまりなく、自分で車を運転できる人である。

　放射能汚染については、川内村の避難者が多い郡山市よりも、村に戻ったほうが線量が低いという話をよく聞く。しかし実際には、空間線量の値は場所によってかなり異なるので、一概にこのようにはいえない。筆者らが話を聞いた限りでも、少なからぬ帰村者が、何がしかの不安を抱えて暮らしている様子が垣間見えた。

　子育て世代の帰還率が低い理由は、次のとおりである。学齢期の子どもがいる家庭では、子どもの学校を家族の生活の中心に考えている。しかし、村で居住した場合、高校の選択幅が極端に狭められる。原発事故以前の高校進学先は、浜通り沿岸部が多かった。ところが、それらの地域では避難が続いたため、現在も多くの高校が再開していない。またそもそも、村での親の仕事がなくなり、戻って生活するのが困難な家庭もある。

　高齢者についていえば、①まず、村で生活する意味が損なわれたことが挙げられる。とくに、農業をする意味の喪失（生産物を孫に食べさせられない）は軽視できない。②また、村に戻った場合のマイナス面も大きい。医療や介護の体制は、避難先の都市部のほうが充実している。帰村した場合、家族や近隣住民が避難したままで、頼れる人がいなかったり、あるいは震災前と比べて生活が不便ななかで、これまで以上に周囲に世話をかけてしまうことへの遠慮もある。③避難者が集まって暮らす仮設住宅では、近隣どうしのコミュニティが次第に形成されてきたため、そこから離れるのはつらいという人も少なくない。

　以上は、筆者らが主として 2014 年に実施した調査から指摘してきたことである。その後、村内では生活諸条件や雇用の回復のために、特別養護老人ホームの開所（2015 年 11 月）、複合商業施設のオープン（2016 年 3 月）、工業団地の造成（2017 年度完成予定）などが進められてきた。また、避難指示解除にともない、隣接する富岡町でも複合商業施設が開業するなどの動きがある。前述のように、浜通り沿岸部の雇用などが川内村の住民にとっても重要な意味をもっていたが、それらの機能は緩やかに回復しつつある。ただし復興は一足飛びには進まず、村民の暮らしは事故前と比べて大きく変容している。

（3）「不均等な復興」とは何か

　福島復興政策が一定の帰結をもたらしつつある現在、それをどうみるか。本章の視点は「不均等な復興」である。

　日本の災害復興政策においては、もともとハード面のインフラ復旧などの公共事業が大

きな位置を占めてきた。これは東日本大震災においても同様である。福島では、インフラ復旧に加えて、除染という土木事業が大規模に実施されている。

こうした復興政策は、さまざまなアンバランスをもたらす。復興需要が建設業に偏り、雇用の面でも関連分野に求人が集中する。除染やインフラ復旧が進んでも、医療や物流などの生活条件が必ずしも震災前のようには回復しないために、帰還できない人が出てくる。また、公共事業が地域外から労働力を吸引することで、住民の構成が変化し、震災前のコミュニティが変容していく。小売業のように、地元住民を相手に商売をしていた事業主は、顧客が戻らずに事業を再開できない。

復興政策の影響は、このように地域・業種・個人等の間で不均等にあらわれている。こうしたアンバランスを、筆者は「不均等な復興」(あるいは復興の不均等性)と表現している(除本・渡辺編著［2015］3-20頁)。

被災地全般に共通する不均等性に加えて、原発事故の被害地域では、放射能汚染の特性と、福島復興政策によってつくりだされた分断が作用している。図5にしたがって説明しよう。

第1に、顕著な特徴として、原発事故を受けて設定された避難指示区域などの「線引き」により、地域間の不均等性がつくりだされている点が挙げられる。事故賠償の区域間格差は、その代表的な例である。

第2は、「線引き」による区域設定が、被害実態とずれていることである。区域の違いが必ずしも放射能汚染の実情に対応していないために、区域間の賠償格差と、放射能汚染の濃淡とが絡みあって、住民の間に分断をもたらしている。また、避難によって、ひとたび地域社会の機能が停止してしまうと、その影響(つまり被害)は長期にわたり継続する。したがって、放射能汚染の程度に応じて避難自治体を3区域に分割しても、必ずし

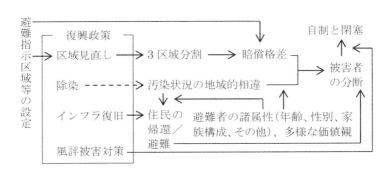

注：矢印は因果関係をあらわし、点線は結果が原因を必ずしも前提としないことを意味する(汚染状況の地域的相違は、主として原発事故後の放射性物質の降下によるもので、除染はそれを変化させる要因である)。当面の議論に必要と思われる内容を図示したにすぎず、重要だが省略されている事象もある。
出所：筆者作成。

図5　原発災害における復興の不均等性と被害者の分断

も被害実態を反映していることにはならない（これは下記第4の点に関連する）。

　第3に、放射線被曝による健康影響は、将来あらわれるかもしれないリスクであり、その重みづけが、個人の属性（年齢、性別、家族構成等）や価値観、規範意識などによって異なる。たとえば、年齢が低いほど放射線への感受性が高いことは、広島、長崎の被爆者調査でも明らかにされている。また、若い人は余命が長く、その間にさらに被曝を重ねることになる。したがって、若い世代、子育て世代は、汚染に敏感にならざるをえない。こうした事情から、同じ放射線量であっても、そのもとでの避難者の意識と行動は同一ではなく、個人の属性や価値観により多様化する。

　第4に、インフラ（医療機関や学校などを含む）の復旧が進んでも、避難者ごとの事情により、インフラへのニーズが異なる。前述の川内村のように、復旧が遅れたインフラへの依存度が大きい人は、戻ることができない。そのため復興政策の影響は、不均等にあらわれる。他の住民が戻らなければ、コミュニティへの依存度が大きい人びとは、帰還して暮らしていくことが困難である。その結果、帰還を進める自治体では、原住地と避難先との間で住民の分断が起きてしまう（また、避難先は1つではないから、その違いによる分断も生じる）。

　第5に、図示しなかったが、除染をめぐる分断もある。たとえば、福島県内の除染で取り除いた土などを保管する中間貯蔵施設に関して、搬入される側の立地地域と、搬出する側の県内他地域との間で不協和音が生じている。また県内でも、立地地域は原発から「恩恵」を受けてきたという見方があり、そのこともこの問題に影を落としている。

3　被害者の生活再建と地域再生に向けて

（1）賠償、支援策の打ち切りとその問題点

　政府は2013年12月の閣議決定で、帰還困難区域に対し、移住先で住居を確保するための賠償の追加などを打ち出した。これは帰還政策を部分的に転換したものと評される。これにともなって、原賠審も同月、中間指針第4次追補を決定し、住居確保損害を新たに賠償項目に加えた。第4次追補は、帰還困難区域（福島県双葉町・大熊町については全域）からの避難者には無条件に住居確保損害の賠償を認め、それ以外の避難指示区域に対しては、「移住等をすることが合理的と認められる場合」との留保を加えた。

　このように政府の避難者対策は、帰還方針を部分的に転換し、帰還困難区域等に対する移住支援を盛り込むようになった。これは、帰還または移住によって、避難という状態を終了させていくことを意味する。2013年末以降、帰還政策はしだいに避難終了政策とい

う性格を強めているといってよい。

　しかし、帰還か移住かという二者択一の枠組みでは避難者の意識を捉えきれない。比較的若い世代では、今は戻らないという選択と、いずれ戻りたいという希望とが両立するからだ。そこで、帰還でも移住でもない選択肢として「長期待避」があることを明らかにし、その選択を保障しうるよう施策を拡充すべきだという主張がなされている（舩橋［2013］、今井［2014］）。具体的には、避難先での住まいの中長期的な保障や、現住地と避難元（原住地）の両方の自治体に参加できる仕組み（「二重の住民登録」）などである。これらは政府の指示によって帰還できない避難者だけでなく、各自の事情に応じて避難の継続を選ぶ人びとにも適用されるべきだろう。

　政府の避難終了政策と軌を一にするかのように、福島県は 2015 年 6 月、仮設住宅（みなし仮設を含む）の提供を 2017 年 3 月までで打ち切る方針を決めた。とくに「自主避難者」にとっては、賠償や支援策が貧弱であるため、仮設住宅が避難生活を続けるための基本的な条件になってきた。打ち切りの代替措置もあるが、非常に限定的だ。避難を継続する人たちには家賃負担が重くのしかかり、意に反して帰還を選ぶ人もあらわれている。

　同じく 2015 年 6 月、政府は避難指示解除準備区域と居住制限区域について、2017 年 3 月までに避難指示を解除し、その 1 年後に慰謝料の支払いを終らせるという方針を示した。いわば「賠償収束」宣言である。賠償に代えて、生活・生業の再建支援策が強調されているが、原子力災害からの復興には長い時間を要する。原住地の環境やインフラなどの生活条件が回復していないなら、原発事故の被害は続いているということになる。性急な賠償の打ち切りは妥当でない。

（2）地域発展のあり方を問い直す

　戦後日本の公害問題と同様に、福島原発事故においても、「外来型開発」の結果として住民の福祉が大きく損なわれる事態が生じた。これは地域発展のあり方の見直しを迫るものだ（宮本［2014］738-741 頁、除本［2016］6-13 頁）。

　水俣病を引き起こしたチッソの工場も、福島の原発も、地域外から誘致されたものであり、外来型開発という特徴をもつ。戦後、大都市周辺部でコンビナートが次々と建設されたのも、その典型例だ。これにより、四日市をはじめとする大気汚染、水質汚濁などの深刻な公害が生じた。開発の結果、おカネで測られる所得は増えたかもしれないが、その一方で、地域の環境や人びとの「生活の質」が損なわれたのである。

　この反省から生まれてきたのが「内発的発展」という理念だ。これは地域の住民や団体、企業が主体となって計画をたて、地域の文化にねざし環境保全を図りつつ、住民の福祉を向上させていこうとする考え方、取り組みである。

　東日本大震災の前から内発的発展をめざしてきた地域として、福島県飯舘村がよく知ら

れている。しかし原発事故を受けて、全村に避難指示が出された。

　飯舘村では、住民が連帯し知恵を出しあって、自然に根ざした暮らしを継承するとともに、時代にあわせて工夫や試行錯誤を重ね、地域発展を模索してきた。若い世代はそのなかで役割を発揮し、地域づくりの担い手として成長していった。こうした営みを断たれた住民の喪失感は、半生を奪われたにも等しかろう。

　2011年8月、飯舘村で生まれ育った高齢の男性から話を聞いた。彼は長年かけて農地を開拓し、地域づくりにも取り組んできた。ところが事故によって、農業を続けるのが難しくなり、地域づくりの成果も失われつつある。男性は厳しい現実に直面し「あきらめきれない」「くやしい」と肩を落としていた。

　福島では除染やハード面の復旧・整備事業が進んでいる。だが大切なのは、飯舘村のような震災前からの住民主体の取り組みを再開し、将来へつないでいくことだ。また、他の災害での復興基金の柔軟な活用事例などにも学びながら、地域再生の取り組みを支える制度もつくっていかなくてはならない。

　政府は前述のとおり、事故被害の賠償や被災者への支援策を収束させる方向で動いている。しかし事故被害は回復したわけではなく、避難を継続せざるをえない事情を抱えた人も少なくない。被災地の復興を進めながらも、適切な賠償や支援策を継続すべきである。

【参考文献】
・復興庁［2014］「復興の取組と関連諸制度」11月13日。
・舩橋晴俊［2013］「震災問題対処のために必要な政策議題設定と日本社会における制御能力の欠如」『社会学評論』第64巻第3号、342-365頁。
・早尻正宏［2015］「森林汚染からの林業復興」濱田武士・小山良太・早尻正宏『福島に農林漁業をとり戻す』みすず書房、127-214頁。
・日野行介［2014］『福島原発事故　被災者支援政策の欺瞞』岩波新書。
・今井照［2014］『自治体再建――原発避難と「移動する村」』ちくま新書。
・科学技術振興機構　科学コミュニケーションセンター［2014］「リスクコミュニケーション事例報告書」。
・宮本憲一［2014］『戦後日本公害史論』岩波書店。
・大島堅一・除本理史［2017］「原子力延命策と東電救済の新段階――賠償、除染費用の負担転嫁システム再構築を中心に」『環境と公害』第46巻第4号、34-39頁。
・除本理史［2013］『原発賠償を問う――曖昧な責任、翻弄される避難者』岩波ブックレット。
・除本理史［2015］「避難者の『ふるさとの喪失』は償われているか」淡路剛久・吉村良一・除本理史編『福島原発事故賠償の研究』日本評論社、189-209頁。
・除本理史［2016］『公害から福島を考える――地域の再生をめざして』岩波書店。
・除本理史・渡辺淑彦編著［2015］『原発災害はなぜ不均等な復興をもたらすのか――福島事故から「人間の復興」、地域再生へ』ミネルヴァ書房。

第Ⅱ部

原発事故をめぐる
論点

── 第**3**章 ──

福島事故とヒューマンファクター
─IAEA事故調査報告書の提起したもの─

舘野 淳

1 はじめに

　福島原発事故を見てもわかるように、原発等の危険施設の事故発生の原因は①地震・津波など自然災害による外部要因、②設計不良、故障、老朽化による機能不全などの装置的要因（ハード面）、それに③対応の遅れ、判断ミス、不適切の組織の在り方などのの人的要因（ヒューマン・ファクター）の3者に分けられる。ここでは福島事故の人的要因について、これまで出された報告を振り返り、問題点を整理してみよう。

　事故直後に出された政府事故調査委員会、国会事故調査委員会、東京電力などの事故調査報告書などでも随時取り扱ってはいるが、人的要因だけをまとめて論じたものは極めて少ない。筆者の知る限りでは、IAEA（国際原子力機関）の福島事故調査報告書、付属文書2（技術文書2）が最も深くり下げた報告といえる。その理由は、①事故の要因を個々の判断ミスなどに矮小化せず、組織全体の問題としてできるだけ総合的にとらえようと努力していること、②分析に当たっては独自の方法論を確立しようと試みていること、③日本で横行している責任をあいまいにしたため論旨不明となった人的要因分析（のちに引用する日本原子力学会「ヒューマン・マシン・システム研究部会・福島事故調査検討小委員会」の『ヒューマンファクターの観点からの福島第一原子力発電所事故の調査、検討』（以下日本原子力学会報告書）などはその典型例といえる）ではなく、国際的視点で「気兼ねなく」人の問題の追及を試みていること、を挙げることができる。ただし、IAEAは核兵器の拡散防止とともに原子力の平和利用推進を目的としている国際機関であり、現在の原子力発電の主流を占める軽水型発電炉（軽水炉）の技術的欠陥を指摘する立場にはない。むしろ現状を肯定したうえで、シビアアクシデント対策を強化することによって安全性を確保する姿勢は一貫している。その結果、人的要因に問題を押し付けて、軽水炉の欠陥に目をつぶる傾向がないかを、厳しく見ておく必要がある。

2 IAEA報告書の主旨 ······················

　この報告に用いられた方法論は、従来のIAEAの「安全文化論を拡張したもの」であり、関連する組織をステークホルダー（利害関係者）として①規制当局、②原子力事業者、③公衆の３者に分け、その関係を追及することが中心となっている。そしてまず、組織の間の「基本的前提」は何かを問う。「人々がお互いに影響しあう場合、いくつかの前提が社会的に組みたてられる。」人は意識的、無意識的に不都合な情報を避けるために「彼らの基本的前提を危険にさらさない情報を選択する傾向がある」。その基本的前提の中に、「知られている既知の領域（Known known、例えば津波と地震が起きるかを誰でもも知っている）」「知られている未知の領域（Knoun unknown、例えばいつ地震が起こり、どれほど激しかは知らないことを知っている）」「知られていない未知の領域（Unknown unknown、何が未知かさえ未知の領域、例えば原発の複数プラントでの地震・津波の複合効果）」の３領域がある。福島事故のように、予想外の規模の地震・津波、非常用ディーゼルの全機能喪失、複数原発の同時破損などが組み合わさった今回の事故は、「知られていない未知の領域」に属し、人を驚愕（サプライズ）させるものであったとしている。そしてこのような基本的前提をもとに、以下に述べる『利害関係者たち』が（事故時および事故以前において）どのような行動をとり、どのような相互作用を及ぼしていたのかという考察が、IAEAの分析の柱となっている。

　ただし「知られざる未知領域」論を強調することは、関係当事者の免責にも通じるものであること、また、事実として、どれだけ知っていたのか、知らなかったのかの判定は大変困難であること、に注意しなければならない。このような留保点はあるが、ともかくここではIAEAの分析の紹介を続けよう。

3 日本では軽視されていたヒューマンファクター ············

　まず、報告は「（日本では）設計と手段があれば安全は十分に確保できるという技術的前提が一般に流布した結果、関連するする技術的基盤、人と組織との要因といった非技術的要因は十分に評価されず、強化されなかった。─特に発生確率の低い外部事象、アクシデントマネジメント（事故対応）の手順の改善、複雑な事故に備える一般的行動、などの取り扱いについてはそうであった。」と述べて、日本では人的要因が一貫して軽視されてきたことを強調している。

なぜ日本では装置の安全性のみが強調され、人的要因が軽視されたのか、以下は筆者（舘野）の考えである。1960年代、政府・産業界は、原子力を自主開発すべきだという日本原子力研究所の科学者（筆者もその一人であるが）の意見を押し切って（様々な弾圧を行って）、米国の軽水炉技術を導入、大量の原発建設を推進してきた。戦後からこの時代にかけては、あらゆる分野で、技術導入が花盛りだった。製鉄、高分子化学などほかの分野では、導入技術を自前の技術として消化することに成功し、さらに自主技術の開発へと進んだが、装置産業である原子力分野では、その後長い間輸入先のＧＥやウエスチングハウスなどのオリジナルデザインが用いられてきた。導入時には「実証済み（proven）であるので安全」という根拠のない大宣伝がなされ、このことは電力会社、規制当局など、安全宣伝の主体側にも、意識的無意識的に装置に対する安全信仰を生む結果となった。開発国のアメリカでは、砂漠で実炉規模の暴走実験などを行って安全の限界を確認している。自分の手で開発を行なっていない日本の技術者にとっては、紙の上では知っている炉心溶融の体験は「驚き」以外の何物でもなかっただろう。このようにして技術導入主導で、自主開発を放棄した日本の原子力は、根拠のない装置信仰を生み、福島事故へと至ったということができる。以下に見るように根拠のない安全宣伝は、他に様々な弊害を生み出した。話が横道にそれたが、IAEA報告書に戻ろう。

4 利害関係者① ──規制当局

我々は原子力関係者の集団を考察するとき、権限や、情報量の多寡に応じて、規制当局─原子力事業者─公衆のような縦の系列を考えがちであるが、IAEAはこの３者を利害関係者と呼んで、（独立して）行動するグループとして扱っている。以下三者についての指摘を紹介しよう。先ず規制当局について。

報告書の分析によると規制当局は、「技術設計と取りうる手段がしっかりしていれば原子力プラントを想定された事故から守ることができる、すなわち原子力安全は十分に確保されている」という基本的前提に基づいて行動していたことを示している。その例として報告は、規制当局が「日本では大量の放射性物質放出を引き起こす深刻な事故が発生する可能性は極めて小さい。またそのような事故が起きたとしても、長時間にわたって続くことはあり得ない。したがって、発電所から5km以内の住民が直ちに避難する必要性はない。」と述べて、予防行動地域（PAZ）の概念導入の提案を拒否したことをあげている。

規制当局の地位や権限はどうだったのだろうか。

一般に規制当局は法令上の権限（de jure authority）と並んで、日常の業務の中で指示を行うような事実上の権限（de facto authority）を持っている。また規制当局は法的

枠組みを備えるだけでなく、経営者に受入れられる必要がある。日本の規制当局は「明らかに法律上のあるいは事実上の権限を実践することができなかった。」「原子力エネルギー推進の責任を負う経済産業省に所属していることは、（中略）形態の上で独立性を損なっていた。」「随時の立ち入り権限を持っておらず」「人材の欠如にも苦しんでいた」「適切にその任務を実施する能力がなく、そのため任務の実行を事業者の能力と専門知識に依存いていた」「東京電力によって強い規制当局としては敬意を払われていなかったと思われる」「（専門職の）職員は2年から3年で交代すべきだという政府の規則に従って、（中略）職場を移動した。しかしながら原子力規制当局に関連する技術と仕事とをマスターし、理解するには多くの年数がかかる。結果として、（中略）職員が原子力規制の役割を十分に果たすのは難しかったと考えられる。」規制当局は十分な権限や能力を持たず、また規制される電気事業者からも敬意を払われていなかった。

（1）規制当局と事業者の関係

　報告書は規制当局が事業者からの独立性に欠けると指摘している。「（分析は）彼らが規制していた産業からの有効な独立性の欠如を示している。」「原子力安全委員会はSBO（全電源喪失）に関する安全設計指針改定過程において原子力事業者を招き、その結果強力に介入を許す結果となった。」「我々の分析は、規制当局が規制・監督上の仕事を非戦略的あるいは受動的なやり方で行ってきたことを示している。（中略）1990年代後半以降発生した種々の安全記録偽造事件に対応して短期の活動に焦点を合わせてきた。そのため（中略）国際的な基本安全の原則や連会への考慮や実行といった長期的問題に取り組めなかった。」「原子力安全・保安院は行動の欠如や失敗を示したか、するずると先延ばしする傾向を示した。国会事故調報告は『なれ合いの関係』と呼んでいる。書面での質問・回答を求めないか、あるいは自主規制の形で実施されるよう勧告された。」「国際的な経験から学ぼうという気持ちが少なかった。」実力の無い規制当局は癒着や妥協によって規制行政を行っていたということになる。

（2）規制当局と公衆との関係

　「（規制当局は）より厳しい規制や新たな安全要求を行うと、これが公衆によって原子力施設は十分に安全でない兆候と解釈されるのではないかというという（中略）懸念をしばしば抱いていた。」「原子力に関する安全イメージを保護するための規制当局の努力はまた透明性の欠如をもたらした。例えば、起きるかもしれない訴訟から自身を守るための原子力安全・保安院の努力は、評価の報告書や評価の結果のような、原子力安全に関する情報の公開を怠るということによって示されている。」公衆を恐れ、安全イメージを損なわないことを願うあまり、情報の秘匿が日常化していた。これは犯罪ではないだろうか。

5 利害関係者② ──公衆

「(日本では)原子力開発を始めようと決めたとき、『核』という言葉が、ある程度まで否定的認識を引き出すいくつかの理由があった。(中略)原子力技術が信頼できるものであり、事故は全く起こりそうにないということを公衆に確約することの大切さがあった。(中略)原子力施設の敷地を決める最初の段階で、国は候補地の自治体とコミュニティに施設の信頼性と安全性を保障するために、電力消費者への大規模な支援を提供した。(中略)この関係は、市民社会との契約と情報提供を伴う相互作用を通じて生じえたであろう、安全性を高める機会を失わせる結果となった(後略)。」「政府事故調は『放射線の科学的特徴または人体に対するその影響について学校やコミュニティにおいて一般市民が十分に学ぶ機会があったとは言えない』と述べている。」「(日本再建イニシアティブ財団は)文部科学省が教育プログラムの中で原子力のプラス面を強調する目的で監督を行っていたことを指摘した。」文部科学省教科書副読本の形で配布された安全宣伝はひどいものであったことを記憶されている方も多いだろう。

(1) 公衆と規制当局との関係

「原子力のリスクについて公衆を心配させるのではないかという懸念は、緊急時の備えの方針決定をも特徴づけた。(中越沖地震の後、)新潟県庁は地震と原子力緊急事態との同時発生を想定しての避難演習の実施を考えていた。(中略)これに対して原子力安全・保安院は『巨大自然災害は原発緊急事態の引き金を引く可能性が高いという間違った見解』を公衆に与える結果をもたらすとコメントしていた。」

(2) 公衆と原子力事業者との関係

「公衆から起きる可能性のある反応はまた、原子力事業者によって行われるリスクマネジメントのやり方に大きな影響を与えた。(中略)(東京電力は)事故の後で『もし設計基準を超える事態が起きるかもしれないという可能性が認められたら、設置許可は取り消され長期にわたる運転停止に導く懸念があった。』ことを認めている」

6 利害関係者③ ──電気事業者

これまで、他の利害関係者との関連を述べてきたが、電気事業者(東京電力)の特徴はどのようなものか。IAEAは①思い込み、②リスクマネジメント、③人と組織の3点から

述べている。

「原子力安全の技術についての思い込みは、東京電力が原子力事故の事象に関して、ある種の安全対策を実施しない要因となった。国際社会がシビアアクシデント・マネジメント（過酷事故対策、AM）の領域で前進しつつあったとき、東京電力はこうした進展の、ある部分は採用しなかった。」この結果、AM では内部要因事故のみが取り上げられ、津波を含む自然災害は設計基準で対応できると結論され、複数原発の同時事故発生は想定されず、SBO（全交流電源喪失）は設計基準事故から外された。

低い確率であっても重大な結果をもたらすリスクについて「東電の決定は十分練り上げられたものでなく、また行動可能なものでもなかった。3月11日に襲った津波高さについては一般的に言って妥当な想定がなされていなかった。」

「福島第一事故前の数年、東京電力は管理運営と組織面での制度を改善するためにいくつかの行動を行った。これらのほとんどは、2002 年に発生した東京電力での事故隠しスキャンダルに端を発したものであった。」「その後東京電力は、透明度の増加、隠蔽体質の打破、オープンな社風を築くことに懸命に努力していると述べた。」「2009 年 11 月安全文化に関する 7 原則を発表した。」「福島第一事故の後で東京電力は『過去の安全文化創生の努力はいわゆるキャンペーン型の文脈に限定されてしまい、手段が、本来取り組まれ評価されるべき手段の核心にまで充分に深く到達できなかったと考えられる』と反省の弁を述べている。」

IAEA の分析はまだ続くが、とりあえず、上記の 3 つの利害関係者の特徴と関係に基づいて、検討を行ってみよう。

7　過去への反省・省察のない日本原子力学会の報告書

日本原子力学会は福島事故の直後、「事故に関する責任追及を行うな」という声明を発表して、多くの人々を唖然とさせた。その原子力学会のヒューマン・マシン・システム研究部会、東京電力福島第一原子力発電所事故調査検討小委員会が 2015 年 9 月「ヒューマンファクターの観点からの福島第一原子力発電所事故の調査、検討」（以下原子力学会報告）という 117 ページに及ぶ報告書を出している。いわば当事者から見たヒューマンファクター分析として取り上げるのに適した文章であるといえよう。

報告書の冒頭に次のような一節がある。「それらの報告書（政府事故調、国会事故調など——引用者）で述べられた教訓や提言には、ヒューマンファクターの観点からは疑問に感じられるものも含まれており、また、全体的に非難的な記述が多いことに違和感を覚えていた。」冒頭からこのような視点を掲げる様では、組織の病理にズバリ切り込むような

分析は期待できない。IAEA が取り上げているような、規制当局への電気事業者の働きかけによる癒着問題や、東京電力の大量の事故隠しも触れていない。若干新しいことがあるとすれば、レジリエンス（Resillience、柔軟で強靭）・エンジニアリングなどの手法を用いて分析を行いこれまでの安全性の考え方について、修正すべき点を示している。

　例えば、組織学習の失敗、リスク認識の誤謬として①電源喪失・津波被害のリスク誤認識（国家レベル、業界ベース）、②指揮系統の乱れ（組織ベース─現場と本店）、③指揮系統の乱れ（国家レベル──官邸内、組織ベース─官邸と規制当局と本店）、④危機管理対応の不手際（国家レベル、業界ベース）などをあげている。しかし、なぜこのような事態が起きたのかについての本質は追及されていない。対策としては、「『組織の不条理』（菊澤）が提唱している」ように「限定合理性を破壊すること」すなわち「有事における『命令違反を許容（現場判断を優先する）するシステムの確立』が重要」と規則に縛られない臨機応変性を強調するにとどまっている。

　さらに安全思想の再構築が必要であるとして「安全設計思想の面では従来の『止める・冷やす・閉じ込める』の原則が実態にそぐわないことが明らかになった。」「今回ののような電源喪失事故では、（中略）早めに放出する方が事象の拡大を防ぎうる」場合もあることが明確になってきた。」と述べている。従来の安全思想が崩壊したならば、これに代わるべき思想は何かを提出すべきであるが、明確には述べられていない。

　まれに起きる重大事故と国策との問題では「これを契機に、一原子力の問題としてではなく、日本の官僚システムと規制体系の抜本的な見直しが必要である。」と官僚機構のせいにしている。

　いずれも場当たり的で、とてもシステマティックな分析に基づいて、確信ある提言をしているとは思えない。IAEA の報告書に比べてそのお粗末さが際立っているが、IAEA との対比の議論のためにここに引用した。

8　欠陥安全体制の根底にあるもの

　IAEA 報告と日本原子力学会報告とを比較してみると、いずれも規制の不備、危機管理の不備など現象としては似たような点を挙げているが、大きな違いは IAEA 報告が、何故そのような現象が生じたかについて、原因をさかのぼって追及している点である。

　IAEA が指摘しているように、シビアアクシデント対策（長期の SBO、地震と原発事故の同時発生を想定しての避難訓練、外部要因事故を前提としての事故シナリオ、避難範囲の拡大など）が導入されていなかったが、その理由は、そのような対策を行えば〈「原子力は安全である、重大な事故は起きない」というこれまでの保障が覆り、住民に不安を

与えるから〉である。地震と原発事故の同時発生を想定しての避難訓練を行わなかったのも〈住民に不安を与えるから〉である。つまり、過去の安全宣伝を覆さないために、思い切った事故対応が取れなかった、という自縄自縛の状態に陥っていた。過去の安全宣伝を守るために、住民の安全が犠牲にされるという愚行が延々と続いた結果、福島事故に至ったといってもよいであろう。

過去の過度の安全宣伝、安全性強調にために支障をきたしたのは、シビアアクシデント対策だけではない。正確な放射線リスクの教育など、透明性のある情報公開がなされておらず、徳川幕府並みの「知らしむべからず、よらしむべし」の政策だったのである。

住民に安全宣伝を行いつつ、自らは危険を認識するなどという芸当は不可能である。前にも述べたが過度の安全宣伝、安全性強調は、原子力事業者の従業員の事故に対する警戒心を弛緩させ、非常の事態に際して危機を掌握する技術者が存在しないという事態をもたらした。

能力や権威・権限の無い規制当局、事故隠しというモラルハザードに平気で染まる事業者のモラル崩壊、など我が国の原子力発電の体制全体が救いようのない退廃に陥っていたといえる。

9 IAEAの推奨する強化策──安全文化の構築

それでは、IAEA はどのような方策をとれば、こうした「欠陥ヒューマンファクター」ともいえる我が国の現状が改革できるのだろうか。この報告書ではまとまった形では述べていないが、IAEA が重視するのは「安全文化」の考え方である。

IAEA 報告書 2.6 節（「人的及び組織的要因」）の最初の部分で「この人と組織の評価のために使用された方法論は、IAEA の安全文化評価方法論に基づいている。（中略）本技術文書の目的のために、IAEA 安全文化評価方法論は拡張され、安全文化だけでなく、この付属文書 II に詳しく解説されているように、組織間の相互作用と同様に、人間、組織、そして技術要因の間の相互作用のすべての範疇を包括している大きな社会技術体系に適用することができるようになった。」と述べ、「安全文化」の考えが、分析の基礎にあることを明示している。

さて、今後起きうる安全上重大な問題が、基本的前提の Unknown unknown のサプライズの領域（いわゆる想定外の領域）にあるとするならば、果たしてそのような脅威に対処できるのだろうか。これに対して IAEA は「常に新しい経験から学べ」として運転経験（事故例）の蓄積、共有、学習の必要性を次のように強調している。具体的にもしこの事例を学んでいれば、福島事故へのよりましな対応ができたのではないかと思われる事

例として、IAEA 報告書は① 1999 年フランス・ルブレイユ原子力発電所で高潮が 2 基の原子炉に溢水をもたらした例、② 2004 年インド洋津波がマドラス原子力発電所で海水ポンプを水浸しにした例、③ 2007 年東電柏崎刈羽原子力発電所で地震が設計基準を超えた例、をあげている。IAEA と OECD/NEA は事故通報システム（IRS）通じて報告している。3 つの事故について IAEA 報告は「国内の運転経験の応用は安全性改善に用いられるが、一方国際的運転経験は法範囲には用いられていない」として、東電は①、②の事例に関しては参考にしていなかったと述べている。

　こうした運転経験などを取り入れるに際して障害があることを IAEA 報告は強調している。

　「基本的前提の境界の外側にあるサプライズから学ぶためには、包括的で徹底した学習プロセスを妨げる三つの大きな障害を克服する必要がある。」

　「第一の試練は、その事象を基本的前提の境界の外側にあるサプライズとして扱うことをうまくやり遂げることである。このことはしばしばそれを状況的な驚きとして扱ったり、あるいは（意識的であれ無意識であれ）区別を通じて距離を置くというメカニズムによって学ぶ機会を拒否することで回避されてしまう。」

　「第二の試練は、新しい教訓や理解を前からあった基本的前提と統合することである。」

　「克服されるべき三番目の、そして最も困難な試練は、制度上のレベルにある。組織化されたシステムは、それらが組織の中の人間等の政策、行動そして態度によって支持されればされるほど、ますます恒久的なものになる、（中略）このように社会技術的システム全体に対して、新しい教訓、新しい習慣、新しい言語と、組織の安全文化の中で制度的に確立され、また基本的前提に持ち込まれた物事を発見し解釈する新しい方法を特定し実行することが必要である。」

　回りくどい言い回しであるが、要するに、常に新し知見をもとに安全文化をリフレッシュする必要性を説いている文章である。確固たる安全文化を確立する必要があるが、同時に、新知見に基づいて、破壊、更新しいなければならない。そのようなことが果たして可能なのだろうか。

10　安全文化と「欠陥商品」軽水炉

　「安全最優先」を掲げる安全文化は大変結構であるが、何故 IAEA はそれほど安全文化を強調するのだろうか。また我が国の原子力規制委員会は 2015 年 5 月「安全文化に関する宣言」を出して、「100％の安全はない。重大な事故は起こりうるとの透徹した認識のもと、安全が常に最優先されなければならない。」と安全文化順守の重要性を述べて

いるが、何故強調するのだろうか。皮肉なことに、「安全文化」を強調すればするほど、現在発電に使われる軽水炉は、通常の安全手法では扱いかねる危険な装置、つまり「欠陥商品」であることが浮き彫りにされる。

原子力発電のいわば世界標準となった軽水炉は、その中に 10^{21}Bq（運転中）という膨大な放射能が存在するという潜在的危険性を内包し、これが顕在化しないように閉じ込められている。しかし、福島事故で分かるように、いったん冷却機能が失われるならば、核反応が停止しても崩壊熱によって炉心温度は上昇を続け、この閉じ込め機能は崩壊して、大量の放射能を環境に放出して炉心溶融に至る。こうした事態に対応するため、常用、非常用の冷却装置が取り付けられている。これらを動員して炉内に注水し、冷却をしなければならない。注水を有効に行うためには、炉内圧力を下げる必要があり、ベントと呼ばれるが、ベントを行うことは、環境へ放射能を放出して住民に被爆のリスクを負わせることになる。ベントを前提とすることは原発の安全確保の大原則「止める、冷やす、閉じ込める」の「閉じ込め」の原則を放棄したことを意味する。つまり「冷やす」と「閉じ込める」の原則は両立しないものであり、矛盾を含む安全対処の原則「止める、冷やす、閉じ込める」の原則に依存している軽水炉は欠陥システムだと言わざるを得ない。

次に冷却のタイミングの問題がある。事故発生の初期に注水することができれば、炉心温度は下がり、原子炉は無事冷態停止状態となる。しかし1200℃を超えると燃料被覆管のジルコニウムと水との反応が始まり、水素が発生するとともに、発熱反応であるので温度上昇はますます加速される。つまり1200℃を超えると注水した水は冷却ではなく加熱に使われるため、「火に油」の効果しかなくなり、もはや多少の水では事態は収束不可能となる。筆者の計算では、この引き返し不能地点は炉心露出後40分ほどで到達する。きわめて短時間に注水しなければならず、地震、津波などの混乱時に果たして短時間で対応可能であろうか。新規性基準の適合性審査はこうした疑問に答えていない。それに注水という救急策をとった場合に、ある条件を超えると逆に事態が悪化する方向に向かうというのは、最悪な欠陥システムと言わざるを得ない。

軽水炉は、1950年代最初のデザインが発表されてから20年で出力を10倍近く急増させることによって「経済性」を獲得し、米国の政治的後押しもあって、原子力発電炉の「世界標準」として各国に建設されてきた。しかしこの急速な効率化は、いったん冷却機能を失うと、その回復は極めて困難であり、炉心溶融に至るという、「世界標準」どころか福島事故を経験した現在では「欠陥商品」とでもいうべきものであることが、事実をもって明らかになった。軽水炉導入当時盛んに言われた「実証済み」という言葉はいわばペテンだったのである。

このような、欠陥商品を「世界標準」として扱っている限り、IAEAは運転者を含むヒューマンシステムに対して、「シビアアクシデントに備えよ」、「安全文化を持て」、「そ

第3章　福島事故とヒューマンファクター

の安全文化も常に新しくせよ」と絶えず呼びかけなければならないだろう。

11　IAEA事故調査報告書の内容に関する規制委員会の「釈明」

　2016年6月原子力規制委員会は「実用発電用原子炉に係わる新規性基準の考え方について」（以下「考え方」として引用）を公表した。同委員会は「設置許可基準の策定経緯や考え方についてQ&A形式でまとめた。国を当事者とする訴訟等においても必要に応じて活用していく」としている。その設問の中に、「①IAEAの安全基準と我が国の規制基準との関係性、②IAEAの深層防護の考え方（シビアアクシデント対策を含む─引用者）との関係、③IAEAは緊急時計画の整備などが必要であると述べているが、現行法では、避難計画に関する事項は設置許可基準規則等における事業者規制の内容に含まれていないが、そのため国際基準に抵触するのではないか、④原子炉等規制法では、原子力規制委員会による避難計画等の審査は行われていないが、避難計画等については、原子力規制委員会を含む国の行政機関による関与、支援はなされているのか」、という4問が含まれていて、規制委員会がこれらの点でIAEA基準の精神に抵触する可能性があることを「気にしている」ことが明らかにされている。

　「考え方」は「避難計画に関する事項等は、IAEAの安全基準の第5の防護レベルに関する事項については、我が国の法制度上災害対策基本法及び原子力災害対策特別措置法に基づいた措置がとられることとなっており、設置許可基準規則に避難計画に関する事項が含まれないことのみををもって、設置許可基準規則がIAEAの安全基準に抵触するものではない。」「避難計画等の策定や改善については、以下に述べるとおり、原子力規制委員会を含む国の行政機関によるきめ細やかな関与や支援を行っている。」と述べて、法制度上避難は自治体や国が行うことになっており、規制委員会も支援を行っているとして、新規性がIAEAの基準に十分適合しているという見解を表明している。

　しかし果たしてそうであろうか。

　特に避難計画の不備は、IAEAを引き合いに出さずとも、再稼働が推進される中で、重大な欠陥として周辺住民をはじめ多くの人々から指摘されている。避難問題は、IAEA事故調査報告書技術文書第3巻に「緊急時準備と対応（EMERGENCY PREPAREDNESS AND RESPONSE）」としてまとめられており、翻訳の上検討する必要があると考えられるが、ここでは上述の「技術文書第2巻」に述べられたIAEAの考え方に基づいて、若干検討してみよう。

　避難といえば事故時の避難行動のように限定される（例えば国の新しい避難計画などでもそのように扱われている）が、しかし避難が長引けば、生活、職業も含めてその人の全

人生を変えてしまう問題であり、その意味で原発事故の諸要因の中でも最も重い問題であるはずである。「安全文化」とは定義によれば「安全最優先を認識し、継続し、実践することとなっている。」また IAEA は、新しい経験を常に注入して、この安全文化を新しいものにしていく必要があることを強調している。もし規制委員会がこの精神を守るというのであるならば、まず再稼働ありきではなく、まず住民の安全ありき、で臨まなくてはならないはずである。ところが、現在推し進められている再稼働では、地震で寸断された道路の中をどのように避難するかという現実的な問題をはじめ、あらゆる避難に関する問題が切り棄てられたまま、再稼働が推進されている。これは規制委員会が住民の安全よりも既存の原発の（いわば電力会社の財産権）を優先しているからに他ならない。

12 結語

　福島事故が発生して以来、我が国の原子力安全が、世界各国のそれに比べて一回りも二回りも遅れていたことが明らかにされてきた。その理由は、（科学者を含む多くの人々の）批判を無視・抑圧して進められてきた開発政策、規制当局の事業者との癒着、電気事業者の根拠なき楽観主義、などに求めることができるが、ここに取り上げた IAEA の福島事故報告書技術文書第 2 巻は、かなり緻密に日本の原子力開発の病理を切り取ることによって、人的組織的要因という側面から理由を明らかにしてみせたといえる。もちろん IAEA は原子力推進の立場をとる機関であるので、その言うことすべてを受け入れることはできないが、いかに開発に係わった組織が「世界標準」から見て欠陥を内包し、腐敗していたかを提示する分析として、また今後の日本の原子力の在り方に対する警告の言葉として参考になると考える。

コラム 5

原発の寿命と廃炉、放射性廃棄物

福島原発事故後、原子力規制委員会は「原発の運転期間は原則として 40 年間とする。但し、規制基準を満たす場合は、最大で 20 年間の延長を認める。」と決めた。いったい、原発の寿命は、どのようにして決まるのだろうか。その最も大きな要因は、経済性である。発電所としての経済性が悪くなれば、廃炉になる。

建設からの経過時間とともに、構造物、部品、計装回路などの全てが劣化を起こす。これを経年劣化という。経年劣化でない故障、異常も発生するだろう。正常に機能させるためには、きちんとしたメンテナンスが欠かせない。メンテナンスとは、点検、交換、改修や修理などをいう。それを怠ると、故障や不具合が発生し、運転に支障が出て、経済性が悪くなる。メンテナンスの内容によっては、多額のお金がかかることもある。メンテナンスのために長い期間がかかれば、それだけ運転停止の期間も長くなるため、経済的には不利になる。初期に建設された原発は発電規模が小さく、大型炉に比べると、もともと経済性が低いという事情もある。福島原発事故以後、新しい規制基準が決められ、それに適合しないと再稼働は許されない。このため、津波対策で防波堤を高くしたり、原子炉建屋の気密性を向上させたり、電源の多重化を図ったり、耐震補強をしたり、ベント施設を追加したり、と多くの追加工事が必要と

なった。すでに運転期間の長い原発では、多額のお金と時間をかけても、この先の運転期間を考えれば、経済性に合わないという判断をして、廃炉を選択した原発もある。

このように、原発の寿命の決定に経済性ばかりが優先されることは、安全の観点からは、好ましいことではない。また全ての構造物や部品の劣化具合を調べることは出来ない。劣化していても、「まだ大丈夫」として交換しないこともある。そもそも、古い原発ほど、その当時の基準が甘く、メンテナンスでは補えないこともありうる。それらの結果、大事故の可能性は高くなる。原子力規制委員会の定めた「原則 40 年間」という運転期間についても、安全が確保されることが自動的に保証されるものではない。その先、さらに 20 年間の延長とは、あまりに無謀と思えるのだが。

廃炉を決定すると、順序立てて解体していく。原発の廃止措置において発生する廃棄物は、すべて「低レベル放射性廃棄物」とされ、放射能濃度の高い順に「L1、L2、L3」に区分される。L1 としては制御棒・炉内構造物・放射化物など、L2 としては廃液固化体・フィルター・廃器材など、L3 としてはコンクリート・金属などである。非常に高い放射能レベルの制御棒でさえ「低レベル放射性廃棄物」に区分されているのだから、L3 であっても決して放射能レベルは低くはない。セシウム 137

の場合で10万ベクレル/kg以下がL3の区分基準なので、相当の放射能レベルといえる。この他に、放射能は若干あるのだが、原子炉等規制法に定められた放射能の基準値（クリアランスレベル）以下のものは、「放射性物質として扱う必要のないもの」という扱いになる。放射性セシウムでは100ベクレル/kg以下と定められている。一般の軽水炉で廃止措置に移行しているのは、浜岡原発1号機2号機である。2009年度から使用済核燃料の搬出が開始されており、2036年度までに建屋解体を完了する計画である。廃炉としては、「更地」方式が採用されている。1・2号機を合わせた低レベル放射性廃棄物は約2万トン、そのうちL3は約4000トンと推定されている。クリアランスレベル以下は約7.8万トンと推定されており、膨大な量になる。L3については、原発の敷地内に埋設処分する方向で進んでいる。しかし、L1及びL2については、処分場の計画は全く立っていない。やっかいなのは、使用済核燃料である。直接処分を考えた場合は、高レベル廃棄物となる。「更地」にすれば、膨大な放射性廃棄物が発生し、その処分に苦慮することは明白である。また「クリアランスレベル」以下だからといって、「放射性物質として扱う必要がないもの」として放射性廃棄物が大量に世の中一般に出回ることが簡単に容認されるはずがない。そもそも、今後、「跡地に新設」という状況になることは無いだろうと思われるので、この際、「更地」方式を止めて「墓地」方式に切り替えてはどうだろうか。「墓地」方式とは、使用済核燃料はもちろん取り出すが、それ以外には制御棒などの容易に撤去可能な部分だけを撤去して、それ以外の放射化している構造物は解体しない。原子炉本体などは、しっかりした構造物で覆い、さらに盛り土をする。事故を起こしたチェルノブイリ原発の措置のようなイメージである。併せて、「取り出した廃棄物や「墓地」などは、国が永久に管理する。費用は電力会社が負担する」ということを提案したい。

（岩井　孝）

—— 第**4**章 ——

日本の原子力防災対策を検証する

児玉一八

1 はじめに

　東北地方太平洋沖地震の地震動と津波を引き金にして、福島第一原発でシビアアクシデント（苛酷事故）が発生した 2011 年 3 月 11 日、東京電力は 15 時 42 分に原子力災害対策特別措置法（原災法）第 10 条に定める事態に陥ったと通報した。同原発 1、2 号機で電源喪失によって冷却機能が失われたことに伴い、東電は 16 時 36 分に同法第 15 条の原子力緊急事態に陥ったと判断して、16 時 45 分にその通報を行い、政府は同日 19 時 03 分に原子力緊急事態宣言を発令した。原子力緊急事態宣言が発令されたのは、初めてである。

　3 月 11 日 21 時 23 分に福島第一原発 1 号機から半径 3km 圏内、12 日 5 時 44 分に 10km 圏内、同日 18 時 25 分に 20km 圏内の住民に避難指示が出され、15 日 11 時 00 分には半径 20 〜 30km 圏内の住民に屋内退避指示が出された。

　原子力安全委員会「原子力施設等の防災対策について」（1980 年 6 月、2010 年 8 月最終改定）は、「EPZ（Emergency Planning Zone、防災対策を重点的に充実すべき地域の範囲）のめやすは、原子力施設において十分な安全対策がなされているにもかかわらず、あえて技術的に起こり得ないような事態まで仮定し、十分な余裕を持って原子力施設からの距離を定めたものである」として、原発の場合は EPZ の目安を「半径約 10km」とした。20km 圏内の住民への避難指示は、現実のシビアアクシデントによって日本の原子力防災対策が崩壊したことを示すものであった。

　筆者は志賀原子力発電所（1 号機：沸騰水型軽水炉、電気出力 54.0 万 kW。2 号機：改良型沸騰水型軽水炉、同 135.8 万 kW）が立地する石川県において、同 1 号機が営業運転を開始する 2 年前の 1991 年から、原子力防災の問題にとりくんできた。石川県の事例を通して日本の原子力防災対策を検証する。

82

2 日本の原子力防災対策と福島第一原発事故

　福島第一原発事故のような事故をシビアアクシデントという。シビアアクシデントは単なる大事故ではなく、「設計基準事故（DBA, Design Based Accident）を超える事故」という科学的定義がある。

　原発の商業化が進められる中で、大量の放射性物質の放出と環境への拡散を防ぐため、工学的安全性による多重防護の基本設計が行われた。当初、商業用原発は何重もの防護壁と多くの安全装置をつけているので、DBAを超えるような放射性物質を放出する大事故は起こらないとされていた。しかし、1970年代に多くの商業用原発が建設され、科学者や技術者から、原発で大事故が起こって多数の人が死んだり、人が住めなくなる危険があると指摘されるようになった。アメリカで1966年から始まった、非常用炉心冷却装置（ECCS）の有効性を実地にためすLOFT計画が失敗したことにより、こうした危惧は現実のものとなった。ところがアメリカ・原子力規制委員会（NRC）はラスムッセン報告で、そのような大事故が起こるのは隕石が地球上の人に当たるぐらいの小さい確率だと述べた。

　アメリカで1979年3月28日にスリーマイル島原発事故が起こり、原発は大事故を起こさないという「神話」は崩壊した。この事故をふまえて、欧米諸国ではシビアアクシデントをどう防ぐかという安全研究が始まり、シビアアクシデントに対応した原子力防災の具体化も求められるようになる。旧ソ連で1986年4月26日、チェルノブイリ原発事故が発生。欧米諸国では、国際原子力機関（IAEA）を中心にシビアアクシデントを想定した対策が検討され、1990年代に入るとシビアアクシデント対策はルール化され、それを基礎にした国際的な安全協定も結ばれるようになっていった。

　日本では、スリーマイル島原発事故を契機に原子力防災計画が検討され、1980年6月に原子力防災指針（原子力安全委員会「原子力施設等の防災対策について」）が策定された。しかし、安全審査において、DBAを超えるような事故は起きないし、仮に重大事故や仮想事故を想定しても原発敷地周辺住民が避難するような事故は起きないとされていたため、国や電力会社は真剣に原子力防災計画を検討しなかった。IAEAの国際安全諮問委員会は1988年3月、各国はシビアアクシデントが起きるうることを前提に原発の安全対策をとるよう勧告したが、日本はこれも無視した（青柳［2012］）。

　原子力安全委員会は1992年5月28日、チェルノブイリ原発事故のような炉心の重大な損傷につながるシビアアクシデントに備え、国内の原発について格納容器の設備強化などの実施対策を求めることを決め、関係省庁や電力会社に検討を指示した。シビアアクシデントを前提にしている以上、原発事故に伴う緊急時対策にもそれを反映させるべきで

あった。しかし、原発の立地する道県の原子力防災計画はシビアアクシデントが起こった場合を全く想定しておらず、住民の生命と財産を守る上で実効性はまったくなかった。

　こうした中で福島第一原発事故はおこった。国会事故調査委員会［2012］は住民避難の状況を、「住民の多くが、避難指示が出るまで原発事故の存在を知らなかった」、「事故が発生し、被害が拡大していく過程で避難区域が何度も変更され、多くの住民が複数回の避難を強いられる状況が発生した。この間、住民の多くは、事故の深刻さや避難期間の見通しなどの情報を含め、的確な情報を伴った避難指示を受けていない」、「政府の避難指示によって避難した住民は約15万人に達した。正確な情報を知らされることなく避難指示を受けた原発周辺の住民の多くは、ほんの数日間の避難だと思って半ば『着の身着のまま』で避難先に向かったが、そのまま長期の避難生活を送ることになった」と記述した。

　福島第一原発事故の直後に発生した、いわゆる「双葉病院の悲劇」は、原子力災害時の避難・退避のあり方への抜本的な見直しを迫るものとなった。

　2011年3月14日10時30分、双葉病院の重篤患者34人と老健施設利用者98人は、大熊町からバスで北に向かって避難を開始した。同日14時頃、南相馬市双相保健所でスクリーニングを行い、こんどは西の福島市に向かう。しかし福島市では受け入れ先がなく、バスは南、さらに東に向かって同日夜にいわき市内の高校に到着した。出発から到着まで約14時間、230km以上の移動であった。避難途上のバスで3人が亡くなり、搬送先の病院で24人が亡くなった。病院スタッフは避難を命じられ、医療サービスはストップ。残った95人の患者は3月15日、自衛隊により避難した。その避難中に7人が亡くなり、結局50人が亡くなった。一ノ瀬［2013］は「戦時中の『ボルネオ死の行進』を想起してしまうような、想像を絶する悲劇である。これは、実態としては、『放射線を避けることによる被害』であり、『放射線被曝による被害』であるとは言えないだろう」と述べた。

3　福島第一原発事故後の原子力防災体制の改訂

　福島第一原発事故の発生後、日本の原子力防災体制は図1のように改訂された。原子力防災に関する基本的な考え方を説明した後、改定後の原子力防災体制について述べる。

　原発立地道県などで策定された「原子力防災計画」は基本的に共通の内容であり、その解説が日本原子力研究開発機構［2013］に書かれている。放射線被曝の防護対策の基本は、国際放射線防護委員会（ICRP）の勧告－特に109と111－や国際原子力機関（IAEA）のGS-R-2等の原則に則っている。

　ICPR勧告109は「緊急時被曝状況における人びとの保護のための委員会勧告の適

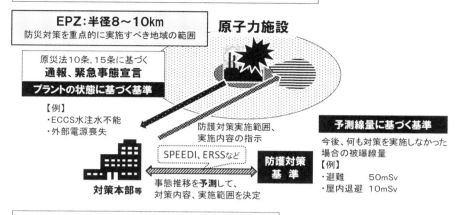

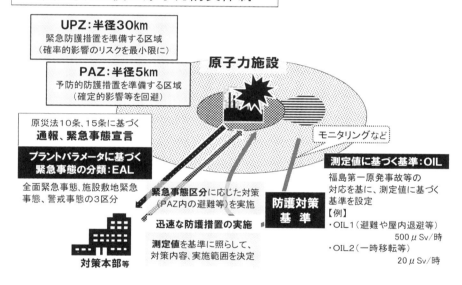

出所：日本原子力研究開発機構［2013］77頁の図を一部改変

図1　福島第一原発事故の前後での原子力防災体制の変化

用」、ICRP勧告111は「原子力事故または放射線緊急事態後の長期汚染地域に居住する人々の防護に対する委員会勧告の適用」である。また、GS-R-2はIAEAの安全基準の一つで、「原子力または放射線の緊急事態に対する準備と対応」について定めている。

（1）被曝状況の分類と「正当化の原則」、「最適化の原則」

　ICRPは被曝状況を「緊急時被曝状況」、「現存被曝状況」、「計画被曝状況」の3つに分類し、それぞれの被曝状況に応じた線量制限の原則を勧告している（図2）。この3分類

第4章　日本の原子力防災対策を検証する

に基づく放射線防護は ICRP の勧告 103（2007 年）で定式化されたもので、「参考レベル」という新しい概念が盛り込まれた。参考レベルは被曝線量を最大限ここまでに抑えようという値で、規制値や拘束値ではない。

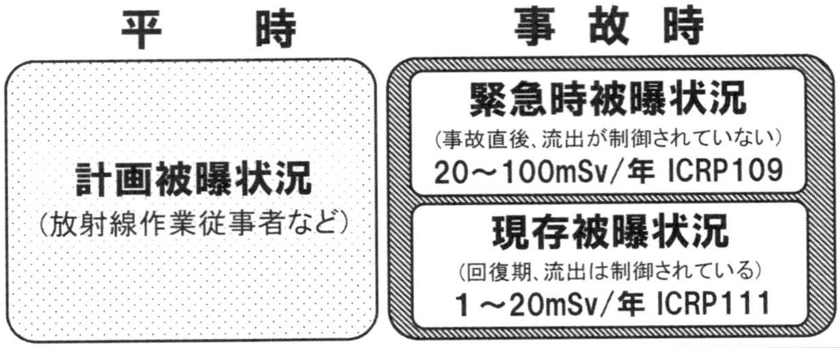

緊急時被曝状況	計画された状況を運用する間に、もしくは悪意ある行動から、あるいは他の予想しない状況から発生する可能性がある好ましくない結果を避けたり減らしたりするために緊急の対策を必要とする状況
現存被曝状況	管理についての決定が必要な時に既に存在する、緊急事態の後の長期被曝状況を含む被曝状況
計画被曝状況	線源の意図的な導入と運用を伴う状況

出所：筆者作成

図2 被曝状況の3つのタイプ

　計画被曝状況は放射線源が管理された状況で、放射線作業に従事する人が日常的に行う業務がこれに該当する。ICRP は平時における一般人の線量限度を、1mSv ／年と勧告している。不幸にして原発事故などの核事故が起こってしまった場合、緊急時被曝状況では20 ～ 100mSv ／年、現存被曝状況では 1 ～ 20mSv ／年の範囲の中で、できるだけ低いところで参考レベルを設定する（図 2）。

　計画被曝状況では、①正当化の原則（被曝状況を変化させる決定は、常に害よりも便益を大きくする）、②最適化の原則（合理的に達成できる防護の中で、最善の方法を選ぶ）、③線量限度遵守の原則（線量限度を超えて被曝しない）の3原則に基づき、①→②→③の順で適用されてすべてがクリアされなければならない。一方、緊急時被曝状況と現存被曝状況においては、放射線源は管理できていないので③は適用されず、代わりに「参考レベル」が適用される。②で重要なのは「合理的に」ということで、最善の手段は必ずしも残存線量（＝予測線量－回避線量）が一番低いものとはしていない。その理由は、福島第一原発事故の被災地の実情に即せば明らかなように、「放射線被曝による被害」には背反する「放射線被曝を避けることによる被害」があって、一方を避けると他方を被るという関係性が成り立っているからである。

86

（2）原子力発電所事故に対応する災害対策重点区域の設定

　日本の原子力災害対策指針は福島第一原発事故後に、原発事故に対応する原子力災害対策重点区域が図1のように改訂された。国際原子力機関（IAEA）の定めた安全文書の考え方（事前対策を講じておく区域（PAZ、UPZ）や対策実施等の基準（EAL、OIL））を取り入れており、それまでの防災指針とは考え方が異なっている（日本原子力研究開発機構［2013］1頁、65頁）。

　改訂後の原子力災害対策指針は「緊急時計画区域（EPZ）」を廃して、新たに「予防的防護措置を準備する区域（PAZ：Precautionary Action Zone）」と「緊急防護措置を準備する区域（UPZ：Urgent Protective Action Planning Zone）」を設けた。PAZは「原子力施設から概ね5km」で放射性物質の環境への放出前に直ちに避難する区域、UPZは「概ね30km」で避難、屋内退避、安定ヨウ素剤の予備服用等を準備する区域である。PAZは「重篤な確定的影響のリスクの制限」、UPZは「確率的影響等の低減」を目的に設定された。すなわちPAZは、大量の放射線を浴びて急性障害を発症する可能性を想定している。対象範囲の設定の理由について、PAZは「オンサイトでの線量に比べて1／10に減少」、UPZは「放出による濃度はPAZ境界での濃度に比べて1／10低減」と書かれているが、その根拠は示されていない。

　PAZの範囲の検討は確率論的手法に基づいて行い、UPZについては福島原発事故の際にIAEAが定めるOIL（運用上の介入レベル）1の1000μSv／時（避難等）は概ね原発敷地内に収まり、OIL2の100μSv／時（一時移転等）以上となる地点は原発から概ね30km以内に収まっていることなどを範囲設定の根拠としたと述べられている（日本原子力研究開発機構［2013］65頁）。

　もともと確率論的手法は、「Aの方法とBの方法のどちらがより安全か」といった比較のためには広く用いられてきたが、「Aの方法で失敗するのは何回に1回か」というような設問は避けられている。確率の相対値はある信用度で得られるが、その絶対値は信用できないからである。こうした確率論的手法を、PAZの範囲という絶対値を求めることに用いるのは適切でない。また、UPZの設定には福島第一原発事故のデータを用いているが、これを超える事故が起こる可能性は否定できない。このように重点区域の設定には、看過できない問題がある。

　EAL（緊急時活動レベル）は原子力施設の緊急事態区分であり、警戒事態（EAL1：公衆への放射線による影響やおそれが緊急のものではない）、施設敷地緊急事態（EAL2：放射線による影響をもたらす可能性がある。原災法10条の通報基準）、全面緊急事態（EAL3：放射線による影響をもたらす可能性が高い。原災法15条（首相による原子力緊急事態宣言）の基準）に定性的に分類しており、PAZとUPZは全面緊急事態に対応する。

（3）放射線防護措置の実施を判断する基準

　原発事故によって放射性物質が環境に放出された後、防護措置実施の判断を行う基準として「運用上の介入レベル（OIL）」が設定されている（表1）。OILは、放出される核種の割合や被曝する期間等の仮定を置いたモデルケースを想定し、包括的判断基準から計算により求められる。包括的判断基準は放射線影響の基準となる数値で、IAEAは「重篤な確定的影響」と「確率的影響」のそれぞれで包括的判断基準を定めている。日本原子力研究開発機構［2013］はIAEAの示す基準について、①定性的に示されていることも多く、定量的に示される場合でも、たいていはある数値の幅をもって示す、または一例として数値を示すものであって、具体的な基準は各国で設定することとしている、②原子力災害対策指針に包括的判断基準は定められておらず、住民等への放射線防護の具体的な基準は示されていないままであって、福島第一原発事故の教訓等から当面のOILを定めることとした、と述べている（45、67頁）。

　PAZは原発の状態（EAL）で防護措置を判断して、放射線物質の放出前または直後に避難等を行う。一方、UPZはEALで判断した後、放射性物質の放出後の測定値（OIL）で対策を判断し、OIL1（地上1mの空間線量率が500μSv／時）を超えた場合は数時間以内に避難し、OIL2（地上1mの空間線量率が20μSv／時）を超えた場合は1週間以内程度で一時移転する（日本原子力研究開発機構［2013］72頁）。

　IAEAの包括的判断基準は、例えば確率的影響に対して「実効線量：初期7日間で100mSv」といった基準で防護措置を判断するとしており、その論理には（線量そのものの評価は別として）合理性がある。しかし、日本の原子力防災指針におけるOIL初期設定値の根拠は、「福島原発事故時の5km付近の測定データのうち、プルームの影響を除いた空間線量率の最高値が625μSv／時」であるから「OIL1の初期設定値を500

表1　原子力災害対策指針におけるOIL初期設定値の設定根拠

原子力災害対策指針		IAEA
OIL初期設定値	根　拠 （東京電力・福島第一原発事故等）	OIL初期設定値 （主なもの）
即時の避難を要する基準 500μSv/時	プルームによる影響を除き、PAZ外となる5km付近で空間線量率（10分値）の最高値625μSv/時	OIL1 1000μSv/時
一時移転を要する基準 20μSv/時	プルームによる影響を除き、事故後1週間程度の計画的避難区域内の空間線量率が20μSv/時以上	OIL2 100μSv/時

出所：日本原子力研究開発機構［2013］75頁の図を一部改変

μSv ／時にした」といったものにすぎず（日本原子力研究開発機構［2013］75頁、表1）、福島第一原発事故を超える事故を想定しないという重大な問題がある。なお、IAEAの包括的判断基準の線量については、緊急時被曝状況の参考レベル 20 ～ 100mSv ／年の上限を採用しており、最適化の原則（合理的に達成できる防護の中で、最善の方法を選ぶ）に反すると考えられる。

　OIL 初期設定値を超えているか否かの判断は、緊急時モニタリング等から得られる測定値等で行うとされているが、原子力規制委員会は 2014 年 10 月 8 日、「緊急時における避難や一時移転等の防護措置の判断にあたって、SPEEDI による計算結果は使用しない」とする文書を出した。SPEEDI を使わない理由は、「福島原発事故の教訓として、放射性物質がいつどの程度の放出があるかの把握、気象予測の不確かさの排除はいずれも不可能で、SPEEDI 結果に基づいて防護措置の判断を行うのは被曝リスクを高めかねないと判断した」というものである。その代わりに、「震度 6 以上で警戒事象という段階になり、可搬型モニタリングポストを準備。10 条通報の時点でモニタリングを開始する」という（石川県からの聴き取り、2014 年 11 月 27 日）。

　能登半島地震（2007 年 3 月 25 日、マグニチュード 6.9）では、能登地方の多くの道路が崩落等により不通となった。地震が引き金になった原発事故や荒天時などには、道路の寸断などで可搬型モニタリングポストの設置ができないなど、OIL の判断で欠かせない測定値がとれないことがあり得る。また、モニタリングポストの測定値はあくまでも点であり、SPEEDI による面的な拡散予測の代替はできない。事故直後に放出源情報がとれないことに対しては、逆推計で SPEEDI の計算値をより実態にあったものにしていくことも可能である。SPEEDI 情報を住民に迅速かつ的確に提供することで、被曝線量を下げるための判断もできる。SPEEDI を防護措置の判断に用いないのは、賢明な選択とは言えない（佐藤康雄［2012］）。

4　福島原発事故後の原子力防災体制 ——石川県の状況をふまえた検証

　筆者は 1994 年 7 月 6 日に行われた「第 2 回石川県原子力防災訓練」から、志賀原発の周辺で行われている原子力防災訓練を視察している。福島第一原発事故以降、石川県では 2012 年 6 月 9 日、2013 年 11 月 16 日、2014 年 11 月 2 ～ 3 日、2015 年 11 月 23 日、2016 年 11 月 20 日、2017 年 11 月 26 日に原子力防災訓練が行われ、筆者はいずれも視察した。ちなみに 2017 年 11 月 26 日に志賀原発周辺で行われた「2017 年度原子力防災訓練」の概要は、下記の通りである。

（1）**参加機関等**：30km 圏内の 8 市町の住民。内閣府、原子力規制委員会、自衛隊等の国の機関。石川県、県内 19 市町、公立病院等の関係機関。参加約 267 機関・約 2200 人（うち参加住民 約 1000 人）。

（2）**訓練想定**：石川県内で震度 6 強の地震が発生し、志賀原子力発電所 2 号機において、原子炉が自動停止するとともに外部電源を喪失。その後、非常用の炉心冷却装置による注水が不能となり、全面緊急事態となる。さらに、事態が進展し、放射性物質が放出され、その影響が発電所周辺地域に及ぶ。

（3）**訓練の流れ**：

時　間	事象・原発の事態・主な訓練項目
8：00頃	○震度 6 強の地震発生【警戒事態】
9：00頃	○高圧系注水機能喪失【施設敷地緊急事態】
	・緊急時モニタリングセンターの設置
	・5km圏内の要配慮者の退避・避難訓練
10：00頃	○原子炉冷却機能喪失【全面緊急事態】
	・原子力災害合同対策協議会の設置
	・5km圏内の住民避難訓練
	・5km～30km圏内の住民の屋内避難訓練
	［放射性物質の放出］
11：00頃	○OIL2に基づく汚染地域の発生
	・避難地域を特定して 5km～30km圏内の住民の避難訓練
	・病院の入院患者や社会福祉施設の入所者の避難訓練
	・スクリーニング・除染訓練

　訓練の視察結果をふまえて、改訂された原子力防災体制が実際の原子力災害において実効性があるのか否かについて検証する。

（1）30km 圏内の住民の避難先と避難経路

　原子力災害対策指針の改訂によって、それまでの「緊急時計画区域（EPZ）」が廃され、新たに、「予防的防護措置を準備する区域（PAZ）：概ね5km」と「緊急防護措置を準備する区域（UPZ）：概ね30km」が設けられたことにより、原子力防災重点区域を含む自治体は、従来の 15 道府県から 21 道府県に、市町村は 45 から 135 に、対象人口はこれまでの約 7 倍の 480 万人（一部重複）にそれぞれ増えた。

　志賀原発から 30km 圏内には約 17 万人が生活しており、うちわけは石川県が約 15 万 8 千人、富山県が約 1 万 2 千人である（表 2）。

表2　志賀原発から30km圏内の人口

県	市町村	～5km	5～10km	10～20km	20～30km	総　計
石川県	志賀町	2,736	14,774	6,236		23,746
	七尾市		568	25,064	35,196	60,828
	輪島市			1,006	5,990	6,996
	穴水町			157	8,082	8,239
	中能登町			17,445	1,418	18,863
	羽咋市			21,281	3,393	24,674
	かほく市					
	宝達志水町				15,004	15,004
富山県	氷　見　市				11,690	11,690
距離帯別合計		2,736	15,342	71,189	80,773	
距離帯別累計			18,078	89,267	170,040	

出所：原子力規制委員会　https://www.nsr.go.jp/data/000024445.pdf

石川県は、市町単位の緊急避難先を図3のように割り振っており、志賀原発から半径30km圏の住民が30km圏外の7市町に避難するとした。避難道路は図4のように記載されている（石川県［2015］）。

志賀原発以北の約2万9000人（志賀町 約8000人、七尾市 約6300人、輪島市 約6800人、穴水町 約8100人）の住民は、奥能登の3市町（輪島市 約6800人、珠洲市 約8100人、能登町 約14300人）に避難すると想定されている。志賀原発がある能登半島最最狭部は東西で幅12kmしかなく、志賀原発のシビアアクシデントで大量の放射性物質が放出されたならば、原発周辺の高濃度汚染地帯を通過しなければ原発以北からは脱出できず、地元住民と観光客などの膨大な人々が奥能登に閉じ込められることになる。

出所：筆者作成

図3　志賀原発30km圏の住民の市町ごとの避難先

第4章　日本の原子力防災対策を検証する

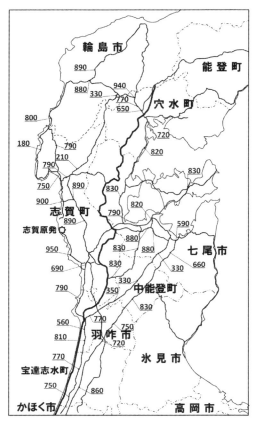

出所：石川県［2013］のデータから筆者作成

図4　石川県原子力防災計画の避難ルートと交通容量（数字は1時間交通容量を示す）

　原発以南の住民の避難にも問題は山積しており、最大の問題は避難道路の脆弱さである。図4は石川県原子力防災計画に記載されている避難ルートを示しており、筆者はそのすべてを車で走って道路の状態などを見てきた。

　志賀原発30km圏から南に逃げる道路は、のと里山海道、国道、県道をあわせて4本ほどしかない。図4の避難道路のうち、のと里山海道（太線）の羽咋市以南以外の道はいずれも片側1車線であり、約3分の1が山地を通っていて、すれ違いができない狭い道路も少なくない。避難道路の交通容量を図4に示す。交通容量は、計算上で自動車が円滑に流れることができる1時間あたりの通行可能台数の限度である。志賀原発30km圏内外の片側1車線の避難道路は、1時間にたかだか700～900台程度の車しか流すことができず、狭い道路は200～300台程度しか流せない（石川県［2013a］）。

表3　原子力災害の進展と避難・屋内退避等の指示

事態の進展		PAZ（5km）圏内	UPZ（30km）圏内
発電所の状況	警戒事態 （大津波警報発表等）	要援護者の避難準備	
	施設敷地緊急事態 （原子炉冷却材の漏洩等）	要援護者の避難	
	全面緊急事態 （全炉心冷却機能喪失等）	住民の避難	避難準備及び屋内退避
緊急時 モニタリングの 状況	OIL2 （20μSv／時）		住民の避難（一時移転） （1週間程度以内に避難）
	OIL1 （500μSv／時）		住民の避難（即時避難）

出所：石川県［2014］

大地震や津波が引き金になって志賀原発でシビアアクシデントが起こるならば、避難にも重大な影響が出ることは必至である。2007年3月に起こった能登半島地震は、マグニチュード6.9のさほど大きな地震ではなかったが、能登半島の道路の多くが甚大な被害を被った。

　能登有料道路（当時、現在はのと里山海道）は地震直後、羽咋市内の柳田IC以北が通行不能になり、全線復旧まで約1か月を要した。能登有料道路の柳田IC～穴水IC間（48.2km）と田鶴浜道路（4.8km）で、大規模な盛土崩壊11か所など53か所で道路被害が発生し、被害額は97億6200万円に達した。石川県が管理する国道・県道でも56路線・273か所で落石、崩土、路肩決壊が発生し、市・町道でも8市町の391か所で被害が発生した（石川県［2007］）。

　志賀原発の北方約9kmには、マグニチュード7クラスの地震を起こす可能性があると指摘されている富来川南岸断層が走っている。この活断層が活動して地震が起これば、道路の被害域はさらに南にも及ぶと想定され、能登半島の広い地域で避難は困難になると考えられる。

（2）避難してきた車両のスクリーニング・除染

　避難してきた住民は30km圏の出口付近において汚染スクリーニング・除染を行い、その後に避難所に行くことになっている。汚染検査は図5に示すように、①車両をスクリーニングし、②車両が汚染されていたら次に代表者のスクリーニングを行い、③その人が汚染されていたら、バスに乗っている人全員をスクリーニングする、という手順で行われる（原子力規制庁［2015］3頁）。

　この手順には、（ア）車両が汚染されていなかったら、なぜその車両に乗っていた人も汚染していないと判断できるのか、（イ）代表者とは、いったい何を代表しているのか、（ウ）代表者が汚染していなかったら、バスに乗車した他の住民も全員が汚染していないとなぜ判断できるのか、といった問題がある。そもそもバスに乗ってきた避難住民は、原発事故の後に屋内や屋外などそれぞれ別々のところにいて、別々の行動をしていて、別々のルートを通って集合場所にきたのだから、放射性物質による汚染に関してはそれぞれが全く異なった条件にあるのであって、1人に代表させることはできない。

　自家用車やバス等の車両を利用して避難する住民の検査は、乗員の検査の代用として車両の検査を行い、その結果が40,000cpm（β線）以下でない場合には乗員の代表者の検査を行う。さらに、この代表者がOIL4以下でない場合には乗員全員の検査を行うことになっているが、このような手順で行う根拠はどこにも書かれていない（原子力規制庁［2015］3頁）。

第4章　日本の原子力防災対策を検証する

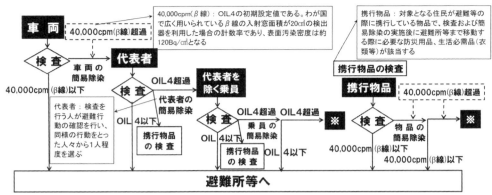

出所：原子力規制庁［2015］3頁の図を一部改変
図5　原子力災害における汚染検査の手順

　避難してきた車両の汚染スクリーニングは、車両用ゲートモニターによって行う。はじめに設置場所のバックグラウンドを測定し、スクリーニングする車両をゲートモニターの間を通過させて線量率を測定し、異常値を検出した車両は除染が行われる。ゲートモニターの設置場所のバックグラウンドの値が高い場合にも車両の放射能汚染が検出できるのか、検証する必要がある。

　こうしたバックグラウンドの問題は、福島第一原発事故の際にも起こっている。原子力安全委員会は小児甲状腺サーベイのスクリーニングレベルを、0.2μSv／時（1歳児の甲状腺等価線量100mSvに相当）として測定するよう文書を出したが、福島県川俣町山木屋での2011年3月23日の甲状腺スクリーニングではバックグラウンドが2.6〜3.0μSv／時と高く、測定値は意味のあるものにならなかった（原子力安全委員会［2012］）。バックグラウンドが3μSv／時もあるところで、0.2μSv／時の放射線を検出することはできない。同様の問題が、車両汚染検査においても起こる可能性がある。

　原発事故が起こった際、多くの車がスクリーニングポイントをいっせいに通過することが予想され、ボトルネックになって大渋滞が発生することも危惧される。原子力防災訓練では少数の車を通すだけだが、大量の車が押し寄せた場合に迅速に測定可能なのかも検証しなければならない。

　車両除染の状況を、石川県で行われた2014〜2017年原子力防災訓練で検証した。原子力規制庁［2015］16頁には、車両の簡易除染の方法として「拭き取り」と「流水の利用」が書かれている。2014、2015年訓練では後者、2016年訓練では前者、2017年訓練では両方が行われた。

　2014年訓練では、石川県立看護大学（石川県かほく市）で車両除染訓練が行われた。放射線測定器をもった自衛隊員が放射線測定器でタイヤの周辺などを測定し、汚染がみつ

かった車両は除染所に移動して、「自衛隊給水車から水を噴射して汚染箇所を洗浄→タイヤをブラシでこする→車両の下に広げたシートに溜まった汚染水をコーナーに集める→ポンプアップし、貯水槽をへてドラム缶に移す」の順で除染を行ったが、洗浄の際に霧状になった水はあたりに飛散していた。

2015年訓練では、のと里山空港（石川県輪島市）の駐車場で車両除染訓練が行われた。手順は2014年の訓練とほぼ同じで、除染は自衛隊守山駐屯地（名古屋市）の第10師団災害派遣部隊の第10特殊武器防護隊が担当して、1台のバスを除染するのに約4分を要した。除染は、車体に向けて放水して窓などをブラシで拭くだけで、ボディの下回りには放水は行われなかった。タイヤをブラシで磨くことは行われなかった。

2016年訓練では、のと里山海道・高松SAで、指定箇所検査（タイヤ、フロントガラスのワイパー部の検査）、確認検査（指定箇所検査で40,000cpm（β線）を超えた場合）、簡易除染（濡らしたウエス―工場の機械の油汚れを拭くのに使う小さな布―で汚染箇所を拭く）が行われた。タイヤのホイルをウエスで拭っていたが、降雨で放射性物質を含む大量の泥がタイヤ周りや車体の下部に付着した場合等、これだけで除染ができるか大いに疑問である。

2017年訓練では、県立看護大学（流水の利用）と、のと里山海道・高松SA（拭き取り）で車両除染訓練が行われた。県立看護大学の車両除染訓練は自衛隊守山駐屯地の第10師団災害派遣部隊の隊員が担当して、汚染が見つかったタイヤ周りなどだけを放水洗浄していた。

原子力規制庁［2015］は「はじめに」で、「OILに基づく防護措置として避難や一時移転を行う場合には、迅速性を損なわないようにする必要があります」と書いている。迅速性を重視するあまり、検査が手抜きになっていることが危惧される。また、「拭き取り」と「流水の利用」のそれぞれで除染が有効に行われているのか、「流水の利用」においては汚染水の貯水・処理をどうするのか、といった問題について実証的な研究を行うことが必要である。

（3）避難してきた住民のスクリーニング・除染

避難してきた住民のスクリーニングと除染は、「受付票に氏名・住所や事故後の行動などを記載する→端窓型GMサーベイメータで体表や衣服の汚染を検査する→汚染が見つかった住民は簡易除染または全身除染を行う→サーベイメータで再度検査を行う」の手順で行う。

スクリーニング・除染訓練会場の見取り図（図6）を次ページに示す。2015年と2016、2017年の訓練では手順の変更に伴って、会場の配置も大きく変わっている。GMサーベイメータによる身体表面の汚染検査には看過できない問題があり、コラム「放射線

第4章　日本の原子力防災対策を検証する

測定器は正しく使われているのか」で詳細に論ずるが、2016、2017年訓練ではその問題は残ったままで、「指定箇所検査→確認検査→簡易除染」という手順の変更で新たな問題が加わった。汚染検査・簡易除染における問題点は、以下の通りである。

・汚染検査の受付を待つ人が椅子にすわっていた。汚染検査を行うまでは、全員が汚染している可能性があると考えるべきである。放射性物質が椅子に付着すればその椅子は汚染され、次に椅子にすわった人に汚染を広げてしまう。椅子はビニールシートで養生してあったが、汚染の拡大防止には全く効果がない

・受付、汚染スクリーニング、問診などの要員の足元に、私物のバッグや資機材を入れてあった箱などが置いてあった。靴底などに付着して持ち込まれた放射性物質がこれらを汚染し、その汚染がさらに拡大する可能性が想定されていない。

・汚染エリアと非汚染エリアの境界は、チェーンスタンド（鎖とスタンド）で区切られただけである。汚染エリアと非汚染エリアを別々のフロアにするか、床まで達するパネルなどで区分を明確にする必要がある。

・タイベック防護服の着用が徹底されていない。

・簡易除染台はポリエチレンろ紙（上層がろ紙、下層が防水層）で覆わなければならない。非密封の放射性物質を扱うのだから、除染した後の液体がこぼれた場合、すぐに

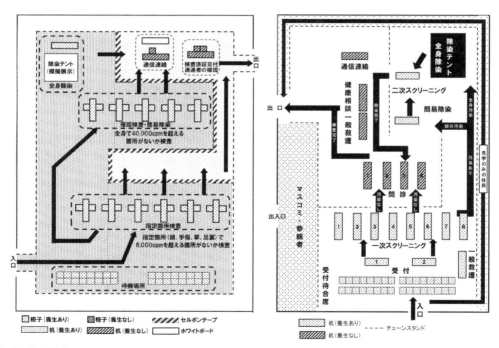

出所：筆者作成

図6　石川県原子力防災訓練での汚染検査・簡易除染訓練会場の見取り図。左は2015年（輪島市空港交流センター）、右は2016、2017年（石川県立看護大学）

吸収してまわりに汚染を広げない対策が不可欠である（ポリエチレンろ紙は、なし（2013年訓練）→半面（14年）→全面（15年）→なし（16年）→全面（17年）と状況が毎年かわっている。申し送りがされていないと思われる）。

（4）志賀原発周辺の屋内退避施設とその放射線防護対策

原子力規制委員会［2016］は「原子力災害発生時の防護措置の考え方」について、「PAZ圏内のような施設の近くの住民は、プルームによる内部被ばくだけではなく、プルームや沈着核種からの高線量の外部被ばくを含めた影響を避けるため、放射性物質が放出される前から予防的に避難することを基本として考えるべきである。ただし、この場合であっても、避難行動に伴う健康影響を勘案して、特に高齢者や傷病者等の要配慮者については、近傍の遮へい効果や気密性が高いコンクリート建屋の中で屋内退避を行うことが有効である。一方で、比較的施設から距離の離れたUPZ圏内においては、吸入による内部被ばくのリスクをできる限り低く抑え、避難行動による危険を避けるためにも、まずは屋内退避をとることを基本とすべきである」と述べている。

石川県［2013b］は屋内退避について、「屋内退避は、避難の指示等が行われるまでや、避難又は一時移転が困難な場合に行うものである。特に、病院や社会福祉施設等においては、搬送に伴うリスクを勘案すると、早急に避難することが適当ではなく、搬送先の受入準備が整うまで、一時的に施設等に屋内退避を続けることが有効な放射線防護措置であることに留意する。この場合は、一般的に遮へい効果や気密性が比較的高いコンクリート建屋への屋内退避が有効である」と説明している。

志賀原発周辺には2018年3月現在、19の屋内退避施設が整備されている（図7）。2016年5月からこれ

出所：筆者作成

図7　石川県内の屋内退避施設　数字は志賀原発からの距離を示す

らの施設の見学と、各自治体の原子力防災担当課へのアンケート調査と聞き取りを行っている。

　屋内退避施設は、既存のコンクリート製の建物に次のような放射線防護対策を行っている。改修費用は1施設あたり約2億円である。

（ア）放射性物質除去フィルター（プレフィルター、HEPAフィルター、活性炭フィルター）を備えた給気装置で防護エリア内を陽圧にし、外部からの放射性物質の侵入を抑える。

（イ）防護エリア内の陽圧を維持するために、窓とドアを高気密性にし、防護エリア出入り口に前室を設置する。防護エリアに入る場合、前室と外部の間の扉を開いて前室に入る→前室と外部の間の扉を閉める→放射線量を測定し、高い場合は除染する→前室と防護エリアの間の扉を開き、防護エリア内に入る、の手順で行う。

（ウ）防護エリア内部と外部の放射線量を測定するために、モニタリングポストを設置。

（エ）上記の防護機能を維持するために、非常用発電装置とその燃料タンクを設置。

（オ）建物の外と放射性物質捕集後のフィルターからの放射線を遮蔽するために、鉛入りカーテンと鉛入りボードを設置。

① 国は施設整備に関する詳細な方針を示していない

　屋内退避施設の見学を行った際にまず気がついたのは、防護エリアの陽圧の設定値や鉛入りカーテンの設置の有無・仕様などが異なっていることである（表4）。

表4　屋内退避施設の陽圧・鉛入りカーテン・トイレの状況

自治体	屋内退避施設	陽圧設定値	鉛入りカーテン	トイレ
志賀町	はまなす園	50Pa	含鉛ビニールレザー	ある
	旧福浦小学校	150Pa	鉛板重層	ない（簡易トイレ）
	富来小学校	150Pa	含鉛ビニールレザー	ある
	町立富来病院	150Pa	含鉛ビニールレザー	ある
	総合武道館	150Pa	鉛板重層	ある
	文化ホール	150Pa	含鉛ビニールレザー	ある
	地域交流センター	150Pa	含鉛ビニールレザー	ある
	富来防災センター	150Pa	含鉛ビニールレザー	ある
	旧下甘田保育所	150Pa	含鉛ビニールレザー	ある
	旧土田小学校	150Pa	含鉛ビニールレザー	ある
	稗造防災センター	150Pa	含鉛ビニールレザー	ある
羽咋市	邑知中学校	100Pa	ない	ある
	公立羽咋病院	150Pa	ない	ある
七尾市	豊川公民館	70Pa	含鉛ビニールレザー	ある
	公立能登総合病院	75Pa	含鉛ビニールレザー	ある
輪島市	旧剱地中学校	75Pa	ない	ある
穴水町	公立穴水総合病院	150Pa	ない	ある
中能登町	ラピア鹿島	75Pa	鉛板重層	ない（簡易トイレ）
宝達志水町	アステラス	150Pa	ない	ある

　　出所：筆者作成

各自治体にその理由を聞いたところ、「国から屋内退避施設をつくるよう指示はあったが、どのようなものをつくるのかという指針があったわけではない」、「放射線防護施設の整備について、国の基準が定まらないのに整備予算が流れてきた。施設を整備したが、これでいいのかと不安だった。陽圧を設定したが、基準があったらもう少しやりやすかった」、「どういう方針でやればいいか、手探りだ。2億円の整備予算がどうだったかというと、まずは金額ありきということではなかったか」などの回答が得られた。これらの回答から、どのような施設を整備するかという詳細な指針がないのに、国は1施設2億円の予算だけを決めて、既存の建物の改修で「作った」という実績だけを自治体に求めたことがわかる。

懇談した防災担当者から、「施設を整備する際に、県に2階だと予め言っていたのに、会計検査院に『なぜ2階だ。要援護者はどうやって上がるのだ』と言われた」、「要望を県を通じて国にあげると、違ったものが返ってくる。トイレや手すり、スロープがあった方がいいと意見をあげたら、まずは陽圧だという回答があった。段差解消のためのスロープは、単費（自治体からの持ち出し）でつけた」という声も聞かれた。

ある学校では、鉛入りカーテンの設置を検討したが、学校は採光のために窓が多くて広いためカーテンの設置数が多くなり、しかも鉛入りで重いカーテンを取り付けるためには壁の補強が必要となるが2億円では到底足りず、設置は断念となった。また、防護エリア内にトイレがない施設についても、「整備予算は限られたものなので、既設の建物を活用するしかない。整備した空間にトイレはないことはわかっているが、作りたくてもその予算では作れない」と説明を聞いた。中途半端な額ではなく、国は実効性のある放射線防護対策等を実施するのに必要な予算を出すべきである。

② 屋内退避施設の収容人数・移送・備蓄の諸問題

屋内退避施設19か所の収容人数を表5（次ページ）に示す。

要支援者は自力で移動するのが困難な人なので、介助者の援助が欠かせない。そのため、これらの施設に屋内退避するためには1人につき少なくとも1人の介助者の同行が必要となる。そうなれば、収容可能な人数に占める要支援者と介助者の割合は1：1に近い数字になるはずである。ところが、ほとんどの施設で要支援者数が介助者数を大きく上回っており、要支援者だけで収容可能人数に達する施設もある。このことを聞いたところ、「要支援者の数をまず入れて、収容可能人数からそれを引いた残りの数が介助者の人数となっている」、「介助者がいっしょに来るのは当然のことで、来たら拒むことはない」とのことだった。

自治体の担当者から、「町全体だともっと多くの人数になる。要支援者の屋内退避施設への退避について、国・県は具体的なエリアを言っていない」との説明もあった。国や県は、地域ごとに屋内退避が必要となる要支援者を受け入れられる施設を整備するべきであ

第4章　日本の原子力防災対策を検証する

る。

　要支援者を屋内退避施設に移送する態勢にも、多くの問題があることが明らかになった。交通手段は、自治体が保有する車両ではまったく足りず、自家用車に頼らざるをえないことで各自治体の認識は共通していた。また、避難行動要支援者名簿（原子力災害だけでなく、地震や台風などの災害でも使う）は整備されていても、「誰が誰を連れていく」までには至っておらず、個人情報の扱いの問題もあっていずれの自治体も悩んでいるという印象であった。

　屋内退避施設には、要支援者と介助者などが3～7日程度滞在するために、長期保存食・水、寝袋・エアマット、衛生品（ウェットタオル、使い捨てのシーツやゴム手袋、紙オムツ等）が備蓄されている。

　備蓄品の予算は国が支出するが、収容する人数にかかわらず1施設300万円である。ある自治体の担当者からは、「300万円で買えるものしか備蓄できない。カロリーバランス食を備蓄している自治体もあるが、1人3日分で1万円ほどかかる。施設の収容可能人数250人でそれを備蓄すると、残りは50万円しかなくなる。とても備蓄できない」と聞いた。収容可能人数が多いから備蓄品が手薄になるなど、あってはならない。必要な備蓄に要する予算を国は出すべきである。

表5　屋内退避施設の収容可能人数と内訳

自治体	屋内退避施設	収容可能人数	要支援者数	介助者数
志賀町	はまなす園	150人	100人	50人
	旧福浦小学校	93人	50人	43人
	富来小学校	150人	100人	50人
	町立富来病院	70人	40人	30人
	総合武道館	130人	80人	50人
	文化ホール	100人	60人	40人
	地域交流センター	174人	120人	54人
	富来防災センター	150人	75人	75人
	旧下甘田保育所	100人	50人	50人
	旧土田小学校	130人	65人	65人
	稗造防災センター	70人	35人	35人
羽咋市	邑知中学校	250人	120人	130人
	公立羽咋病院	16人	10人	6人
七尾市	豊川公民館	109人	105人	
	公立能登総合病院	100人	未　定	未　定
輪島市	旧剱地中学校	120人	50人	10人
穴水町	公立穴水総合病院	130人	100人	30人
中能登町	ラピア鹿島	150人	150人	
宝達志水町	アステラス	110人	55人	55人

　出所：筆者作成

100

5 原子力防災計画を新規制基準の審査対象に

アメリカ・ショーラム原発は 1984 年に完成したものの、事故時の避難計画に実効性がないとして州知事がこれを承認せず、営業運転を行うことなく 1989 年に廃炉が決まった。ところが 2013 年に策定されたわが国の新規制基準には、原子力防災は審査対象に含まれておらず、実効性のある原子力防災対策がないままで原発の運転が可能になっている。

これまでの調査により、国は屋内退避施設の整備についての詳細な指針がないまま予算だけをつけて、施設はつくられたが原子力災害時に有効に機能するとは到底考えられず、そもそも要援護者が施設まで移動できるかさえも疑問である、ということが明らかになった。一方、自治体担当者はいずれも誠実に対応し、現状の態勢は原子力災害に十分に対応できるものにはなっていないこと、国のやり方にはいろいろと言いたいことがあることなどを率直に聞かせてもらえた。ある自治体の担当者が語った「使う機会がなくて、この施設（屋内退避施設）がムダになるのが一番だと考えている」という言葉が、つよく印象に残っている。

国は、原発を稼働させたいというのならば、原子力防災計画を新規制基準の審査対象に組み込んでその実効性を真摯に検証し、屋内退避施設も含めて放射線防護と住民の生命・財産の維持に必要な対策を打ちつくさなくてはならない。それができないのならば、原発の稼働はやめるべきである。

【参考文献】
・青柳長紀［2012］「苛酷事故と原子力防災」、日本科学者会議シンポジウム『巨大地震と原発－福島原発事故が意味するもの』予稿)
・石川県［2007］『平成 19 年能登半島地震災害記録誌』
・石川県［2013a］『平成 24 年道路交通センサス』
・石川県［2013b］『石川県避難計画要綱』8 頁
・石川県［2015］『石川県地域防災計画・原子力防災計画編』（平成 27 年修正)
・一ノ瀬正樹［2013］「放射能問題の被害性—哲学は復興に向けて何を語れるか」『国際哲学研究』別冊1　ポスト福島の哲学、36 頁
・国会事故調査委員会［2012］『東京電力福島原子力発電所事故調査報告書（要約版)』
・原子力安全委員会［2012］「小児甲状腺被ばく調査に関する経緯について」（2012 年 9 月 13 日)
・原子力規制委員会［2016］「原子力災害発生時の防護措置の考え方」（2016 年 3 月 16 日)
・原子力規制庁［2015］『原子力災害時における避難退域時検査及び簡易除染マニュアル』（2015 年 8 月 26 日修正)
・佐藤康雄［2012］『放射能拡散予測システム SPEEDI——なぜ活かされなかったか』東洋書店
・日本原子力研究開発機構［2013］『我が国の新たな原子力防災対策の基本的な考え方について』

第4章　日本の原子力防災対策を検証する

コラム 6

放射線測定器は正しく使われているのか

　原子力防災指針は、原発事故で放射性物質が環境に放出された場合、空間線量率や避難者・車両の表面汚染を測定し、その値によって防護措置を実施する判断を行うとしている。

　防護措置を実施する判断基準が「運用上の介入レベル（OIL）」であり、避難はOIL1、一時移転はOIL2、除染はOIL4が基準になる（原子力規制庁［2015］）。原子力災害対策指針はOILの初期設定値について、OIL1（即時の避難）は500μSv/h、OIL2（一時移転）は20μSv/h、OIL4（体表面スクリーニング・除染を要する）は40000cpm（β線）としている（日本原子力研究開発機構［2013］）。

　実測によって防護措置を判断するには、放射線測定器が正しく使われていなければならない。放射線の性質や放射性物質の挙動、放射線測定器の特性を理解した上で、適切な操作を行わなければ"正しい測定値"は得られない。ところが原子力防災訓練で放射線測定器の取り扱いの様子を毎年見ていると、このことについて大きな疑問を持つ。

　原子力規制庁［2015］にはGMサーベイメータによる表面汚染の検査法が書かれており、参考文献として白川芳幸［2007］があげられている。

　白川芳幸［2007］は「放射線管理の担当者でも必ずしもサーベイメータを十分に使いこなしていないと感ずることがある。一見、簡単な装置に思えるが、その性質を熟知していないと測定は容易ではない」と述べ、サーベイメータの移動速度と時定数を変えて計数率を測定して、「移動速度毎秒100mmの時、応答が小さすぎて熟練者以外では線源の存在を確認することは難しい。実際の汚染は実験に使用した線源より放射能強度（Bq、あるいはBq/cm²）が低く、発見は一層難しいので、この速さを推奨していない」と指摘している。そして、「表面汚染検査をする時には、サーベイメータの時定数を3秒にして、測定面から10mmほど離して、毎秒50mmほどのゆっくりした速さで動かす。指針が通常より振れたと感じた場合には、その場所で時定数を10秒に変えて、サーベイメータを静止させ、20秒から30秒待って指示値を読む」と使用上の留意点を記述している。ちなみに、時定数が長いと、指針はゆっくり動いて指針が最終目盛に到達する時間が長くなる。

　参考文献にしているのだから、原子力規制庁の汚染検査マニュアルは白川芳幸［2007］が述べた使用上の留意点を守っているのだろうと思いきや、そうではないのである。

　原子力規制庁［2015］の「表面汚染検査用の放射線測定器による検査の方法と手順」には、「時定数を3秒に設定」し、「検

査対象の表面と検出部の距離を数cm以内に保ちながら、毎秒約10cmの速度でプローブを移動させます」と書かれている。参考文献が「推奨しない」と明確に述べている方法を、汚染検査法としているのである。白川芳幸［2007］が「最大値は線源直上ではなく線源を通過後の位置で現れることも知っておいてほしい。この傾向は時定数が大きいほど顕著になる。移動速度毎秒100mmの時、応答が小さすぎて熟練者以外では線源の存在を確認することは難しい」と注意していることも、原子力規制庁［2015］は無視している。

白川芳幸［2007］の実験ではサーベイメータ受感面と線源の距離を10mm（1cm）としているが、原子力規制庁［2015］は距離を「数cm以内」としているため、最大応答値はさらに低くなる。1cmでも「応答が小さすぎて熟練者以外では線源の存在を確認することは難しい」のに、数cmに離したら線源の存在を確認することはいっそう困難になる。

表面汚染検査法には他にもいろいろと問題がある。原子力規制庁［2015］には、表面汚染検査にあたってGMサーベイメータのモニタスピーカー音をOFFにすると書かれている。

GMサーベイメータは、指示計の指針や数値をいちいち見なくてもいい設計になっている。GMサーベイメータにはモニタスピーカーが付いていて、β（γ）線を検出

するたびにスピーカーからクリック音が出る。そのため計数の増減を音で感知しながら、放射性物質がある場所を捜すことができる。

原子力防災訓練で汚染検査の様子を見ると、サーベイメータのスピーカー音を消しているので指示計をいちいち見て確認しなければならず、そのたびにサーベイメータ受感面と身体表面の距離が離れたり、移動速度が変わってしまっていた。原発の事故の際も、「住民感情に配慮して」スピーカー音はOFFにすると説明を聞いたが、本末転倒である。迅速かつ正確に表面汚染検査を行うことが最重要であって、そのためにスピーカー音をONにして測定する必要がある。

原子力規制庁は、白川芳幸［2007］の「一見、簡単な装置に思えるが、その性質を熟知していないと測定は容易ではない」という指摘を、真摯に受け止めるべきである。

（児玉一八）

【参考文献】
・原子力規制庁［2015］『原子力災害時における避難退域時検査及び簡易除染マニュアル』（2015年8月26日修正）
・白川芳幸［2007］「サーベイメータの適切な使用のための応答実験」Isotope News 2007年3月
・日本原子力研究開発機構［2013］『我が国の新たな原子力防災対策の基本的な考え方について』

第4章　日本の原子力防災対策を検証する

コラム 7

原発とM7以上の地震地図

　図の世界地図は、1900年以降にマグニチュード7以上の地震が発生した場所と世界各国の原子力発電所（原発）の場所とを円にして重ね合わせたものである。

　ヨーロッパには原発がたくさん集中しているが、ほとんどが地震のない地域にある。また、世界で最も多くの原発のある米国は、そのほとんどを地震のない東部に設置している。地震の多いアラスカには、原発がひとつもない。地震の円と重なっているのは西海岸で、ここには南からサンオノフレ（San Onofre）原発とディアブロキャニオン（Diablo Canyon）原発がある。その北にあるランチョセコ（Rancho Seco）原発とハンボルトベイ（Humboldt Bay）原発はそれぞれ1989年と1976年に運転停止となっている。

　アジアで地震の円と重なっているのは台湾と日本である。台湾では2016年に原発ゼロを公約に就任した蔡英文政権が、2025年までに全原発の停止を行政院（内閣）で決定している。地震の円で日本列島の形が見えない日本はどうするのか。日本には、福島第一原発事故の起こる前には54基の原発があった。地震の円と原発とがこれほど重なっている国は、他にはない。日本の陸地面積は地球の陸地面積のわずか0.3％に過ぎない。それにも拘わらず世界の地震の10％がここに集中しているのだ。

（野口邦和）

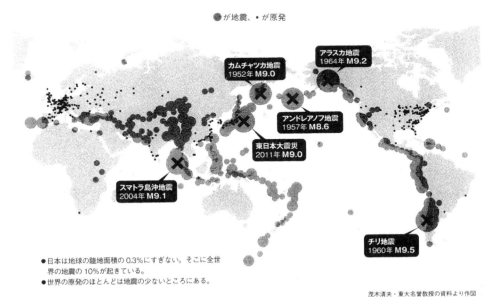

（野口邦和監修『原発・放射能図解データ』（大月書店、2011年8月8日発行）より転載）
図　世界各国の原発とM7以上の地震地図

―― 第**5**章 ――

原発差止訴訟の論点〈1〉

柴崎　暁

1 本稿の対象

　本稿では、問題を民事の差止本案訴訟に問題を絞り、福島第一原発事故を挟んで下された、ふたつの住民側勝訴判決である、志賀原発訴訟第 1 審判決（金沢地判平成 18・3・24 判時 1930 号 25 頁。以下「志賀 1 審」）〈2〉〈3〉および大飯原発 3・4 号機運転差止請求事件判決（福井地判平成 26・5・21 判時 2228 号 72 頁。以下「大飯判決」）〈4〉に着目して、その議論の状況を整理する。特に両判決は、いわゆる「伊方枠組み」に対照的な態度を採っていることが注目されている。

〈1〉 文献（著者名アルファベット順、誌名のみで論文題名を省略した雑誌論説は判例批評）：安西明子「事前差し止めにおける当事者の立証責任と裁判所の審査方法」判タ 1062 号 223 頁（2002 年）、淡路剛久・環境権の法理と裁判（有斐閣、1980 年）、浜島裕美・環境法判例百選 2 版 212 頁（2011 年）、橋本博之・ジュリ平成 6 年重判 40 頁（1995 年）、井戸謙一・[法時] 86 巻 9 号 1 頁（2014 年）、井戸謙一＝新藤宗幸「福島第一原発事故と原発運転差し止め訴訟」[都市] 問題 105 巻 12 号 35 頁（2015 年）、井戸謙一「原発関連訴訟の到達点と課題」[環境] と公害 46 巻 2 号 3 頁（2016 年）、今村隆・自治研 88 巻 1 号 133 頁（2012 年）、石橋克彦「原発規制基準は『世界で最も厳しい水準』の虚構」科学 84 巻 8 号 869 頁以下（2014 年）、伊藤滋夫編・民事要件事実講座第 1 巻（2005 年、青林書院）、伊東良徳「原発設置許可取消・差止訴訟の現状と課題」自由と正義 2012 年 7 月号 16 頁、岩淵正明「原発民事差止訴訟の判断枠組みのあり方」環境と公害 46 巻 2 号 12 頁（2016 年）、海渡雄一・原発訴訟 [岩波新書][2011] 年、海渡雄一＝河合弘之＝船山泰範＝古川元晴「司法は生きていた」[世界] 858 号 45 頁（2014 年）、海渡雄一「大飯原発差止福井地裁判決と 3・11 後の司法のあり方」[科学] 84 巻 8 号 869 頁（2014 年）、海渡雄一「動かしようのない事実と確実な法的価値判断」[法と] 民主主義 491 号 50 頁（2014 年）、笠原一浩・法セミ 719 号 36 頁（2015 年）、河合弘之・原発訴訟が日本を変える（集英社新書、[2015] 年）、河合弘之「原発訴訟に弁護士として取り組む」自由と正義 2012 年 7 月号 13 頁、河合弘矩・判評 127 号 184 頁（1978 年）、清野幾久子「大規模災害と生命・生存・健康」公法研究 76 号 184-199 頁（2014 年）、交告尚史「原発訴訟と要件事実」伊藤滋夫編・環境法の要件事実 [法科大学院要件事実教育研究所報 7]（日本評論社、2009 年）、松村弓彦「予防原則」新美育文＝松村弓彦＝大塚直編・環境法体系（2012 年、商事法務）、宮本憲一「予防原則から再開阻止を」環境と公害 44 巻 1 号 15-17 頁（2014 年）、根本尚徳・差止請求権の理論（2011 年、有斐閣）、日本科学者会議＝日本環境学会・予防原則・リスク論に関する研究 - 環境・安全社会に向けて（2013 年、本の泉社）、西村淑子・ひろば 2006 年 9 月号 74 頁、大塚直「生活妨害の差止に関する基礎的考察（8・完）」[法協] 107 巻 4 号 581 頁（1990 年）、大塚直・[法教] 410 号 84 頁（2014 年）、

第5章　原発差止訴訟の論点

下山憲治・リスク行政の法的構造（[2007] 年、敬文堂）、下山憲治「環境リスク管理と自然科学」[公法]研究 73 号 208 頁（2011 年）、須加憲子「高度な危険性を有する研究施設による『不安感・恐怖感』と『平穏生活権』について」[早法] 71 巻 1 号 186 頁（1996 年）、須加憲子・法セミ 51 巻 7 号 46 頁（2006年）、高木光「判批」自治研究 61 号 128 頁（1985 年）、田山輝明・物権法（2012 年、成文堂）、坪田康男・公害弁連ニュース 177 号 3 頁（2014 年）、植田和弘＝大塚直監修＝損保ジャパン編・環境リスク管理と予防原則（有斐閣、2010 年）。

〈2〉 志賀 1 審につき西村 74 頁、浜島 212-213 頁、今村 133-143 頁等。北陸電力（Y）が、増設許可を得て建設着工し平成 18 年 3 月に営業運転を開始しようとしていた志賀原発 2 号炉（ABWR）の建設・運転の差止を求めた本案訴訟。原告は 16 都府県の住民 189 名（X）。当該原発の平常運転時又は異常事象時に環境中に放出される放射線・放射性物質に被曝することで自己の生命・身体等に回復し難い重大な被害を受けるとし、人格権又は環境権の侵害を予防するため本訴に及んだ。X 側は、伊方枠組みに沿って、応力腐食割れや ABWR に特有の異常事象による一般事故の危険のほか、地震・耐震設計の不備が認められ、異常事象による過酷事故が発生する危険が存することを指摘した。請求全部認容（控訴審で原判決取消）。判決は、一般事故の危険性については論旨を採用しなかったが、地震による過酷事故について具体的危険性が立証され、Y が反論できなかったものとした。Y が用いる基準地震動の想定手法である松田式は、観察された断層のみに依存したもので、地震の規模を過小評価する危険があり、S2 は Y が予想したような M6.5 ではなく、起こり得ないとほぼ確実にいえるプレート内地震は M7.2-7.3 である。複数の断層が活動して生じる地震については「断層帯として」評価（最大速度振幅は 22.9 カイン）すべきところ、この知見を無視した評価方法が採られていて、5.8-13.5 カインと想定されている等適切でなく、原告は「住民が許容限度を超える放射線を被ばくする具体的可能性があることを相当程度立証した」ものであり、被曝による人格権侵害の具体的危険は、受忍限度を超えている、と判断して差止の必要性を認めた。

〈3〉 志賀 1 審は控訴審で原判決破棄となったものの、1973 年伊方原発訴訟の提起を以てその起点とする日本の原発訴訟史の中で、高速増殖炉もんじゅ設置許可処分無効確認請求控訴審判決（名古屋高金沢支判平成 15・1・27 判時 1818 号 3 頁）に次ぐ、住民側二度目のかつ福島第一原発事故前の最後の勝訴判決として知られる。海渡雄一によれば、最近の傾向として、原発建設または運転の差止・行政処分取消訴訟において、主文の判断では敗訴が続いていても、理由において原告側の主張を一切無視するのではなく、双方の見解を検討した経緯を示し、後の住民勝利判決に道を開くような法的判断さえ垣間見られ、志賀 1 審は、この方向転換を示唆する判決であった。海渡 [2011] 21 頁。

〈4〉 全国 189 名の住民（X ら）が原告となり、人格権ないし環境権に基づき関西電力（Y）の大飯原発 3・4 号機の運転差止を求めた事例。166 名部分の請求を認容した。X らは、大飯原発敷地周辺には設置変更許可申請時に存在していないはずの断層・破砕帯の存在が 2012 年のストレステストで確認された事実を指摘。新規制基準は基準地震動 Ss を定めこれを前提に重要施設の安全機能の保持をなしうる耐震設計をすべきものとなり、Ss に係る地盤振動の最大加速度は 700 ガルとされた。Y は、規制基準改定に併せ再稼働申請のため、耐震裕度を設定し、炉心燃料の地震に係るクリフエッジを 1260 ガルとし、高さ 11.4m の津波が同時に発生しても炉心燃料の損傷に至らないとした。しかし、X らは、日本の原発に Ss 以上の地震が及んだ事例が存在する事実を挙げ、Y がこのまま本件原発を運転すれば、Ss を超える地震により重要施設の機能が喪失され、冷却機能が失われて放射性物質の大量放出を引き起こし、これによって広範囲に国民の人格権が損なわれる虞があるものとした。裁判所は「かような危険を抽象的にでもはらむ経済活動は、その存在自体が憲法上容認できないというのが極論にすぎるとしても，少なくともかような事態を招く具体的危険性が万が一でもあれば，その差止めが認められるのは当然である」とし、「本件原発には地震の際の冷やすという機能と閉じこめるという構造において…欠陥がある」「大飯原発には 1260 ガルを超える地震は来ないとの確実な科学的根拠に基づく想定は本来的に不可能で」、1260 ガル超えの地震が到来すれば「打つべき有効な手段がほとんどないことは Y において自認している」とし、700 ～ 1260 ガルの地震が到来した場合のイベントツリーに記載の対策には実効性がない（事故進行中は損傷を確認することができず、人員の退避も必要になることなどを指摘）。そもそも Ss 自体が信頼性がない。Ss を超える地震が大飯原発に到来しないというのは「根拠のない楽観的見通し」で、Ss に満たない地震によっても冷却機能喪失重大事故が生じ得る。「そこでの危険は、万が一の危険という領域をはるかに超える現実的で切迫した危険と評価できる」。使用済み燃料プールが危機的状況に陥る危険性も指摘し、「本件原発に係る安全技術及び設備は，万全ではないのではないかという疑いが残るというにとどまらず，むしろ，確たる根拠のない楽観的な見通しのもとに初めて成り立ち得る脆弱なものであると認めざるを得ない」と断じている。

106

2 　民事差止請求における論点の推移

　福島第一事故以前の電力会社を被告とした原発の建設・運転の民事差止請求事件は5件が知られ [5]、これらの事案の争点の推移 [6] をみると、伝熱管破断の危険性（高浜）→原子炉施設の安全性・必要性全般（女川・志賀）→日常運転に伴う危険および放射性廃棄物の処理方法に伴う危険等（泊）が争われ、最後に、原子炉施設設計における立地条件・平常運転時における被曝低減・事故防止・公衆との隔離に係る安全対策・運転段階における安全確保対策等多岐に亘る問題（もんじゅ）が争点とされるに至った。いずれの事案も最後は、原子炉施設の建設・運転によって周辺住民の生命身体が侵害される危険はないとして差止が斥けられてきた。他方、本稿で比較する二判決では、地震による過酷事故発生の具体的危険性の立証が中心的な論点になった。

〈5〉関西電力高浜発電所二号機運転差止請求事件（大阪地判平成5・12・24判時1480号17頁）、東北電力女川原発建設工事差止請求事件（仙台地判平成6・1・31判時1482号3頁（第一審）、仙台高判平成11・3・31判時1680号46頁（控訴審））、志賀原発建設差止訴訟（第1審典拠は前掲。名古屋高金沢支判平成10・9・9判時1656号37頁（控訴審））、泊原発建設・操業差止事件（札幌地判平成11・2・22判時1727号77頁）、もんじゅ建設・運転差止請求事件（福井地判平成12・3・22判時1727号77頁）。
〈6〉西村77頁。

3 　差止請求において立証すべき事実

　ところで、二判決は、差止の実体的理由として人格権を掲げた事件であった [7]。法令上差止請求権の明文規定がある場合や、侵害された権利の種類が物権である場合比較的差止を得やすい [8] と思われるが、物権と同等またはそれ以上の保護があって然るべき人格権訴訟でも、差止請求となると①「権利とその侵害とを立証でき」ても直ちに認められるわけではなく、②「**受忍限度を超える侵害**」のみが差止の対象となり [9]、仮令受忍限度を超えた侵害を立証しても、損害の発生が未必的である場合には、さらに③「**差止の必要性が立証でき**」て差止が認められる [10]。志賀1審では、②までが認定され、次なる考慮事由として③差止の必要性＝「具体的危険性」発生の蓋然性 [11] の立証が求められ、ここで、「原子炉運転差止により日本国内のエネルギー供給の見通しに影響を与えかねないこと」と、過酷事故に伴う住民被害の内容・規模とを比較衡量 [12] し、後者の危険の方がより深刻であるとして差止を認容した。これに対して大飯判決では、人格権の根幹部分に対する侵害がある場合には、「万が一」の「具体的危険」があるだけで「差止の必要性」要

第5章　原発差止訴訟の論点

件が満たされるものとし⁽¹³⁾、この場合には、事故予防のコストや差止により生じる財産的利益の喪失との比較衡量そのものが拒否されることを示した⁽¹⁴⁾。このような構造は他の分野の人格権による差止請求の場合にも基本的には妥当するが、原発訴訟においては、行政庁の審査が存在し、これが安全性を担保するはずであるから、一般の民事差止と異なる。そこで原発訴訟に特殊な判断枠組みを確立したのが最判平成4年の伊方判決であった。

〈7〉志賀1審判決では、原告らの「人が健康で快適な生活を維持するために必要な良き環境を享受し、かつ、これを支配し得る権利」としての環境権の主張は斥けられている（西村78頁）。ちなみに近時では、廃棄物処理場の設置の差止に関して仙台地判平成4・2・28判時1429号109頁、大分地判平成7・2・20判時1534号104頁等が、平穏生活権侵害の高度の蓋然性を条件として予防的差止を認容し、最判平成18・3・30判タ1209号87頁（国立景観訴訟）は環境権を認め法令違反等社会的に許容できない侵害行為を違法とするものであるが、本稿の主題との関連付けについては他日を期したい。人格権が他の基本権と抵触する場合、人格権は、憲法上は幸福追求権（憲13）・生存権（憲25）として尊重され（清野192頁）、他方被告らの「原子力発電所の稼動は法的には電気を生み出すための一手段たる経済活動の自由（憲法22 I）に属するもの〔営業的商行為（商502 ③）…引用者〕であって，憲法上は人格権の中核部分よりも劣位に置かれるべきものである」（大飯判決理由）。

〈8〉妨害排除請求権は、妨害状態の発生が侵害者に帰責すべきものであるかどうか問わず行使される。しかし、妨害予防請求権については、侵害の発生の危険性が高度である場合に限られる。田山26-28頁。

〈9〉人格権の侵害に対する予防請求が差止請求の形式で認められるためには、最判平成7・7・7民集49巻7号1870頁（国道43号線訴訟）によれば、その侵害ないし侵害の具体的危険が「受忍限度を超えて違法であること」を要件としている。志賀1審でもこの要件が要求され、「想定を超える地震に起因する事故によって許容限度を超える放射性物質が放出された場合、周辺住民の人格権侵害の具体的危険は、受忍限度を超えている」とされた。

〈10〉特に「権利的構成」「不法行為構成」について検討する根本23頁以下。

〈11〉「生命を守り生活を維持するという根幹部分に対する具体的侵害のおそれ」があること。淡路62頁以下、大塚［法教］86頁、大塚［法協］581頁。なお、大飯判決判旨は、多数人の人格権を同時に侵害する性質を有するときには差止の要請が一層強く働くとする。公共性と対抗する権利利益として、「潜在的な被害者が侵害を受ける人格的権利・利益も考慮すべきである」としてきたことと軌を一にする（大塚［法教］同所。本件が「過失」ではなく事故の「危険性」を争うものであることを留保しつつ、熊本水俣病第1次訴訟判決（熊本地判昭和48・3・20判時696号15頁）の判断に類似しているという）。

〈12〉志賀1審は、本件原子炉が差止められても、電力需要が伸び悩む中、少なくとも短期的には、電力供給にとって特段の支障になるとは認めがたいとし、他方これと衡量すべき、地震により生じる事故で予想される本件原発周辺住民が受ける被害の内容や規模は著しく深刻で、結論として当該施設の耐震設計が相当と評価し得る対策を講じたものとは認めがたいと判断した。同じ比較衡量の枠組みを採用した判決であっても、高浜原発差止訴訟第1審判決（大阪地判平成5・12・24判時1480号17頁）は、いかなる「侵害の危険に晒されている」かは、「事柄の性質上将来の予測に基づかざるを得ないものがあるので、広汎にわたり易く、差止を受ける側の権利を阻害するおそれもある」から、被害の危機が切迫していて・回復しがたい重大な損害の発生が明白であり・その損害が相手方の不利益より大きく・差止以外に代替手段がないことを要求していた。

〈13〉大飯判決はいわゆるゼロリスク論に立ったものではないとはいえ、大塚［法教］は、定量的基準への言及がない点で賛同を留保している（仙台地判平成6・1・31判時1482号3頁（女川原発工事差止請求事件）は、「具体的危険性」にあたるものとは、「災害発生の危険性」が「社会観念上無視し得る程度に小さいものに保」てないこと、としてきたといわれ、志賀1審でさえこのことを前提にしていたというのである）。「原子力規制委員会で合意された原子炉の安全目標は、事故時の137Csの放出量が100TBqを超えるような事故の発生頻度は100万年炉に1回程度を超えないように抑制される［べし］としたが、この目標を達成しても本判決の「具体的危険性」が「万が一でもある」とされるのか…検討が必要であった」（同評釈）とい

う。環境法の裁判例では、事業者などにおいて「災害発生の危険性が〔このような安全目標を下回るように
つとめ〕社会観念上無視し得る程度に小さいものに保つことができないこと」を立証しなければならないと
されてきたからである。

〈14〉ところで、大塚〔法教〕は、大飯判決の「万が一の具体的危険」論を評し、それを正当化するために自
動車の運行による事故の危険と比較する。両者の相違点として、事故に関する社会的合意の存否・事故の頻
度・制度化された賠償措置・リスクの地域的遍在・受益者と被害者の乖離に基づく不公平等が挙げられ、と
りわけ回復が長期にわたり・社会や国家に与える影響が大きい点が重要であるとしている。思うに、原発
の苛酷事故は一度限りでも広範囲に国土に長期的な被害をもたらす。人格権の侵害が生じるオーダーが 10^5
（福島事故における避難生活中の住民数は 16 万人）〜 10^7（事故直後内閣官房が計画した避難計画の想定対
象者が 3000 万人であった）人単位に及ぶ。海洋汚染は海洋食料資源の長期的利用不能を齎し、汚染地域に
おける小児甲状腺癌の罹患率は 2014 年末までの 37 万人調査で全国平均の 20 〜 50 倍に及ぶ。自動車事故
がどれほど大規模に発生しても、これだけの大規模かつ自力での防御が不能な人格権侵害に達することはな
いであろう。自動車事故の回避には様々な方法があり、国民一般は自らの選択に応じてその危険の多寡を制
御し、ある程度自力で防御することができるが、原発事故は個人の努力では被害を回避できない性格を持っ
ており、そもそも原発事故と自動車事故とを同じ衡量の平面に置く議論自体が困難であることが解る。

4 　伊方枠組み①

　住民が原子炉設置許可の取消や無効確認を求める行政訴訟では、専門技術的裁量とさ
れる原子炉の安全性に関する行政庁の判断の適法性が争点となってきた[15]。特に、四電
伊方原発設置許可処分取消訴訟の最判平成 4・10・29 民集 46 巻 1174 頁は、この類型
の訴訟での判断枠組みを確立したものとして知られる。判旨は「裁判所の審理・判断は、
〔規制当局（当時は原子力委員会・原子炉安全専門委員会）〕の専門技術的な調査審議及び
判断を基にしてされた被告行政庁の判断に不合理な点があるか否かという観点から行われ
るべきであって、<u>現在の科学技術水準に照らし、右調査審議において用いられた**具体的審
査基準**に不合理な点があり、あるいは当該原子炉施設が右の具体的審査基準に適合すると
した〔規制当局〕の**調査審議及び判断の過程**に看過しがたい過誤、欠陥があり、被告行政
庁の判断がこれに依拠してされたと認められる場合には…右判断に不合理な点があるもの
として、右判断に基づく原子炉設置許可処分は違法と解するべきである」と述べ、司法審
査の対象は、原子炉施設の設置許可段階で安全審査の対象とされる原子炉施設の基本設計
の安全性に係る事項に限られる</u>とした[16]。そこで、民事差止訴訟でも、行政庁による設
置変更許可を前提に行われる原子炉運転のような業務については、「<u>専門技術的な調査審
議及び判断を基にしてされた被告行政庁の判断</u>」が存する以上、これを援用することで、
被告は「安全性に欠ける点のないことについて相当の」立証を可能とするものの、そのこ
とだけでは当該行為のいかなる違法性をも阻却されるわけではないから、今度は原告にお
いて「<u>許容限度を超える放射線被ばくの具体的危険</u>」を立証できれば差止が認められると
いう考え方が採られるに至った。志賀 1 審は、この枠組みを適用しつつも、司法が専門
技術裁量論の尊重を理由に立入ることを躊躇ってきた「具体的危険」部分への判断に踏み

第 5 章　原発差止訴訟の論点

込んだ点で新しかった[17]（このためか本判決の直後、国は急遽指針を改定している[18]）。

〈15〉著名事件だけでも、福島第二設置許可取消（最判平成 4・10・29 判時 1441 号 50 頁）、もんじゅ設置
　　許可取消（原告適格に関する判断として最判平成 4・9・22 判時 1437 号 29 頁、実体部分につき原告勝訴
　　の無効確認判決として名古屋高判金沢支平成 15・1・27 判時 1818 号 3 頁、その上告審、原審破棄判決と
　　して最判平成 17・5・30 民集 59 巻 4 号 671 頁）、東海第二設置許可取消（水戸地判昭和 60・6・25 判時
　　1164 号 3 頁（第一審）、東京高判平成 13・7・4 判時 1754 号 35 頁（控訴審））、柏崎刈羽設置許可訴訟
　　（新潟地判平成 6・3・24 判時 1489 号 19 頁）が知られる。
〈16〉行政法学説には、司法審査では規制当局の審査基準に準拠して現実に適用されている設置基準の安全設
　　計等が適切であるかを審査すべきであるとの考え方も示されている（高木 128 頁）が、交告 132 頁は、か
　　かる学説を「安全性に関して原告が主張しうる事由を基準によって示された基本的な枠組みの範囲に限定し
　　ようという意図がみられる」と断じる。これと軌を一にして原発訴訟を狭隘な枠に押し込めようとする「基
　　本設計論」と呼ばれる原子力事業者側が持ち出す論法があるが、これにも実定法上の根拠はない。行政に拠
　　る科学的知識の取込みが不十分であるときには、裁判所が行政の判断を違法としなければならない。大飯判
　　決では、「原子炉施設にあっては、発電のための核分裂に使用する施設だけが基本設計に当たるとは考え難
　　い」とし、使用済み燃料ピットの冷却設備もまた基本設計の安全性に関わる重要な施設として安全性審査の
　　対象となる、としている。
〈17〉行政事件ではとりわけ安全審査に対する考え方として、「専門技術裁量論」があり、これによれば、司
　　法は行政の判断を手続的見地から審査することはできるが、実体的な判断を専門的な見地から審査するのは
　　行政庁で、司法は特に不合理な面がなければこれを以て自らの判断としなければならないというものであ
　　る。民事差止訴訟でもこの考え方が援用され、裁判所は当事者の裁量をふまえ「特に不合理」でなければ差
　　止を認められないことになる。しかし、これに対する批判として、知識の偏在ならば先端医療や他の公害の
　　場合にもあてはまるので、行政の裁量に不合理な点があるかどうかだけを審査するのではなく、実質的な内
　　容を審査する方法が採られるべきだと示唆する見解があった（須加［法セミ］48 頁、須加［早法］180 頁、
　　橋本 40 頁。反対説、安西 223 頁、河野 184 頁）。裁判官の負担軽減が必要なら、鑑定の制度を利用すべき
　　である。志賀 1 審は、設置許可がなされているからと言って安全設計に妥当性が欠けることがないと即断す
　　べきではないとし、従来専門技術的裁量とされてきた問題に立ち入るばかりか、事業者が立地審査指針に適
　　合的でありさえすれば設置・運転に違法はないという解釈を捨て、立地審査指針自体が不合理であれば、事
　　業者を被告とする差止も認められるという枠組みを明示した（これが後に大飯判決における伊方枠組みの放
　　棄につながってゆく）。国会事故調では、原子力安全委員自身が、殊更に敷地境界で被害が出ない結果とな
　　る様な事故を仮想し「相当強引な計算で甘々の評価をしていた」（2012 年 2 月 15 日、第 4 回委員会参考
　　人質疑）と認めており、「安全審査に用いられた具体的審査基準が不合理であることはすでに明白」との指
　　摘がある（伊東 22 頁）。
〈18〉海渡［2011］52-53 頁。原子力安全委員会耐震指針検討分科会は、2006 年 4 月 28 日に、直下地震の
　　想定を従来の M6.5 から M6.8-6.9 程度に拡大する「新指針案」をまとめた（西村 79 頁）。最終審で敗訴し
　　ても、政策形成指向型訴訟の成果は果たされたのである。

5　伊方枠組み②

　最判平成 4 年は、問題を上記のように基本設計に限定した上で、立証責任（ある事実
が立証できなかった場合に、これを要件事実とする法律効果の発生が認められないという
不利益[19]）の転換を確認するという二つ目の重要な判断を示した。「<u>被告行政庁がした
〔設置許可の〕右判断に不合理な点があることの主張、立証責任は、本来原告が負うべき
ものと解されるが、当該原子炉施設の安全審査に関する資料をすべて被告行政庁の側が保</u>

持していること等の点を考慮すると、被告行政庁の側において、まず、その依拠した前記の具体的審査基準並びに調査審議及び判断の過程等、被告行政庁の判断に不合理な点のないことを相当の根拠、資料に基づき主張、立証する必要があり、被告行政庁が右主張、立証を尽くさない場合には、被告行政庁がした右判断に不合理な点があることが事実上推認される」。

〈19〉 伊藤 113-116 頁〔永石一郎〕。「修正法律要件分類説」が通説ともいわれるが、ここで詳細は省く。

6 （承前）

このような行政処分取消訴訟であっても、民事差止であっても、同じく原発の運転がもたらす危害＝一定以上の蓋然性を以て生じ得る権利侵害が請求原因の中核をなす事実であって、ある部分までは共通した考察が可能であることから、この判断枠組みは原発民事差止事件に広く採用されることとなり、志賀1審でも適用された[20][21]。原告はこれに先立ち争点を絞り込んで指摘する責任があり[22]、少なくとも入手し得る資料から考えられる問題点を指摘しなければならない[23]。被告は争点に対する応答をすれば足りると思われるものの、事実上、原発訴訟においては、原告がいくつか争点を指摘すると、被告側は多重防護に関する自己の判断枠組みの全体を説明せざるを得なくなる[24]。

〈20〉 その例として仙台地判平成6年前掲女川判決とその控訴審、金沢地判平成6・8・25判タ872号95頁、前掲志賀控訴審、福井地判平成12・3・22判時1727号33頁等が言及されている。

〈21〉 なお、志賀控訴審判決では住民側敗訴となったが。控訴審の立証責任観は、第1審と真逆であった（伊方方式さえ認めなかったのである）。まず電力会社側で安全性に欠ける点のないことについて相当の根拠及び資料に基づいて主張立証する必要があるが、これが尽くされた場合は、次に住民側が、本件原子炉に安全性に欠ける点があり、住民の生命身体健康が現に侵害されまたはその具体的危険があることについて主張立証を行わなければならないとした（伊東20頁）。第1審が平成4年判決に倣い、安全設計及び安全管理に関する資料は事業者側にあるとの理由で公平の見地から配分した立証責任を、逆に解したこの控訴審の論法は合理的に説明することが不可能である。法社会学的な分析を紹介すれば、前出伊東弁護士に拠れば、原発訴訟における立証の実態は住民側が勝利しているようにしか見えないところを無理やり敗訴させようとするから、裁判官は「立証が尽くされていない」という理由を援用したがるという。同弁護士は東海第二原発（行政処分取消訴訟）控訴審を担当した際、ボイド減少による暴走事故を想定して検討を重ねた。日本の原子炉はチェルノブイリとは逆にボイド減少において出力が上昇する。これに拠る暴走事故はないのかと主張し、自ら表計算ソフトを使い準備書面に計算過程を示して説明し誰でも検証できるようにしていたが、国側は反論すらできず、法廷で裁判長から「なぜ反論しないのか」と釈明が繰り返された（伊東16頁）。同弁護士は「規制当局の技術知識のレベルの浅さを感じざるを得なかった」。脆性破壊の問題についても同様の惨状であった。この経験から、同弁護士はいう。「商業用原発が完成されたあるいは高度な技術だとか、規制当局に技術的なチェック能力があるとかうことは…幻想としか思えない。…こういったことが原発訴訟で明らかにされるにつれ、住民側の敗訴を言い渡す判決は自信なげになり立証責任論への逃げ込みの度合いを強めていった」（伊東17頁）。

〈22〉交告 131 頁。争点の絞り込みかたには様々ありうるが、平常運転時の放出と事故時の放出に大別されよう。平常運転時の問題については、法令上の放射線排出の基準 1mSv および ALARA（合理的に達成可能な限り低く）の原則を具体化した線量目標 0.05mSv の妥当性自体が争点とされる。緊急時の放出については、「事故時の 137Cs の放出量が 100TBq を超えるような事故の発生頻度は 100 万年炉に 1 回程度を超えないこと」との安全目標がある。ただ、現状では、定量的確率的安全目標を充足するかどうかが常に争点であるかような枠組みは採用できない。前記のように基準地震動を超える地震の発生確率が科学的に認識不能である以上、定量的安全目標論が意味をなさないからである。

〈23〉ただし、このことは、争点設定にかかわる問題であって、要件事実論の問題ではない。交告 135 頁。

〈24〉交告 128-129 頁。

7　大飯判決による「枠組み」の転換 ·······················

　このような枠組みの下でもなお、被告電力会社・国側は常に、過去の日本国内の異常事象は過酷事故とは無関係な性格のもので、TMI およびチェルノブイリの事故事例は、原子炉の型式・仕様、安全設計・安全管理（基本設計）を異にする日本の原発においては参考とならない、と主張してきたため、住民側は苦戦を強いられてきた。ところが、福島事故はこの前提を一変させた。それは予想を超えた世界最悪の過酷事故であった〈25〉。この事実の重みは、原発訴訟の最大の争点である具体的危険の蓋然性が低いとの前提を大きく転覆するものであった〈26〉。現在も数件の原発運転差止訴訟をはじめ原発関連訴訟が、全国の裁判所で係属中であるが、福島事故以降、かかる前提が大きく変更された〈27〉ことの結果、原発関連訴訟の判断枠組み自体にも大きな修正が生じることが予期されていた。確かに、福島事故後の原発関連訴訟〈28〉は、大きく流れを変えている。大飯判決は、主文に仮執行宣言が付かなかった〈29〉という問題は残したものの、採用した解決自体は認容判決であった〈30〉というだけでなく、志賀 1 審でも踏襲されていたいわゆる「伊方枠組み」の立証責任に関する考え方をも大きく離れようとした〈31〉。

〈25〉過酷事故対策として整備されていた非常用電源も IC も期待通りに作動せず、3 機もの運転中の原子炉で燃料溶融を生じ、水素爆発による放射性物質の大量放出を引起こし東日本全域を核汚染して国民生活に打撃を与え、大量の汚染水が継続的に海洋を汚染して現在もその収束はほど遠く、核燃料デブリの行方さえ確認できず、その撤去・処理方法の開発すらできていない。過去にも世界では深刻な核汚染が繰返されてきたが、福島第一事故は、狭小国家の人口密集地の間近で発生した大量放出（集団積算線量で比較すれば世界最悪）である点に特徴がある。

〈26〉これとともに、日本の原発の安全設計は、IAEA が要求する「深層防護」の考え方とは異質なもの（事故後に整備された新規制基準でさえ、施設外での緊急対応による公衆被ばくの回避を意味する第 5 層を「始めから放棄し」--- 石橋 873 頁 ---「3.5 層」しか採られていない）で、地震国でありながらそのことを却って無視するような安全審査が行われてきていて、過酷事故を前提にした社会的な危機管理体制が構築されておらず、異常事象の発生における広域住民避難の訓練も、安定ヨウ素剤の事前配布もなされておらず、技術的側面のみならず、これに対処する社会・行政システムの側面において、原発の安全性とは一般人の期待より遥かに水準が低いものであったことが改めて明らかとなった。

〈27〉原発訴訟では、電力会社と原子力関連学界が結託して「絨毯爆撃的」な「資料と反論」の前に裁判官も

これを覆すことを諦めざるを得ない状態におかれ、原告代理人側の弁護士も互いに連携せずに孤立して闘い、住民側敗訴が半ば常態化していた。しかし、福島第一原発事故により原発裁判の法社会学的条件は大転換を迎えた。事故当時「毎日毎日、次々と起こる驚くべき事態に国民は恐怖し、原発過酷事故の真実を知った［。］…原発の安全性に、決定的に否定的な認識と感情をもった。国民の一部である裁判官も大きく影響を受けたはずである」（河合［自由］13頁）。これを機に、2011年7月16日、「全原発を対象にした差止訴訟を提起する」という目的のもと、「脱原発弁護団全国連絡会」が創立され、130名の弁護士が加入している（河合［自由］13頁）。福島第一は電源喪失事故であったが、このことは原発差止訴訟で闘ってきた弁護士たち自身をも驚愕させた。従来住民側も訴訟の場で非常用電源喪失の危険を一応主張はするものの、そのような事態は技術論的には克服され、「起こりえない想定」と被告側から「鼻で笑われ」、「弁護士自身もそのようなことはまさかあるまいと考えていた」が、福島原発はあっけなく電源喪失・炉心溶融事故を起こした（伊東16頁）。

〈28〉井戸［環境］3-9頁によれば、福島原発事故後の差止訴訟における住民側勝訴判決・決定は4件である。①大飯判決（前掲）、②福井地決平成27・4・14（高浜原発3、4号機運転禁止仮処分事件）、③大津地決平成28・3・9（高浜原発3、4号機再稼働禁止仮処分事件。この判決は稼働中の原発の運転を司法の力で現実に停止させた初の例として注目される）、④大津地決平成28・7・12（③の異議審）。住民側敗訴の判決・決定は相当数あるが、代表的なものとしては、⑤福井地決平成27・12・24（②の異議審）、⑥鹿児島地決平成27・4・22（川内原発1、2号機運転禁止仮処分事件）、⑦福岡高宮崎支部決平成28・4・4（川内抗告審決定）（⑥の抗告審）である。

〈29〉これをうけて脱原発弁護団全国連絡会は、仮処分を獲得する戦略へと傾斜しつつあるという。河合［2015］42頁。

〈30〉海渡他［世界］45頁、井戸［法事］1頁、海渡［科学］869頁、坪田3頁、海渡［法と］50頁、笠原36頁、井戸他［都市］35頁。

〈31〉また、すべての原告の原告適格が認められた点も注目されている。須加［法セミ］47頁。もんじゅ原告適格訴訟の控訴審名古屋高金沢支平成元・7・19判時1322号33頁は半径20km、福島第二第1審福島地判昭和59・7・23行集35巻7号995頁は半径60kmの範囲しか原告適格がないとしたが、熊本県の原告と本件原子炉の距離は700km以上に及ぶ。

8 （承前） ··············

　大飯判決は「伊方枠組み」を「迂遠な手法」として拒否し、人格権侵害のおそれの立証責任を原告に課する民事訴訟の一般的な考え方に戻した上で、本件では具体的危険が存在することを、地震による冷却機能の喪失の場面と、電源喪失における使用済み燃料に係る閉じ込め構造の欠陥の二点において認定した。井戸弁護士[32]は、同判決を、「伊方最高裁判決の枠組みを墨守するのではなく、新たな判断枠組みを定立する」ものと評価している[33]。そして、この「新しい枠組み」では民事訴訟として立証責任が原告住民側にあることを前提にしつつも、「立証命題」を「福島事故級の事態を招く具体的危険性が万が一でもあるか」と設定しなおすことで原告側の立証のハードルを下げることになる。

〈32〉井戸［環境］4頁。伊方枠組みは「住民敗訴の元凶」とさえ述べる。というのは、多くの裁判所は、志賀1審と違って、被告事業者に課せられる「安全性に欠けることのないこと」の立証を、実質的には「当該原発が審査基準に適合しているとして規制行政庁から設置許可を受けたこと」に矮小化してきた。このような解釈では、何ら事業者側に立証の負担を課したことにならない（井戸［環境］4頁。岩淵12頁「極論とも言うべき判決としての浜岡一審判決では、『当該原子炉施設が原子炉等規制法及び関連法令の規則に従っ

第5章　原発差止訴訟の論点

て設置運転されていること』を立証すればよいとしている。…浜岡一審判決の立場からすれば、被告電力会社にはそもそも立証は不要とさえ言える」)。しかしその審査基準自体が欠陥を呈しているのであるから、設置許可を受けた事実はそれだけでは原発の安全性の証明にも疎明にもならないというわけである。他方、高浜3、4号仮処分大津地決平成28・3・9は、伊方枠組みを維持しつつも、被告事業者が規制行政庁から設置許可を受けたことを援用することではこの立証が果たされていないものとし、「福島原発事故を踏まえ、原発の設計や運転のための規制が具体的にどのように強化され、電力会社がその要請にどのように応えたかについて主張及び疎明を尽くすべきである」としたものである。伊方枠組み自体を放棄するわけではないという点は、大幅な先例の変更をもたらすものではないから、多くの裁判官にとって抵抗は少ない。ただし、この判断は立証命題として何が要求されるのかをさらに精緻化すべき余地が残っているという。

〈33〉但しこの評価は、判決が「福島原発事故の教訓に学ぶ姿勢」を示し、新規制基準について規制当局の審査如何とは独立に人格権侵害の具体的危険の有無という観点から判断をなし、新規制基準自体が深層防護の第5層をまるごと欠落させる欠陥基準であることを正しく認識して判断する、という同判決の別の側面を前提とした評価である。

9　（承前）　枠組み転換の二つの可能性

　伊方枠組みの内容の見直しの途として、考慮されるべき科学的異論をどの程度考慮したかを被告側の立証責任に付加的に要求するアプローチ（A方式）と、伊方枠組みそのものを放棄して、原告側に要求される立証命題の中身を入れ替えるアプローチ（B方式）とが提唱されていた〈34〉。A方式は、行政訴訟における裁量逸脱の判断要素の一つである「判断の過程において考慮すべき事情を考慮しないこと」〈35〉に着想し、被告事業者が規制当局より設置許可を得たことの他に、規制当局が採用した科学的知見に異を唱える科学的知見が存在する場合に、事業者がこれを検討し、かかる異論を前提に設備の安全性を設計していることを立証するか、仮にかかる異論を排除して設計した場合には異論を排除したことに特段の合理性があることの立証をも要求するというものである〈36〉。B方式は、大飯判決の出発点を採り、まず原告に原発の危険性に関する立証責任があるものとしたうえで、ドイツ公法学において用いられる「Gefahr〔危険〕/Risko〔リスク〕/Restrisko〔残存リスク〕」の三分類を前提にし〈37〉、危険な事象が発生した場合に齎される被害の重大さがより甚大なものであるほどその発生の蓋然性はより低いものと認識されやすいものであるから、蓋然性が低くても、仮令それを定量的に示すことができないような場合でも、回避の必要性は高く、これにあわせて具体的危険性立証の要求は緩和されるというものである〈38〉。

〈34〉岩淵12頁。「A方式」「B方式」は引用者が便宜的に付した名称である。
〈35〉最判平成18・11・2民集60巻9号3249頁（小田急線連続立体交差事業認可取消請求事件、棄却）。
〈36〉「例えば専門家間の対立する見解の双方に相応の科学的信頼性・妥当性が認められれば、予防・事前警戒に軸足を置いて、「発生しえない」とはいえない被害・損害は適切に考慮され、対応されなければなら」

（下山［公法］208頁）ない、というものである。ここで留意すべきは、裁判官は、どちらの科学的主張が正しいか判断する必要はなく、異論に合理性があるか否かを判断すれば足りる。具体的な例として挙示されるのは、原子力規制委員会の元委員長代理であった地震学者島崎氏の事例である。同氏は、規制委員会が基準地震動策定に採用した入倉・三宅式が地震動の過小評価をもたらす場合のあることを指摘していたが、規制委員会はかような知見を顧みないで法令適合性を審査し続けている。したがって、被告事業者による規制行政庁より設置許可を得たことの立証は、その限りにおいて「安全性に欠けることのないこと」を証明することに不十分であることになる（島崎説の当否は直説に事業者の立証すべき要素であるというのではない）（岩淵・前掲論文13頁）。

〈37〉下山［2007］21頁。大飯判決は、次のように述べて、蓋然性が極めて低い事故であっても、被害が甚大であるときにはこれを阻止すべきである旨を説く。「技術の危険性の性質やそのもたらす被害の大きさが判明している場合には，技術の実施に当たっては危険の性質と被害の大きさに応じた安全性が求められることになるから，この安全性が保持されているかの判断をすればよいだけであり，危険性を一定程度容認しないと社会の発展が妨げられるのではないかといった葛藤が生じることはない。原子力発電技術の危険性の本質及びそのもたらす被害の大きさは，福島原発事故を通じて十分に明らかになったといえる…かような事態を招く具体的危険性が万が一でもあるのかが判断の対象とされるべき」である。この趣旨はリスクマトリクスを前提にした議論であるといってよい。

〈38〉こちらの方法も、やはり、科学的知見の反対説の存在が前提になる。ある原発の設計において確認された不具合が、過酷事故を惹起し得る欠陥であると指摘する科学的知見があるときに、その立場がこれを無視してよいとする反対説に対して優位でなかったとしても「その合理性を否定できず［そこで指摘されている］具体的危険を払拭できない［ことを認めさせ得る］程度に原告が立証」すれば、具体的危険の可能性が立証されたものと判断される（岩淵14頁）とする枠組みである。

10　予防原則と具体的危険発生の蓋然性 ·······················

　大飯判決は、過酷事故発生の定量的な蓋然性を示してはいない。判旨が重視した地震学の知見として、1260ガル超地震が原発敷地内で発生する確率は不可知であり、その不可知な確率を前提に大量放出に繋がる事象が発生する蓋然性を定量的に求めることは不可能だからである〈39〉。従って、確率の如何を問わず、とにかく運転中に1260ガル超地震が原発敷地内で発生した場合の過酷事故を想定し対策が採られていなければならず、1260ガル未満の場合でも最低、基準地震動700ガルに達する地震を想定し、その条件において現実に準備されている対策（判決理由中に登場するイベントツリー想定）に実効性があるかどうかを判断すべきであろう。大飯判決の評釈を見る限り予防原則を採用しているものではないとする見解が多いようではある〈40〉。ところで予防原則〈41〉とは、法令上の定義はないが、発生確率が定量的に把握できないことを理由に汚染リスクを抑止する措置をとらないことを正当化してはならないとの指導原理をさす〈42〉。日本においては、環境基本法（1993年制定）4条が、「未然防止」という表現を採用したものの、「科学的知見の充実の下に」という文言の位置から考えると、科学的評価のできない場合にはこの限りでないとの意味に解され、従来から行政では、科学的な不確実性を前提とした「予防」を敢えて除外しようとする趣旨で「意識してこの言葉［予防原則］を使用していないと明言している」といわれている〈43〉。また、当然ながら、汚染リスク抑止の措置のうちには、当

該リスクを発生させる技術利用を忌避するという選択も含まれるが、この場合選択権者にはリスクに関する正確な情報が提供されねばならない[44]。

〈39〉「基準地震動が過小評価であるのは、…科学的議論に係る問題というよりは、原発推進のために意図的に科学的知見を歪めたり、科学の限界を無視したりしたという側面のほうがはるかに大きい。そして、この姿勢が新規制基準でも続いていることが重大な問題である。…『現在の地震科学で将来が正確に予測できる』と思う方が余程『非科学的』なのである」（石橋873-874頁）。

〈40〉 しかし大飯3・4号機の再稼働差止を求める別件訴訟で、予防原則の適用を主張する原告の一人である公害研究者が、2014年2月19日、京都地裁において意見を陳述している（その全文は、宮本15-17頁）。

〈41〉松村183頁。福島第一原発事故直前の文献として、植田他編55-76頁。

〈42〉リスクとは「個々の事故の発生確率（暴露評価）の標準偏差×各被害のハザード評価」を意味する。リスク評価が可能であり、因果関係がある程度明確な場合には、未然防止の措置を採ることができる（1972年ストックホルム国連人間環境会議宣言の原則第21条「環境リスクが明確な場合には、各国は未然防止の措置を行わねばならない」）。しかしながら、現時点でリスク評価（定量評価、科学的な評価）が難しく、かつ、リスクが顕在化した場合の被害が不可逆的に大きいと予測されるとの条件下においては、未然防止の措置を採ることは不可能である。そうすると、このようなリスクへの対応としては、何も措置を採らないという結論さえ出てきかねない。そこで、リスク評価の困難性を口実として現に存在する潜在的危険をあたかもないものとみなしてこれに何も対応しないという判断を許さず、何らかの予防的な取り組みをなすべきであるという考え方が登場する。これが予防的アプローチ（1992年国連環境会議リオ宣言原則15「環境を保護するため、予防的アプローチは各国により、その能力に応じて広く適用されなければならない。深刻な非可逆的な被害の恐れがある場合には、完全な科学的確実性の欠如が、環境悪化を防止するための費用対効果の大きい対策を延期する理由として使われてはならない」）または予防原則（1997年国連「アジェンダ21のさらなる実施の計画」第14パラグラフ。「アプローチ」と異なり、国家を国際慣習法上、国家の行動を直接拘束する規範としての意味を持つ。植田他121-123頁〔予防原則の観点から見たリスク・マネジメントの現状と今後の対応〕）。少なくともEUおよびカナダにおいては公式な機関の宣言類において、実定法的な根拠を有する原則として確認されている。その具体的な内容の一つが、「潜在的な危険を創出する者に安全性の立証責任を課し、たとえそれらの活動によって重大な損害が発生することが確定的に立証されないとしても、それらの活動に対して事前の規制を必要とする考え方」である（植田他55-56頁〔原子力技術に対する予防原則の適用〕）。

〈43〉植田他124頁。また、同法13条は「放射性物質による大気の汚染、水質の汚濁及び土壌の汚染の防止のための措置については原子力基本法その他関係法律で定めるところによる」と規定する。福島第一原発事故は「これら関係法律の遵守」＝「科学的知見が未確定であるような想定のために対策をする義務はないという条件」の上に発生した破局的事故であった。

〈44〉科学者会議＝環境学会12頁〔編集委員会〕。原子力開発が「自主・民主・公開」で行われるべきであるという原則は、およそ情報隠蔽や事業推進側の一方的なプロパガンダを排除すべきものでなければならなかった。「定量的に把握できない」リスクを「存在しない」ものと看做して説明した者は、情報を事前に提供した場合には生じなかったはずのリスクの帰結について責任を負うべきある。

【追補】

　本稿は2017年6月27日段階での状況を前提に執筆されたもので、本書刊行時点において言及すべき新たな裁判例・判例評釈・論文・文献等に言及がない。読者のご理解を賜りたい。

—— 第6章 ——

高レベル放射性廃棄物処分の
現状と課題

本島　勲

1　はじめに

　原子力発電所の運用により使用済み核燃料が蓄積されてきた。使用済み核燃料は、残存するウランやプルトニュウムを再利用するために再処理されている。この再処理の際に高レベルな放射性廃棄物が排出される。この高レベル廃棄物は、放射能が極めて高く潜在的な危険性が長期にわたる。高レベル廃棄物は地下深部の地層に処分することにして法体制や、実施主体などの整備が進められている。

　一方、この高レベル廃棄物の処分に当たっては、新たに解決しなければならない課題、とりわけ、地層処分に当たっては地下深部の水理地質、地下水には基礎研究にかかわる未解明な課題が多く存在する。

2　原子力発電と使用済み核燃料

　日本の商用原子力発電所（原発）は、1966年に日本原子力発電株式会社（日本原電）の東海発電所（GCR[*] 16.6万kW）が、営業運転を開始したのが始まりである。日本原電の敦賀発電所1号機（BWR[*] 35.7万kW）、関西電力株式会社（関電）の美浜発電所1号機（PWR[*] 34万kW）、つづいて東京電力株式会社（東電）の福島第一原子力発電所1号機（BWR 46万kW）が、相次いで営業運転を開始した。以来、9電力会社と日本原電による原発の建設、稼働によって使用済み核燃料が蓄積されてきた。

　これまでに建設された原発と使用済み核燃料について電事連資料（INFOBASE）など

---

[*]）GCR：黒煙減速炭酸ガス冷却型原子炉
　　BWR：軽水冷却沸騰水型原子炉　　PWR：軽水冷却加圧水型原子炉

第6章　高レベル放射性廃棄物処分の現状と課題

をもとに表1にまとめた。建設された原発は、17発電所・57原子炉である。総出力は5,000万kWを超える。このうち9基が運転を終了、東北地方太平洋沖地震による破損などで福島第一原発の全号機6基、あわせて15基の原子炉が廃炉になっている。現在（2016.9）原発は、17発電所・42基、4151.9万kWである。使用済み核燃料は、合計約14,730tU、各原発で使用済燃料プールや乾式キャスクによって貯蔵されている。この他に六ヶ所再処理工場に2,964tU、併せて約18,000tUが貯蔵されている。

　表2は、核燃料の使用（発電）前後の成分を示すものである。使用前の新しい核燃料は、ウラン235（^{235}U）が約3〜5%、残りはウラン238（^{238}U）である。ウラン235は、原子炉の中で中性子を吸収して核分裂しエネルギー（熱）を放出する。このとき複数個の中性子が生成排出される。この中性子を別のウラン235が吸収して核分裂を連続的に起こして多量のエネルギー（熱）を放出する。これを核分裂の連鎖反応という。またウラン238は、中性子を吸収してプルトニウム（^{239}Pu）になる。このプルトニウムも核分裂してエネルギー（熱）を放出する。実際に発電量の約30〜40%はプルトニウムによるものである。さらに、この核分裂時には、セシウム（^{137}Cs）やヨウ素（^{131}I）、ストロンチウム（^{90}Sr）などの核分裂生成物を生ずる。いわゆる「死の灰」である。

表1　建設された原子力発電所と使用済み燃料（2016.9現在）

原子力発電所				総出力：万kW	使用済燃料　　tU			備　考
電力会社	発電所	炉型	炉数	総出力	貯蔵量	管理容量	管理余裕	
北海道	泊	PWR	3	207.0	400	1020	620	
東北	東通	BWR	1	110.0	100	440	340	
	女川	BWR	3	217.4	420	790	370	
東京	福島第一	BWR	6	469.6	2130	2260	−	東北地震・原発事故全6基廃炉
	福島第二	BWR	4	440.0	1120	1360	−	
	柏崎刈羽	BWR ABWR	5 2	821.2	2370	2910	540	
中部	浜岡	BWR ABWR	4 1	488.4	1130	1300	170	1,2号機（BWR138.0万kW）廃炉（2009）
北陸	志賀	BWR ABWR	1 1	189.8	150	690	540	
関西	美浜	PWR	3	166.4	470	760	290	1,2号機（PWR84.0万kW）廃炉（2015）
	高浜	PWR	4	339.2	1160	1730	570	
	大飯	PWR	4	471.0	1420	2020	600	
中国	島根	BWR	2	128.0	460	680	220	1号機（BWR46.0万kW）廃炉（2015）
四国	伊方	PWR	3	202.2	610	940	330	1号機（PWR56.6万kW）廃炉（2016）
九州	玄海	PWR	4	347.8	900	1130	230	1号機（PWR55.9万kW）廃炉（2015）
	川内	PWR	2	178.0	890	1290	400	
原電	敦賀	BWR PWR	1 1	151.7	630	920	290	1号機（BWR35.7万kW）廃炉（2015）
	東海第二	GCR BWR	1	126.6	370	440	70	東海（GCR16.6万kW）廃炉（1998）
合計	17	−	57	50543	14,730	20,650	5,580	

電気事業のデータベース、第39回原子力委員会資料（資源エネルギー庁）をもとに作成
注）六ヶ所再処理工場使用済燃料貯蔵：2,964tU（貯蔵容量：3,000tU）
注）炉型　　PWR：加圧水型軽水炉　BWR：沸騰水型軽水炉　GCR：黒鉛減速ガス冷却炉

表2　核燃料の使用（発電）前後の成分（例）　　　　　　　　　単位：％

	^{235}U	^{238}U	^{239}Pu	核分裂生成物
使用（発電）前	約3〜5	約95〜97	−	−
使用（発電）後	約1	約93〜95	約1	約3〜5

注）核分裂生成物:Ir, ^{137}Cs, ^{90}Sr, ^{131}I, ^{144}Xe, ^{103}Y, ^{95}Rbなど

　核燃料は、燃焼（核反応）が進むと、ウラン235は減少し中性子の発生量も低下する。さらに核分裂生成物が蓄積されて核分裂の持続的な燃えやすさ（余剰反応度）が低下する。また燃料被覆管は腐食したり応力によって変形する。そのため、核分裂性物質ウラン235を使い果たす前の適当な時期（3〜4年）に原子炉から取り出し、新しい核燃料と交換されている。この取り出された核燃料を使用済み核燃料と呼んでいる。使用済み燃料には、残ったウラン235とともに新しく生成されたプルトニウムなどが存在する。ウラン235が約1％、プルトニウム約1％、核分裂生成物約3〜5％、このほか約93〜95％はウラン238である。例えば、3％濃縮ウラン燃料1tの燃える前の組成はウラン235が30kg、ウラン238が970kgであるが、燃焼後は、ウラン235が10kg、ウラン238が950kg、プルトニウム10kg、核分裂生成物30kgとなる。核分裂生成物（30kg）の内訳は、イリジウムなどの白金族が2kg、短半減期の核分裂生成物26kg（ストロンチウム90、セシウム137など高発熱量は10kg、ガラス固化できる低発熱量は16kg）、長半減期の核分裂生成物（ヨウ素など）1.2kgなどである。使用済み核燃料の中には、大量の核分裂生成物と共にプルトニウムやウラン235が残存している。使用済み核燃料は、原発内のプールに保管し冷却して処分される。

3　再処理と高レベル放射性廃棄物 ·····················

（1）使用済み核燃料の処分

　使用済み核燃料の処分方法には、そのまま処分する直接処分（ワンススルー方式）する方法と残存しているウラン235やプルトニウムを再利用するために再処理する方法がある。

　直接処分では、使用済み核燃料を冷却して地下の処分施設に処分する。そのコストは0.7円／kWh程度（2011原子力政策担当室）[*]と見積もられており、再処理コストがかからない分、安い。また、この方法で処分される放射性廃棄物は放射能の低いウラン238が大半を占めるため、初期の質量あたりの放射能は小さい。線量評価では、約3万年までは炭素14（^{14}C）、それ以降はヨウ素129（^{129}I）が支配的となり、最大線量は約

0.3μSv／yになると評価されている。この場合、処分容積（面積）は、再処理と比較して3～5倍、地下処分施設の掘削土量は2～4倍になる（2015日本原子力開発機構）**)。

再処理では、使用済核燃料に残存するウランとプルトニウムを回収する。使用済み燃料の再処理は直接処分に比べて1／3～1／4に減量し、処分場の面積も約1／2～2／3に縮小できる。一方、再処理費用が必要になるとともに再処理工場では厳重な放射線管理が必要になる。さらに、再処理により回収されるウランやプルトニウムは核兵器の原料を得ることになるとしてIAEAの厳重な保障措置を受けことになる。さらには、国際世論の核兵器製造への疑念を抱かせることになる。

回収されるウランやプルトニウムは、エネルギー資源の乏しい我が国にとって貴重な「準国産エネルギー」だとして再処理を進めている。再処理では、ウラン酸化物粉末とウラン・プルトニウム混合酸化物粉末（MOX粉末）を生成し、それぞれ核燃料、MOX燃料***)として原子力発電所で利用される。

（2）高レベル放射性廃棄物

この再処理の際に核分裂生成物が排出する。高レベルな放射性廃液である。この廃液は、化学的に安定性を保つためにガラスの原料とともに高温（1,000℃以上）で溶かし合わせてステンレス製の容器（キャニスタ）内に入れて冷却、固化（ガラス固化体）する。キャニスタは、直径43cmの円筒形で、高さ134cm、重量約500kgである。高レベル放射性廃棄物（ガラス固化体）の概要が写真に示されている。

製造直後のガラス固化体は高温で高レベルの放射能を有している。ガラス固化体1本あたりの発熱量は約2,300W、表面温度は200℃以上にもなる。一定期間冷却し、安全に処分しなければならない。

高レベル放射性廃棄物（ガラス固化体）

液体状の高レベル放射性廃棄物をホウケイ酸ガラスと混合し、溶融したものを、ステンレス容器（キャニスタ）に注入して固化したもの。

・総重量：約500kg
・寸法：外径／約40cm
　　　　高さ／約1.3m

---

*)「核燃料サイクルコストの試算解説資料」平成23年11月24日　内閣府原子力政策室
**)「我が国における使用済燃料の地層処分システムに関する概括評価　－直接処分第1次取りまとめ－」
　2015.12　日本原子力研究開発機構　核燃料サイクル工学研究所
***) MOX（Mixed Oxide：混合酸化物）燃料二酸化プルトニウム（PuO_2）と二酸化ウラン（UO_2）とを混合しプルトニウム濃度を4～9％に高めた核燃料。本来、高速増殖炉に用いられるが、軽水炉で用いられている。

（3）高レベル放射性廃棄物（ガラス固化体）の処分

高レベル放射性廃棄物の処分については、以下に示す様々な可能性が国際的にも検討され、地層処分が最も好ましい方策として国際的に共通の考え方になっている（1999 総合エネ調査会原子力部会中間報告―高レベル放射性廃棄物処分事業の制度化の在り方―）。

1）宇宙処分

ロケットにより宇宙空間へ処分する。

ロケット発射の信頼性の問題、宇宙技術を有する比較的少数の国しか実施できないことから、不適切とされている。

2）氷床処分

南極大陸などの氷床に処分する。

南極条約により禁止となっていること、大きな氷床の地球物理学的特性等に関する情報が限られていることから、不適切とされている。

3）海洋底処分

海上から海洋底中に処分する。

ロンドン条約により禁止されていることから、不適切とされている。

4）長期間管理

地表で超長期にわたり管理する。

将来の世代にまでも廃棄物監視の負担を負わせることになることから、不適切とされている。

5）地層処分

地下数百 m より深い安定な地層中に埋設する。

問題点が少なく好ましい処分方法とされている。

わが国では、将来世代への負担軽減、自国領土内での処分、さらに既存の工学的な技術の利用などを基本に国際的な背景などをも考慮して地下深部の安定した地層に処分（地層処分）することにしている。

4　高レベル放射性廃棄物の地層処分

高レベル放射性廃棄物は、放射能が極めて高く潜在的な危険性が極めて超長期にわたる。そのため、高レベル放射性廃棄物を処分するためには、処分した廃棄物が人間とその環境に直接影響を及ぼすような場所を避けるとともに、地下水などにより放射性核種が人間環境に運ばれることを避けなければならない。この条件は、高レベル放射性核種の放射

第6章　高レベル放射性廃棄物処分の現状と課題

能が十分低くなるまでの超長期間保障されなければならない。

　わが国が推進している地層処分とは、地下深部の安定した地質に人工バリアを含む多重バリアシステムを構築して、処分した高レベル放射性廃棄物の人間環境への影響から安全を確保しようとするものである。多重バリアは、天然バリア（地層）と人工バリア（ガラス固化体、オーバーパック、緩衝材）で構成し、人工バリアにはそれ自体のバリア機能とともに地層の不均一性・天然バリアの不確実性を保障する機能を持たせる。この多重バリアによって放射性核種が生物圏に到達するまでに極めて長時間を要することになり、放射能は減衰、希釈されるため人間とその環境に影響を及ぼすことなく安全性が確保されるという考え方である。人工バリアの概念が図1に示されている。

図1　人工バリアの概念
（出典）NUMOの資料を一部改変。

(1) 地層処分の可能性（「2000年レポート」の概要）

　地層処分は、核燃料サイクル開発機構（元動力炉・核燃料開発事業団）を中心に研究開発を進めてきた。その結果が「わが国における高レベル放射性廃棄物地層処分の技術的信頼性　―地層処分研究開発第2次とりまとめ―（「2000年レポート」）」としてまとめられた（1999.11）。

1）地質環境
・火山や断層の活動は、過去数10万年の間、限られた火山地域、活断層帯で繰返し起こっている。
・火山の影響は、その中心から数10km程度、また断層による破砕帯の幅は最大でも数100mである。
・隆起・沈降、侵食については、地域ごとにおおむね一定の速度で進行している。その速度は山岳地帯などを除く多くの地域で10万年間に数10m～100m程度である。
・気候・海水準の変動については、氷期・間氷期を地球規模でおおむね10万年周期で繰

り返されている。これに伴いわが国では10℃程度の気温の変化と100数10mの海水面の変化が起こっている。
・地温が十分に低く地圧も均質に近い岩盤が地下深部に広く存在している。深部の岩盤内での地下水は弱アルカリ性で還元状態にあり、その動きは極めて遅い。

2）処分施設と工学技術

処分場のレイアウトが図2に示されている。

・処分施設は、地上施設と地下施設で構成される。地上施設は、高レベル放射性廃棄物（ガラス固化体）を受け入れ、オーバーパックに封入して地下施設に搬送するための施設であり、処分施設の建設・操業・閉鎖するための施設である。地下施設は、地上と地下の施設を結ぶアクセス坑道、高レベル放射性廃棄物（ガラス固化体）を封入したオーバーパックを定置する処分坑道などの施設である。
・地質環境に対応した合理的な処分施設などの設計・施工は、既存の工学技術で実施可能である。
・岩盤の長期間に及ぶ力学的な安定性や人工バリアの熱と水と応力の連成挙動、さらに耐震安定性などについて長期間の健全性が事例研究や実験などによって確認された。

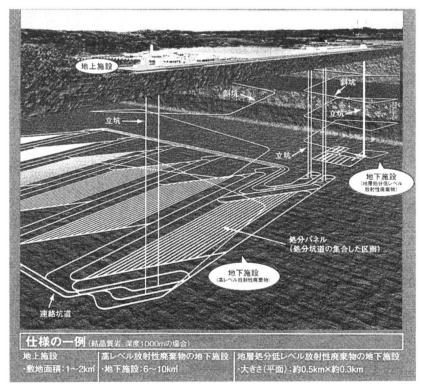

図2　処分場のレイアウト
（出典）NUMO（2015）『知ってほしい 今 地層処分』10頁、図1。

3）安全評価

・地層処分施設の安全評価で考慮しなければならないことの一つは、高レベル放射性廃棄物（ガラス固化体）を納めたキャニスターが劣化して、放射性核種が溶出し人工バリアや岩盤を経て地下水によって運ばれ人間とその環境に影響を与える現象（地下水シナリオ）である。もう一つは、火山活動、断層活動などの天然現象あるいはボーリングやトンネルなどの掘削により処分施設・高レベル放射性廃棄物に接近することにより人間とその環境に影響を与える現象（接近シナリオ）である。この後者については、そのような現象が起こることが予測される不適切な場所を避けて処分施設のサイトを選定する。

・キャニスター 40,000 本（既存原発での使用済み核燃料を全量再処理した時の想定発生量）の高レベル放射性廃棄物（ガラス固化体）を埋設することを想定した解析を実施した。その結果は、放射線量は最大 0.001mSv ／ y 以下で、わが国での自然放射能レベル（0.9 ～ 1.2mSv ／ y）や諸外国での安全基準（0.1 ～ 0.3mSv ／ y）を数桁下回ることが明らかになった。

　以上、火山や断層などの活動地域とその影響範囲を除けば、地下深部の地質環境は長期間にわたって人工バリアの健全性を保ち、天然バリアとして核種の移行を遅延する機能が期待できる。そのような機能を有する地質環境は、わが国においても地下深部に存在する。地下深部の処分場や人工バリアの建設は現在の工学技術で実施可能であり、適切なサイト選定と設計に基づけば地層処分施設が長期に安全であると結論付けている。

（2）「最終処分法」の概要

　「2000 年レポート」を受けて「特定放射性廃棄物の最終処分に関する法律（最終処分法）」が制定（2000. 6 公布）され、下記事項を定めた。なお、この「最終処分法」でいう特定放射性廃棄物とは高レベルな放射性廃棄物のことである。

・高レベル放射性廃棄物（ガラス固化体）は、30 ～ 50 年貯蔵して冷却したのちに 300 mより深い地層に処分する。

・処分の実施主体として原子力環境整備機構（民間出資）を設立する。

・処分地は公募（自治体補助金付）する。

・処分地を選定するために 3 段階の調査段階*）を設定する。など

---

*）第 1 段階（文献調査：2 年程度）：過去の地震等の履歴、活断層・火山などの位置関係など
　　第 2 段階（概要調査：4 年程度）：地下の岩石、地下水の性質・状態など
　　第 3 段階（精密調査：14 年程度）：地下施設での調査等で詳細評価　⇒ 処分地の選定

5 高レベル廃棄物処分事業

　高レベル放射性廃棄物処分事業の実施主体として「最終処分法」に基づき原子力環境整備機構（NUMO）が設立（2000.10）された。NUMO は、2002 年 12 月に処分場の調査を受け入れる自治体の公募をはじめたが、2007 年 1 月に高知県東洋町の応募があったものの 4 月には取り下げられた。その後、応募はなく文献調査を実施するに至っていない。

　こうした状況を踏まえ政府は、最終処分に関する政策の抜本的な見直しに向けて最終処分関係閣僚会議を創設（2014）。基本方針を見直し、最終処分法に基づく基本方針を改定（2015.5　閣議決定）した。今後は、国民や地域の理解を得ながら国が前面に立って取り組むこととし、地域ブロック毎の全国シンポジウムや自治体向けの説明会の開催など、全国的な理解活動を展開することとしている。さらに

・将来世代に負担を先送りしないよう、現世代の責任で取り組みつつ、可逆性・回収可能性を担保し、代替オプションの技術開発も進める。
・事業に貢献する地域への敬意や感謝の念の国民間での共有を目指す。
・国が科学的有望地を提示し、調査への協力を自治体に申し入れる。
・技術開発の進捗等について原子力委員会が定期的に評価を行う。

6 地層処分事業の動向

　政府は、2011 年 7 月「地域の科学的特性マップ（科学的特性マップ）」*) を提示した新たな基本方針（2015 閣議決定）に基づき、資源エネルギー庁・総合資源エネルギー調査会が検討してきたものである。

　基本方針では、「国が科学的有望地を提示する」とした「科学的有望地」とは、処分地選定調査に入る前段階の評価として将来的に最終処分施設建設としての適正が確認できる可能性が高いと評価できる地域としていた。今回、提示された「科学的特性マップ」は、地層処分に関係する地域の科学的特性を火山・火成活動、隆起・浸食や断層活動などについて、一定の要件・基準**) に従って既存の全国データに基づき客観的に整理し、全国地図の形で示したものである。

＊）地域の科学的特性マップ（2017．7 経産省・資源エネ庁）
＊＊）地層処分に関する地域の科学的な特性の提示に係る要件・基準の検討結果（2017．4 地層処分技術 WG）

第6章　高レベル放射性廃棄物処分の現状と課題

（1）「科学的マップ」とその問題点

　「科学的特性マップ」は、地球科学的観点から地域侍性を4区分している。①地下深部で好ましくない特性があると推定される火山の近傍（中心から15km）、活断層の近傍（断層長の1／100の幅）、および隆起・浸食が大きいなどの範囲。②将来、掘削の可能性があり好ましくない特性があると推定される油田、ガス田、および炭田が存在する範囲。③好ましい特牲が確認できる可能性が相尉的に高い地域、さらに④輸送面でも好ましい海岸からの距離が短い範囲（20km目安）である。

　「科学的特性マップ」では、処分場として可能性が高い地域は、国土の2／3、1,718自治体（2016.10）中の約1,500自治体、さらに輸送の面でも好ましい地域は1／3、約900自治体が該当する。

　「科学的特性マップ」には科学・技術的問題が散見する。以下に、その問題点を挙げる。

　1. 日本は、火山帯（火山前線）に多くの火山を有する火山列島である。この火山前線・火山は、日本列島に沈み込むプレートによって日本海側に移動している。

　「科学的特性マップ」は、火山活動の影響範囲を個別の火山ごとに現在の中心から15km程度としているが、火山前線・火山は移動しつつ活動を続けている。移動している火山前線全体としてとらえなければならない。

　また、約7,000年前に噴火したとされる鬼界カルデラ（海底火山）の火砕流は、50km離れた鹿児島県の薩摩、大隅半島の大部分を覆い、屋久島は全島覆われた。海底火山による火砕流について「科学的特性マップ」は全く配慮されていない。

　2.「科学的特性マップ」は、断層活動の影響範囲を地表で確認されている活断層の長さの1／100程度（数100m）としている。活断層は全て把握されているわけではない。さらに、地下深部での位置は、断層の傾斜などに依存し地上とは異なる。地下深部での存在位置を考慮しなければならない。

　3. 高レベル放射性廃棄物（ガラス固化体）の輸送重量は100t程度***）。一般道路での輸送は困難であり、耐荷力に応じた専用道路が必要になる。しかし専用道路の建設は、技術的には可能であっても沿線住民として社会的に問題である。「科学的特性マップ」では再処理工場（茨城県東海村、青森県六ヶ所村）からの輸送は船舶を利用することを想定し、処分場は港湾（海岸）からの距離が短いことが好ましいとして島嶼を含めた日本列島全体を沿岸から20km程度の範囲を一律に輸送の面で好ましい地域としている。この場合、20km以遠の「好ましい特性が確認できる可能性が相対的に高い地域」からの応募にはどのように対処するのか定かではない。

***）輸送容器（原燃輸送）外径：24m 長さ：66m 収納本数：28本 重量：約100t

126

さらに、海岸地域にはリアス式海岸や砂丘などの景観地さらには世界自然遺産が存在する。世界遺産地域での建設は「世界遺産条約」に抵触する。また、リアス式海岸地域では、接岸はもとより地上施設の建設は技術的にも決して容易ではない。さらに、沿岸地域には、東京都や大阪府をはじめ大都市が存在する。人口密度、人間の営みなどは全く配慮されていない。

　4. 高レベル放射性廃棄物（ガラス固化体）の輸送時の安全性を確保するとして沿岸地域、とりわけ沿岸海底下が唐突的に期待されている。「科学的特性マップ」には、沿岸海底下については、「地域時性（4区分）」が示されていない。沿岸海底域は、活断層はもとより地質構造、地下水理地質構造についてはほとんど解明されていない。塩淡境界など固有の問題も存在する。さらに、その調査手法は陸地とは異なる今後の開発課題が多い。

（2）「科学的特性マップ」の位置づけと反応

　「科学的特性マップ」は、「地層処分を行う場所を選ぶ際にどのような科学的特性を考慮する必要があるのか、それらは日本全国にどのように分布しているのかといったことを提供するものであって、いずれの自治体にも何らかの判断をも求めるものではない。最終処分の実現に向けた長い道のりの最初の一歩（エネ庁）」と位置づけている。

　「科学的特性マップ」の提示について榊原経団連会長は「最終処分の問題について対話を積み重ねるうえで重要なツールになる」と期待し「国が前面に立って一歩を踏み出した」ことを評価。さらに、勝野電事連会長は「日本全国・地域の地質環境や地層処分の仕組み等について、より多くの方に関心を持っていただき、理解を深めていただけることを期待している」と述べ［地層処分事業について国民の皆さまのこ理解が得られるよう、自らも主体的かつ積極的に取り組んでいく所存である」と表明している。

　また、マスコミ報道＊＊＊＊）によると原発立地地域では、「国が最終処分の解決に前面に立って取り組む姿勢（戸田六ヶ処村村長）」と評価した上で、「使用済み燃料の貯蔵、処分までは受け入れる義務はない（西川福井県知事）」との原発立地県の立場を強調し「国が前面に立って国民の理解促進に向けた取組を加速させていただきたい（三村青森県知事）」と要望している。

　一方、非立地地域では、「国民の理解が得られていない現状では、処分場は受け入れられない（鈴木三重県知事）」、「県として最終処分施設を受け入れる考えはありません（達増岩手県知事）」「従来から処分地を受け入れる考えは一切なく、考えに全く変わりはない（古田岐阜県知事）」など否定的な県としての対応、考え方が特徴的である。

＊＊＊＊）高レベル放射性廃棄物処分E科学的闇生マッカへの各地の反応（NPO法人国際環境経済研究所）

さらに、「科学的特性マップは、処分場所を決定するものではないと理解している（川勝静岡県知事）」とのコメント、南海トラフ地震地域では、「地震時における国の応急対策活動計画で甚大な被害が想定される重点受援県となっており、地質環境の長期安定性が確保されるのか極めて疑問である（浜田香川県知事）」、また「マップは何の判断材料にもならない。火山や活断層などがある所を避けるということは、既にみんな知っている（川勝静岡県知事）」「社会経済活動などが反映されていない（八代市副市長）」との批判が目立つ。

（3）沿岸海底下等における地層処分

高レベル放射性廃棄物（ガラス固化体）の輸送は、一般市民の被ばくやテロの防止などの観点から船舶による海上輸送が最も適当な手段であり、港湾からの輸送距離が短い方が好ましいとして新たに沿岸海底等での地層処分の可能性について「沿岸海底下等における地層処分の技術的課題に関する研究会（主査　大西京大名誉教授）」を立ち上げ（2016.1）検討を進めている。

設置イメージが図3に示されている。陸域（地上施設）は輸送の観点から海岸線から20kmの範囲、海域（地下施設）は海岸線から15km程度以内の範囲が一つの目安になるとしている。

（4）海外動向

海外においても高レベル放射性廃棄物の処分のために地層処分を進め、フィンランド、スウェーデンでは、最終処分地を決定している。フィンランド政府は、世界で初めて処分場の建設を認可（2015.11）した。各国の状況を経産省の資料を基に表3にまとめた。

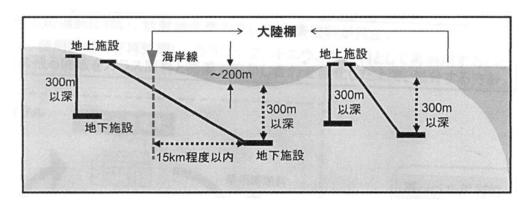

図3　沿岸海底下設置イメージ
（出典）NUMO（2016）「沿岸海底下等における地層処分の技術的課題に関する研究会　とりまとめ」2頁、図1。

表3　高レベル放射性廃棄物処分の海外動向

2015年末時点

国	処分地 ・岩種　・処分深度	廃棄物　処分量	実施主体 ・事業計画・ロードマップなど
スウェーデン	エストハンマルク自治体 ・岩種：結晶質岩 ・深度：約500m	使用済燃料（直接処分）： 12,000 t（ウラン換算）	スウェーデン核燃料・廃棄物管理会社（SKB） （電力4社共同資本会社） ・2011.3：立地・建設許可申請 2029頃：処分開始予定：
フィンランド	エウラヨキ自治体 オルキルオト島（オンカロ） ・岩種：結晶質岩 ・深度：約400m～500m	使用済燃料（直接処分）： 6,500 t（ウラン換算）	ポシヴァ社（原発会社2社共同出資会社） ・2001：最終処分地の決定 ・20102.12：建設許可申請 ・2015.11：政府建設認可（世界初） ・2020代初頃：処分開始予定
フランス	候補サイトを特定（ビュール地下研究所近傍） ・岩種：粘土層 ・深度：約500m	併置処分想定 高レベル・ガラス固化体：6.690㎥ TRU廃棄物等：59,300㎥ 併置処分想定	放射性廃棄物管理機関（ANDRA） （商工業的性格を有する公社） ・2010：地下施設展開区域（約30ｋｍ）の決定 ・2025頃：処分開始予定
ドイツ	サイト未定 ・岩種：未定 ・深度：未定	高レベル・ガラス固化体 固形物収納体等 処分量合計：28,100㎥（2022までに全原子炉閉鎖の場合）	連邦放射線防護庁（BfS） （連邦環境・自然保護・建設・原子炉安全省監督下） ・2031：処分場サイトの決定 ・2050代以降：処分開始予定
スイス	3ヵ所の地質学的候補エリアを連邦政府が承認 ・岩種：オワリナス粘土 ・深度：約400m～900m	併設処分想定 高レベル・ガラス固化体と使用済燃料：7,325㎥ TRU廃棄物等：2,280㎥	放射性管理廃棄物管理協同組合（NAGRA） （連保政府と原発事業者が出資する協同組合） ・2008～：特別計画に基づくサイト選定の開始 ・2060頃：処分開始予定
英国	サイト未定 ・岩種：未定 ・深度：200m～1,000m	併置処分想定 高レベル・ガラス固化体：6,690㎥ 低中レベル放射性廃棄物：約380,000㎥	原子力廃止措置機関（NDA） （政府外公共機関） ・2008.6：政府がサイト選定プロセスを開始 ・2050代までに：処分開始予定
カナダ	サイト未定 ・岩種：結晶岩または堆積岩 ・深度：500m～1,000m	CANDU炉使用済み燃料：処分量未定 使用済燃料集合体：約230万体 （2011末　46,000t 相当）	核燃料廃棄物管理機関（NWNO） ・2010：サイト選定開始 ・2030代後半：処分開始予定
米国	ネバダ州ユッカマウンテン（中止の方針） ・岩種：凝灰岩 ・深度：200m～500m	使用済燃料（商用が主） 高レベル・ガラス固化体 処分量合計：70,000t	政府に設置される独立機関などの連邦政府関係機関として検討中 ・2013：エネルギー省の管理・処分戦略 ・2048：処分開始予定
スペイン	サイト未定 （最終管理方針未決定） ・岩種：未定 ・深度：未定	併設処分想定 使用済燃料、高レベル・ガラス固化体 長寿命中レベル放射性廃棄物 処分合計：12,800㎥	放射性廃棄物管理公社（ENRESA） （政府出資会社） ・1998：サイト選定プロジェクトの中断 ・2050以降：処分開始予定
ベルギー	サイト未定 ・岩種：粘土層 ・深度：未定	併設処分想定 高レベル・ガラス固化体と使用済燃料（C） TNU廃棄物等（B） 処分合計：11,700㎥	ベルギー放射性廃棄物・濃縮核分裂性物質管理機関（ONDRAF／NIRAS） （連邦政府監督下の公的機関） ・2035～40：廃棄物（C）処分開始予定 ・2080：廃棄物（B）：処分開始予定
中国	サイト未定 ・岩種：未定 ・深度：未定	高レベル・ガラス固化体（PWR炉） 使用済燃料（CANDO炉） 処分合計：未定	中国核工団公司（CNNC） （国営企業体） 1986：サイト選定開始 2041～今世紀半ば：処分開始予定
韓国	サイト未定 （最終管理方針未決定）	使用済み燃料の管理政策を検討中	韓国原子力環境公団（KORAD） （知識経済部監督下の公団） 処分開始予定未決定
日本	サイト未定 ・岩種：未定 ・深度300m以深	高レベル・ガラス固化体（第一種）：4万本以上 TRU廃棄物（第二種）：19,000㎥	原子力発電環境整備機構（NUMO） ・H14（2002）：調査区域（自治体）の公募 ・H27（2015）：最終処分基本方針の改定 ・H40代後半：処分開始予定

経産省の資料を基に作成

7 今後の課題

「2000年レポート」は、地層処分を可能とする地質環境が地下深部に存在し、安全な処分システムの建設は可能であると結論付けている。日本列島の地質、地下水などについて、これまでの知見を踏まえ、その可能性と問題点について論説する。

(1) 日本列島の生い立ちと地質の特徴

高レベル放射性廃棄物には半減期が数千年～数10万年に達する放射性核種が存在することを考慮すれば、地質年代的な考察が必要であろう。

大陸には、数億年～数10億年もの極めて古い時代の岩石・地層がプレートの衝突などによる造山運動のような地殻変動を受けることなく安定した地層（クラトン：安定地塊と呼ばれる）が広く分布しているとともに降水量の極めて少ない地域の存在が知られている。

一方、日本列島は、極めて複雑な地質学的歴史を経ている。今から数億年前には現在の日本列島の位置は海域で、海底では火山活動が活発であった。

今日の日本列島の輪郭を現したのは、約200万年前（地質時代の第四期）。海水面は、地殻運動と氷河の消長により上昇・下降し、その影響を強く受け海岸線は海進・海退を繰り返していた。約2万年前、海水面の降下の時代には、日本列島は大陸と陸つづきになり人類や生物が往来しマンモスやナウマン象が到来していた。

日本列島が、今日の姿となったのは約6,000年前。地質学的には極めて新しい。さらに、日本列島の形成過程は極めて複雑な多くの地質学的なイベントを受け、数度の隆起、沈降、陥没現象を経て、新旧様々な堆積岩や火成岩が複雑に分布している。岩盤には割れ目や摺曲が発達しているとともに多くの断層が存在し地震が多発する。日本列島の際立った特徴である。このような特徴は、日本列島を取り巻くプレートに起因するもので、プレート活動が続く限り将来もこのような地質学的イベントを受けるであろう。このような地質学的イベントを定性的に予言することは可能であっても具体的定量的に予測することは今日の科学的知見では不可能である。今後の科学・技術の発展、進歩を待たねばならない。

わが国での地層処分は、日本列島の際立った特徴を前提としなければならない。

(2) 岩盤の地下水理特性の特徴

1）岩盤の透水性状

地下水の流れは地盤の透水性に支配される。この透水性は、砂や土のような未固結な地

層ではその空隙の大きさに依存し比較的均一である。これに対して岩盤では割れ目に依存し、そのバラツキは極めて大きい。

　岩盤の透水性と深度との関係の例を図4に示す。同図は22箇所の水力発電所などでの試験結果、約10,000点を示すもので、ルジオン値とは岩盤の透水性を示す指標である。

　地下深部でのルジオン値は地表付近の1／1000程度で、透水性が小さく地下水流動の極めて小さな個所が存在していることを示し、地層処分の可能性を示唆する。このことは「2000年レポート」でも同様に結論付けている。

　しかし、地下深部では基本的に透水性が小さくなるが、そのばらつきは大きく、地下水の流動が極めて小さな個所の広がりについて具体的には明らかでない。また、処分施設のためにどの程度の広がりが必要かは今後の研究課題である。

　岩盤の割れ目に依存する透水性には、その割れ目の性伏に支配される水理的異方性と貯留性を有している。超長期の地下水による核種の移動を評価する上で、この岩盤の水理的異方性と貯留性は重要な要素である。このような特性の理論的考察はほとんど存在しない。その実態を解明した例も極めて少ない。理論的実証的な解明は今後の課題である。

２）地下空洞周辺の透水性

　地下深部の岩盤は高い地圧（地圧応力）を受けている。このような岩盤に大規模な地下空洞を掘削すると空洞の周辺では地圧は解放されて割れ目がひろがる。新しい割れ目も発

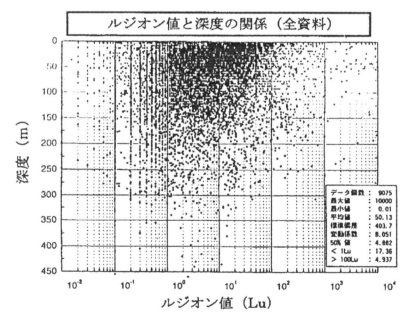

図4　岩盤の透水性と深度との関係

（出典）本島（1998）「揚水式発電所地点の地下水調査法（その1）―岩盤の地下水理特性と岩盤地下水の特徴―」3頁、図1.1、電力中央研究所報告、U97054。

第6章　高レベル放射性廃棄物処分の現状と課題

生する。地下発電所の空洞では、その透水性は数10倍に、空洞近傍では数100倍にも変化する場合がある。

　地下深部の数Km四方に数多くの地下空洞を掘削する地層処分施設では、周辺岩盤での透水性が大きく変化し地下水に影響を与えることが懸念される。この地下空洞の掘削による透水性の変化は空洞周辺を構成する岩盤の性状に依存する。

(3) 岩盤内の地下水特性

1) 降水量と地下水

　日本列島は、春夏秋冬の季節変化を有し、梅雨、台風、降雪など季節の特徴に応じた降水が通年存在する。その降水量は、日本アルプスなどの山岳地帯では年間3,000mmを越える。平地でも1,500mmもの降水がある。

　地下水流出量は、年間400mm、大陸の50〜200mmに比べて非常に多い。また、降水量に対する地下水流出量の割合は、大陸が0.1であるのに対して日本列島は0.20〜0.22と大きい。一般に、日本列島は山岳地帯が多く河川は急勾配であるため、降水は地下に浸透することなく地表面あるいは地表付近で流出し全て短時間で海へ流れると考えがちであるが、日本列島での地下水量は大陸に比べて極めて多いのが特徴である。

2) 地下水の化学成分

　地下水の化学組成は、地下水の存在する地質とその流動状態を反映する。一般に、岩石に地下水が作用するとナトリウムイオンやカルシウムイオン、マグネシウムイオンなどの陽イオンを溶出し、陰イオンとして重炭酸イオンを生成して地下深部ほど化学成分はアルカリ性の重炭酸塩型に変化し、その濃度は高くなる。このような現象は「地下水の進化」と呼ばれている。

　また、地下深部では地表からの酸素の供給が遮断され、一般的には還元状態になる。このことは、地層処分での人工バリア機能を長期に保持する優位性を示唆する。このことは「2000年レポート」でも同様に結論付けている。

　一方、地層処分施設では、地下深部の広い範囲に多くの地下空洞を掘削する。施設の建設、廃棄物の埋設、処分作業のため空気や作業用水として地表水が供給される。この作業は数10年におよぶと予定されている。その影響を受け周辺の地下水は酸化状態になる。地層処分が完了し埋め戻されればやがてもとの還元状態に戻るであろうが、このような現象の理論的実証的な解明はほとんど存在しない。今後の研究課題である。

3) 地下水の流動

　一般に地下水の流速は、動水勾配（地下水圧）に比例する。この現象はダルシイの法則と呼ばれる。

　地下水の流速と動水勾配との理論的関係の概念図を図5に示す。動水勾配がある値以下

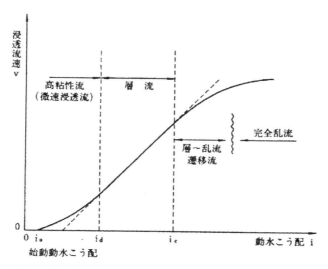

図5　地下水流動と動水勾配との理論的概念図
（出典）建設産業調査会、地下水ハンドブック編集委員会（1979）『地下水ハンドブック』73頁、図3.1.13。

の場合、流速は零となる。見かけ上、粘性流体となるためである。一方、動水勾配が大きい時には、動水勾配が大きくなっても流速は速くならない。この場合は、渦などの発生による乱流状態となるためである。

　大小様々な割れ目幅をもつ岩盤内の地下水は、本来、極めて複雑な流動をしているものである。然るに今日、このような割れ目に支配された地下水の流動に関する理論は存在していない。

　超長期の安全評価と精度が要求される地層処分では、新たな理論が求められる。

8　おわりに

　原発の運用により蓄積されてきた使用済み核燃料、とりわけ、その再処理により排出された高レベル放射性廃棄物の処分は、原発を廃止しても重要な課題として残る。地層処分に当たっては、日本列島固有の技術課題を重視しなければならない。

　日本列島は、プレートにより支配される地層の活動帯に位置するとともに四季をともなう多雨、多地下水を特徴としている。このような地質、気象条件での地層処分は大いなる科学的、技術的挑戦である。

　地層処分と建設プロジェクトなど一般事業との際立った相違点は、1万年～10万年にも及ぶ超長期間にわたる性能、放射性に対する安全評価が必要になることにある。

評価には不可実性が残ることを前提にしなければならない。さらに、地下深部における地下水理・水理地質構造は、その調査技術からして新たな課題である。さらに超長期におよぶ品質の管理とそれを確認する技術など従来経験のない新たな重要な技術課題を解決しなければならない。

そのためには、国際協力はもとより関連する研究機関、科学研究者の総力を結集できる財政的保障と体制を早急に作ることが求められる。

政治主導で「2000年レポート」をもとに性急に事業化することは原子力発電の二の舞になることを明記しなければならない。今、政治に求められているのは、総合科学、技術として研究開発を進める環境の整備である。

さらに、今日の条件のもとでは地層処分が唯一最良の処分方法とされているが、そもそも再処理の必要性についての自然・社会科学両面で総合的な検討を提起したい。

【参考文献】
・2000年レポートチーム：『わが国における高レベル放射性廃棄物地層処分の技術的信頼性—地層処分研究の研究開発第2次取りまとめ—』、1999.11、核燃料サイクル開発機構
・NUMO：『知ってほしい　今　地層処分』、2015.5
・NUMO：『高レベル放射性廃棄物の地層処分について　世界から学ぶ』、2016.6
・市川浩一郎・藤田至則・島津光夫：『「日本列島」地質構造発達史』、1977.5、築地書館
・本島　勲：『揚水式発電所地点の地下水調査法（その1）—岩盤の地下水理特性と岩盤地下水の特徴』、1998.1、電力中央研究所報告
・本島　勲：「岩盤浸透流の調査・解析・評価」、1987.6、岩盤工学セミナー
・電気事業連合会：電気事業のデーターベース（INFOBASE）2016

解説2　**使用済み核燃料の再処理と核燃料サイクル**

　原発を稼働すると1基につき1年間で約30トンの使用済み燃料が排出されるが、これをそのまま地中に埋設・処分（地層処分）する場合をワンススルー（直接処分）と呼ぶ。これに対して、使用済み燃料から再処理によってプルトニウムを取り出し、これを再び原子炉で燃やす場合は、核燃料の流れは輪を描いているのでこの核燃料の流れが核燃料サイクルと呼ばれる。後者の場合流れは、

　　採鉱→精錬→濃縮→燃料加工→原子力発電所→再処理工場→高レベル廃棄物処分場

（プルトニウム）

のようになる。
　この核燃料の流れは、膨大な放射性物質の流れが社会や環境に接触する機会を意味しているともいえるが、それだけに技術面・安全面に大きな問題を抱えている。
　まず原子炉の燃料となるウランは、ウラン鉱山から「採掘」される。鉱山はオーストラリア、カザフスタン、カナダ等にあるが、採掘の現場ではラジウムなど低レベルではあるが大量の廃鉱石による環境汚染・被爆などが発生している。
　鉱山から採掘された天然ウランの中には、核分裂性のウラン235がわずか0.7％しか含まれず、残りは燃えない（核分裂しない）ウラン238である。このため、原発（軽水炉）の燃料を作るためには、この量を3〜4％まで上げる「ウラン濃縮」という作業を行う必要がある。ウラン235と238とは化学的性質が同一であるため、通常の分離手法（化学的方法）による分離は困難であり、ウランをいったん六フッ化ウランというガス状の化合物にして、ガス拡散法、遠心分離法などの物理的手段により濃縮を行う。濃縮は核兵器製造の技術でもあるが、高度の技術や大規模の施設が必要であり、また膨大な電力を必要とする。
　次いで、ウランは二酸化ウラン粉末を固めてペレット状にされ、ジルカロイ製の被覆管に密閉され、最終的には燃料集合体として原発に送られる。ここまでの過程が核燃料サイクルのアップストリーム、フロントエンドなどと呼ばれる「上流側」であり、原子炉で燃やされたのち、再処理工場で処理される以下の過程がダウンストリーム、バックエンドと呼ばれる「下流側」にあたる。
　原発から取り出されたばかりの使用済み燃料は極めて強い放射線を発生しており、同時

に熱（崩壊熱）も発生しているので、長期間（15年程度）貯蔵冷却されたのち、次の再処理工程へと進む。再処理工場では燃料は被覆管ごと切断され、濃硝酸で溶解、次いで溶媒抽出法（ピュレックス法）を用いて、プルトニウム（Pu）、燃え残りのウラン（U）、その他核分裂生成物（FP）に分離される。すなわち、硝酸溶液に有機溶媒（リン酸トリブチル（TBP）＋石油成分（ドデカンなど））を加えると、2層に分かれるが、有機相に溶解しやすい（溶解度の高い）PuとUは上部の有機層に抽出され、FPは下の水層に残り、分離される。同様な手法で、PuもU分離される。再処理工場は、溶媒抽出という「高校の化学実験」でも習うような単純な手法を基本とする化学工場であるが、ここでは、①工場全体で10^{18}Bqにも上る大量の放射性物質を扱うため基本は遠隔操作である、②高濃度の硝酸溶液を扱うため腐食が起こりやすく、高放射線下での修理も容易ではない、③石油成分を含む有機溶媒、放射線分解により発生する水素ガス、硝酸と有機物により生成されるニトロ化合物など可燃性爆発性物質を大量に扱う、④冷却機能を失えば崩壊熱により温度は上昇し着火条件に至る、⑤Puなど核分裂性物質が一定量以上一か所に集まれば「臨界」事故が発生する、⑥配管の総延長は1400kmに及ぶ（六ヶ所再処理工場）、などおよそ化学工場としては考えられる限りでの悪条件での操業を行う場所であり、核兵器用Pu生産の軍需工場時代から世界各地で様々な大事故を起こしてきた歴史がある。「多重の壁」に閉じこめられていたはずの放射性物質は、再処理工場の中では「解放され」いわゆる非密封状態にある点が原発と大きな違いである。

　再処理工場で分離されたPuはUと混合してMOX（混合酸化物）燃料が製造される。また分離されたFPは高レベル廃棄物としてガラス固化して地層処分されることになっている。

　取り出されたPuを高速増殖炉燃料に回した場合、燃えないU238をPuに転換して利用できるので、資源量は100倍近くになりリスクの高い再処理工場を稼働するメリットがそれなりに存在した。しかし、高速増殖炉の技術は「もんじゅ」のケースからもわかるようにきわめて困難であり、世界中でほとんど頓挫している。軽水炉でPuを用いる「プルサーマル」の資源増加量はせいぜい20％程度であり、U資源の有効活用というのは誇大宣伝といってよい。今日の技術状況で軍需工場並みのリスクの高い再処理工場を稼働するメリットはなく、再処理は中止すべきである。

　再処理だけではなく、高レベル廃棄物の地層処分も、技術的・社会的に受容されているとはいいがたく、上記さまざまの困難のために「核燃料サイクルの流れ」は滞り、各地に使用済み燃料は山積している。現在の軽水炉利用による原子力発電システムは核燃料サイクルの破たんという面からも窮地に立たされている。

（舘野　淳）

— 第**7**章 —

ICRP公衆被ばく線量限度1mSv／年の設定根拠およびリスクの推定

小野塚春吉

1 はじめに（問題意識）

　今からほぼ2年前の出来事になるが、2016年2月7日、当時の環境大臣丸川珠代氏が長野県松本市において講演したなかで、福島原発事故による除染の長期目標として、（自然放射線、医療被ばくを除く）追加被ばく線量が1mSv／年に設定されていることに関して「『反放射能派』というと変ですが、どれだけ下げても心配だと言う人は世の中にいる。そういう人たちが騒いだ中で何の科学的根拠もなく時の環境大臣が（追加被ばく線量1mSv／年を）決めた」と述べたことがマスコミに報じられた（「信濃毎日」2016年2月8日付）。この内容に対して国会内外に波紋が広がり、同月12日の記者会見で「こうした発言は事実と異なり、福島に関する発言をすべて撤回させていただきたい」と発言内容を公式に撤回した。

　丸川珠代氏の発言の意図することや認識がどのようなものであったかの詳細は明らかではない。しかし、政府・電力業界を中心に「100mSv以下の健康影響は科学的に明らかではなく、仮にあっても些細なものと思われる。『1mSv』は厳しすぎ、復興の妨げにさえなっている」などとの「空気」（認識、論調）は現在も根強く存在しているのではないかと推測する。そもそもICRP（国際放射線防護委員会）の「計画被ばく状況における公衆被ばく線量限度1mSv／年」の設定根拠は何なのか、そのリスクはどの程度なのか、厳しいのか、緩いのか、あらためて検討する。

2 ICRP放射線防護の目的・目標

　放射線防護の目的・目標についてICRP［2007］Publ.103（2007年勧告）では「委員会の放射線防護体系は、第1に人の健康を防護することを目的としている。（中略）す

なわち、電離放射線による被ばくを管理し、制御すること、その結果、確定的影響を防止し、確率的影響のリスクを合理的に達成できる程度に減少させることである」（29項）としている。ICRP［1991］Publ.60（1990年勧告）では、「委員会の基本的な枠組みは、線量を確定的影響のそれぞれに対するしきい値よりも低く保つことによってその発生を防止し、また確率的影響の誘発を減らすためにあらゆる合理的な手段を確実にとることを目指すものである」（100項）。また、ICRP［1977］Publ.26（1977年勧告）では、「非確率的な有害な影響を防止し、また確率的影響の確率を容認できると思われるレベルにまで制限することにおくべきである」（9項）としている。

　確率的影響に関する記述が、新しい勧告になるに従い微妙な変化がみられる。確率的影響を「社会が容認できるレベルまで制限する」という文言が消えることは、具体的目標・目的が曖昧になることに繋がる。

　Publ.60、14項では「放射線のリスクは他のリスクと釣り合いを保つべきである、という委員会の見解を強調したい」との見解が述べられている。これは重要な規定である。機械安全の国際規格としてISO/IEC Guide 51（JIS Z 8051）があり、安全の定義は「許容不可能（not tolerable）なリスクがないこと」（2014年版）とされている。「許容可能なリスク」への達成プロセスはリスクアセスメントの手法が用いられる。原子力プラントの安全もこれら国際基準に適合することが求められる。

　放射線による健康障害は、確定的影響と確率的影響に大きく分類される。脱毛、下痢、皮膚障害、不妊、造血臓器の機能低下、白内障などは確定的影響に属する。これらの障害は、ある線量以下では生じないとされ、この線量を閾値（いきち、しきいち）という。一方、放射線による発がんや遺伝的影響は確率的影響に属する。確率的影響は、放射線量をゼロにしない限り影響もゼロにならないと考えられている。確率的影響には閾値は存在しないとして扱われており、放射線量が増加すると発生の確率が増加する。

3　ICRP「公衆被ばくの線量限度1mSv／年」の設定根拠

　Publ.103（2007年勧告）では、被ばく状況のタイプが「計画被ばく」「緊急時被ばく」「現存被ばく」に区分された。普段の状況は「計画被ばく」になる。計画被ばく状況における公衆被ばくに対しての線量限度は、1mSv／年が引き続き勧告されている（245項）。ここでは、1mSv／年の設定根拠について述べる。しかし、設定根拠についての記述はPubl.60（1990年勧告）以前には少ない。また、Publ.103でも設定根拠についての記述はほとんど見られない。

（1）「公衆被ばく」は「職業被ばく」の10分の1

　放射線障害は、当初放射線従事者が主なものであったため、一般公衆の被ばくについては問題とならなかった。しかし、原爆が1945年に広島・長崎に投下され、1946年以降太平洋などにおいて繰り返し核実験が行われるようになり、一般公衆に対しても放射線防護対策が必要となった。

　公衆被ばくについて最初の規定は、アメリカ放射線防護委員会（NCRP）が、1948年に「一般公衆の被ばく線量は、従事者の許容被ばく線量の10分の1以下にすべきである」と勧告したことが始まりで、ICRPは1954年の勧告でNCRPの勧告をそのまま採用した。

　その後、1958年のPubl.1の15項、Publ.6の57項、Publ.9の72項、Publ.26の118項において「10分の1」の考え方が引き継がれている。

　「10分の1」とする理由について、Publ.9（ICRP［1966］）で要旨次のように説明されている。①放射線による危険性（リスク）が大きい子どもがいる。②（公衆は被ばくに対する）選択の自由がない。③直接的な利益は何も受けない。④被ばくに関してモニタリングなどの線量管理がされていない（42項）。しかし、同じPubl.9では「10分の1」とする科学的根拠について「現在この点についての放射線生物学上の知見が十分でないので，この係数の大きさにはあまり生物学的意義をもたせるべきではない」（43項）としている。

（2）1977年勧告：職業被ばく「10^{-4}」、公衆被ばく「$10^{-6} \sim 10^{-5}$」

　Publ.26（1977年勧告）において、過剰がん死亡率のリスクレベルが示された。職業被ばくについては、「高い安全水準にあると認められている産業の職業上の死亡率を超えるべきではない」として「10^{-4}」を提示している（96項）。

　また、公衆被ばくについては、「一般公衆に対する死のリスクの容認できるレベルは、職業上のリスクより1桁低いと結論づけることができる。この根拠から、年あたり$10^{-6} \sim 10^{-5}$の範囲のリスクは、公衆の個々の構成員のだれにとっても多分容認できるであろう」としている（118項）。

（3）1990年勧告：容認リスク、多属性分析、自然放射線レベル

　Publ.60（1990年勧告）では、1985年のパリ会議声明（1mSv／年に改定）を受けて、被ばく線量限度が、職業被ばく：5年間の平均値が年あたり20mSv（5年間に100mSv）、公衆被ばく：年1mSvに変更された。

　公衆被ばくの線量限度に関する説明は、190項および191項に記載されている。以

下、引用する（ICRP［1991］日本アイソトープ協会翻訳版55頁）。

「（190）公衆被ばくに関する線量限度の選択には、少なくとも2つのアプローチがある。第一のアプローチは、職業上の限度の選択に利用されているものと同じである。その影響の評価は職業上の場合より難しいということはないが、その影響が容認不可と合理的に記述できる点を判断することはずっと困難である。第二のアプローチは、自然放射線源からの現存する線量レベルの変動に判断基準をおくことである。この自然バックグラウンドは無害ではないかもしれないが、社会が経験する健康損害に対して小さな寄与をするにすぎない。それは歓迎すべきことではないかもしれないが、場所による変動（住居内のラドンからの線量のような大きな変動は除外する）を容認不可と呼ぶことはほとんどできない」

「（191）年実効線量が 1mSv 〜 5mSv の範囲の継続した追加被ばくの影響は付属書 C に示してある。それらは判断のための基礎としてはわかりやすいものではないが、1mSv をあまり超えない年線量限度の値を示唆している。一方、付属書 C の図 C-7 のデータは、たとえ 5mSv/y の継続的被ばくによっても、年齢別死亡率の変化は非常に小さいことを示している。非常に変動しやすいラドンによる被ばくを除けば、自然放射線源からの年実効線量は約 1mSv であり、海抜の高い場所およびある地域では少なくともこの2倍である。これらすべてを考慮して、委員会は、年実効線量限度 1mSv を勧告する」

上記 ICRP の文書（附属書 C を含む）は、191 項本文に記されているように「わかりやすいものではない」。替わりに、佐々木康人氏（元 ICRP 委員）が、日本アイソトープ協会のホームページに「放射線防護基準の変遷」と題する解説論文を掲載している。こちらのほうがわかりやすいので引用する。「1990 年勧告では公衆の年間線量限度を 1mSv とし、特別な状況では 5 年間の平均が年間 1mSv を超えなければ、年間 1mSv を超える年があってもよいとしました。根拠としたのは、自然放射線レベルの年間 1mSv（ラドンからの被ばくを除く）と同等の被ばくは容認できる。第 2 に、職業被ばくのおよそ 10 分の 1 のリスク、すなわち 1 万人に 1 人の過剰死亡を社会は容認するだろうということです」（佐々木［2012］8 頁）。

職業被ばくの過剰がん死亡率の増加は「1,000 人に 1 人」（10^{-3}）、公衆被ばくの過剰がん死亡率の増加は職業被ばくの 10 分の 1 で「10,000 人に 1 人」（10^{-4}）と考えればわかりやすい。

なお、Publ.26（1977 年勧告）と Publ.60（1990 年勧告）においては、リスクレベルには断絶があり、継続されていない。Publ.26（1977 年勧告）では、職業被ばくは「10^{-4}」（96 項）、公衆被ばくは「10^{-6} 〜 10^{-5}」（118 項）の数値を示しているが、Publ.60（1990 年勧告）においては明確なリスクレベルは示していない。1990 年勧告

における線量限度の選定は「年死亡確率は考慮に加えるのが適切な属性のうちの一つにすぎない」（C14 項）との、多属性分析法を採用している（C35 項）。

　Publ.60（1990 年勧告）におけるリスクレベルは、英国学士院研究グループの報告書を紹介するかたちで、職業上の死亡率について「千分の一の年死亡確率は、（中略）まったく容認できないとはいいきれないであろう」（C14 項）と、10^{-3} を間接的に示している。また、「委員会の Publication 26 の中で勧告した線量限度は、容認できない範囲の境界は、最大に被ばくした個人に対し約 10^{-3} という職業上の年死亡率であるとする、暗黙の仮定のもとに提案されたものである」（C16 項）。「1977 年に委員会は、職業上の年致死確率 10^{-3} を線量限度の基準となるリスクとして採用できるかもしれないと考えた」（C70 項）との記述から、Publ.60（1990 年勧告）における職業被ばくのリスクレベルは「10^{-3}」を事実上採用しているものと考えられる。しかし、ここに記されている Publ.26（1977 年勧告）の中にリスクレベル「10^{-3}」の数値を筆者は見つけることはできなかった。

　また、1990 年勧告付属書 C の図 C-9 の図中には「年リスク 1:10,000」（公衆被ばく）、「年リスク 1:1,000」（職業被ばく）が図示されている。

4　放射線によるがん死亡リスク（リスク係数）

　放射線による確率的影響は、発がん、遺伝的影響が主なものである。発がんは体細胞の遺伝子が損傷することにより起こり、遺伝的影響は生殖細胞の遺伝子が損傷することにより起こる。

　単位線量（1 シーベルト）当たりの被ばくによって確率的影響が起こる確率を 1977 年勧告では「リスク係数」と称し、1990 年勧告では「名目致死確率係数」、2007 年勧告では「名目リスク係数」と呼んでいるが内容は同じである。

　ICRP による全年齢からなる集団における低線量被ばくによる各組

表1　全年齢からなる成る集団における低線量被ばくによる特定致死がんの生涯死亡確率

組織・臓器	致死確率係数（10^{-4} Sv^{-1}）	
	1977年勧告	1990年勧告
膀胱	―	30
骨髄	20	50
骨表面	5	5
乳房	25	20
結腸	―	85
肝臓	―	15
肺	20	85
食道	―	30
卵巣	―	10
皮膚	―	2
胃	―	110
甲状腺	5	8
残りの組織・臓器[a]	50	50
計	125[b]	500[c]

a）残りの組織・臓器の内容は2つの報告でまったく異なる。
b）この合計値は、作業者集団と一般公衆の両方に対して使われた。
c）一般公衆にのみ使用。作業者集団の致死がんの総リスクは、
　400×10^{-4} Sv^{-1}とする。
出典：日本アイソトープ協会『国際放射線防護委員会の1990年勧告』
P.157、表B−17。
（注）DDREF（線量・線量率効果係数）＝2を使用。

織・臓器の致死がんの生涯死亡確率は表1の通りである。

1977年勧告と1990年勧告との生涯死亡確率の違いは、①原爆線量評価の違い（T65DとDS86）[注1]、②リスク予測モデルの違い（相加リスクモデルと相乗リスクモデル）[注2]、③原爆被害者の追跡期間の違い（30年間と40年間）の三つが原因である（草間［1991］147頁）。

表1の1990年勧告の計「500」の数字は、リスク係数で1Sv（＝1,000mSv）の放射線に1万人が等しく被ばくすると、500人のがん死亡が増加するという推定値である。放射線によるがんリスクを評価するときの出発点になる。DDREF（線量・線量率効果係数）[注3]の使用を含めて、基本的には科学的手法により求められた数値である（経済的・社会的な要因は考慮しない）。

Publ.103においては「損害で調整されたがんリスクの名目確率係数として、全集団に対し$5.5 \times 10^{-2}Sv^{-1}$、（中略）の値を提案する」（83項）としているが、Publ.60で提案されたものと基本的な違いはない。

注1　T65DとDS86：いずれも線量推定方式の略号。T65D（Tentative 1965 Dose）は1965年暫定線量推定方式。DS86（Dosimetry System 1986）は1986年線量推定方式。
注2　相加リスクモデルと相乗リスクモデル：いずれも低線量の放射線被ばくによる確率的影響を予測するモデル。1977年勧告では相加リスクモデルが、1990年勧告では相乗リスクモデルが使用されている。
注3　DDREF（dose and dose-rate effectiveness factor．線量・線量率効果係数）：低線量・低線量率での放射線照射による生物学的な影響は、高線量・高線量率の場合に比して小さくなる。これを補正する係数。ICRPでは、線量が0.2 Gy以下で、線量率が0.1 Gy/h以下のとき、係数2を用いて補正している。BEIR（アメリカ科学アカデミー電離放射線の生物影響に関する委員会）の報告書では、1.5が用いられている。

5　高・中線量域から低線量域への外挿（LNTモデル）

放射線によるがん死亡率は、およそ100mSv～2Sv（中・高線量域）では、線量と死亡率はほぼ直線関係を示す。しかし、およそ100mSv以下（低線量域）では線量－効果関係を疫学的手法で明らかにすることは困難とされてきた。

しかし、放射線防護対策（放射線のリスク管理）には、低い線量のリスクを見積もる必要が生じる。「明らかとなっている領域」（観察・実験領域）から「良く分かっていない領域」をどのように推定（外挿）するか、ということが問題（課題）となってくる。その手法としてICRPではLNTモデル（しきい値無し直線モデル、linear no-threshold model）を採用している。LNTモデルを巡っては、フランス科学アカデミーなどは賛成しておらず現在も論争が続いている。

筆者（小野塚）は、外挿手法としてLNTモデルを適用することは妥当と考えている。

（1）LNT モデルに対する ICRP の見解と勧告への取り入れ

ICRP は、中・高線量域から低線量域への推定（外挿）手法として LNT モデルを採用している。LNT モデルとは、放射線の被ばく量と影響の間に、閾値は無く直線的な関係が成り立つというモデルである。

Publ.103（2007 年勧告）では、「認められている例外はあるが、放射線防護の目的には、（中略）約 100mSv を下回る低線量域ではがん又は遺伝性影響の発生率が関係する臓器及び組織の等価線量の増加に正比例して増加するであろうと仮定するのが科学的にもっともらしい、という見解を支持すると委員会は判断している」（64 項）。「したがって、委員会が勧告する実用的な放射線防護体系は、約 100mSv を下回る線量においては、ある一定の線量の増加はそれに正比例して放射線起因の発がん又は遺伝性影響の確率の増加を生じるであろうという仮定に引き続き根拠を置くこととする。この線量反応モデルは一般に "直線しきい値なし" 仮説又は LNT モデルとして知られている（以下略）」（65 項）としている。しかし 66 項ではトーンが変わり「委員会は、LNT モデルが実用的なその放射線防護体系において引き続き科学的にも説得力がある要素である一方、このモデルの根拠となっている仮説を明確に実証する生物学的／疫学的知見がすぐには得られそうにないということを強調しておく（UNSCEAR，2000；NCRP，2001 も参照）。低線量における健康影響が不確実であることから、委員会は、公衆の健康を計画する目的には、非常に長期間にわたり多数の人々が受けたごく小さな線量に関連するかもしれないがん又は遺伝性疾患について仮想的な症例数を計算することは適切ではないと判断する（4.4.7 節と 5.8 節も参照）」（66 項）としている。また、付属書 A の A178 項では「LNT モデルは生物学的真実として世界的に受け入れられているのではなく、むしろ、我々が極く低線量の被ばくにどの程度のリスクが伴うかを実際に知らないため、被ばくによる不必要なリスクを避けることを目的とした公共政策のための慎重な判断であると考えられている」との記述も見られる。

LNT モデルは採用するが、LNT モデルによる直線外挿で 1mSv など低線量のリスクを数値化して議論することは不適切、という見解なのだろうか。Publ.103 が公表された後の UNSCEAR 2008 では「委員会は、チェルノブイリ事故によって低線量の放射線を被ばくした集団における影響の絶対数を予測するためにモデルを用いることは、その予測に容認できない不確かさを含むので、行わないと決定した。強調されねばならないことは、このアプローチは、慎重なアプローチが習慣的かつ意識して適用されてきている放射線防護の目的で LNT モデルを適用することは何ら反しない（原子力安全委員会事務局仮訳）」（原子力安全委員会事務局 ［2011］）としている。ICRP Publ.103 の 66 項の記述は、奇妙で不可解と言わざるを得ない。勧告文書としてはあり得ないのではないか。

第7章　ICRP公衆被ばく線量限度1mSv／年の設定根拠およびリスクの推定

（2）UNSCEAR の見解

　UNSCEAR（原子放射線の影響に関する国連科学委員会）2000 年報告書の付属書 G において「発がん機構に関する分子生物学的知見を総合すると、LNT が最も合理的なモデルである」と結論づけている（日本保健物理学会［2010］15-17 頁）。

（3）フランス科学アカデミーの見解

　フランス科学アカデミー・医学アカデミーの 2005 年の共同報告書では「（ICRP は）DNA 損傷を過度に重視している点が問題である。発がん過程においては、細胞レベルを超えた細胞間相互作用や、より高次の、組織・個体レベルの防御機能が重要である」としている（日本保健物理学会［2010］18 頁）。

（4）BEIR の見解

　BEIR Ⅶ（米国・電離放射線の生物影響に関する委員会第 7 次報告書、2006 年）では「人間における電離放射線被ばくとがんの発生との間に線形しきい値なし線量−応答関係があるという仮説に現在の科学的証拠が合致しているという結論に達した」としている（市民科学研究室［2006］、「結論」）。BEIR Ⅶは、BEIR Ⅴの再評価と LNT モデルの妥当性についての検討が主な課題であって、その結論である。

（5）放射線影響研究所 LSS（寿命調査）13 報、14 報

　放射線影響研究所における寿命調査（LSS）第 13 報および第 14 報では次のように記されている。
第 13 報：「固形がんの過剰リスクは、0 〜 150mSv の線量範囲においても線量に関して線形であるようだ」（Preston DL ほか［2003］、要約）。
第 14 報：「全固形がんについて過剰相対危険度が有意となる最小推定線量範囲は 0 〜 0.2Gy であり、定型的な線量閾値解析（線量反応に関する近似直線モデル）では閾値は示されず、ゼロ線量が最良の閾値推定値であった」としている（小笹ほか［2012］、要約）。1Gy ＝ 1Sv とすれば「0 〜 0.2Gy」は、「0 〜 200mSv」と読み替えられる。
　図 1 は、総固形がん死亡に対する放射線による過剰相対リスク（ERR）の線量反応関係で、図中の L は、直線モデル（Linear Model）、LQ は、直線− 2 次曲線モデル（Linear Quadratic Model）。LQ モデルは、被ばく線量と生物学的効果との関係についての評価モデルの一つで、低線量域では直線、高線量域では 2 次曲線を示し、閾値を持たないとするモデルである。

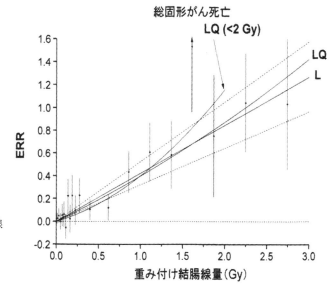

(出典)放射線影響研究所、寿命調査(LSS)報告書、第14報

図1　総固形がん死亡に対する放射線による過剰相対リスク(ERR)の線量反応関係

(6) 化学物質におけるリスク評価手法(VSD)

　化学物質のリスクアセスメントでは、「閾値のあるもの」と「閾値のない」ものによって評価手法が異なる。「閾値のあるもの」については、動物実験により無毒性量(NOAEL)をもとめ、これを不確実係数(UF、通常100、種差10×個体差10)で割り、耐容一日摂取量(TDI)を算出する。「閾値のないもの」については、実質安全量(VSD virtually safe dose)という概念が導入されている。この評価手法を用いてアメリカ食品医薬品局(FDA)における食品添加物等の規格基準の設定、世界保健機関(WHO)における飲料水水質ガイドラインの設定、日本におけるベンゼン大気環境基準の設定などが行われている。

　VSDは、遺伝子を損傷する発がん物質には閾値は存在しないという立場から出発した評価手法である。「あらかじめ任意に決められたきわめて低い危険率(例えば10^{-6})でがんを発生させる発がん物質の量あるいは濃度のことである。VSDは動物実験で得られた用量反応データをグラフ上にプロットし、適切な数理モデルをあてはめることにより、実験的には求められないきわめて低いがん発生率を示す投与量、すなわち実質的に安全であると考えられる量として求められる」(福島ほか[2005]59頁)。

　VSDにも放射線におけるLNTモデルと同等の課題はあるが、原子力の分野における論争のように激しくはない。「VSDの推計については、従来からさまざまな数理モデルによる低用量への外挿が行われてきたが、このようなモデルを使用した低用量外挿によるVSDの算出結果は、実験用量域でのモデルのフィッテングが適正である場合でも、低用量域においてモデルの違いによる変動が大きいことが問題となり、1996年に提案され

たアメリカEPA（環境保護庁）の発がん性評価ガイドラインは2005年に最終化され、10%過剰発がんリスクの95%信頼下限値であるBMDL$_{10}$（ベンチマークドーズ信頼下限値、benchmark dose lower confidence limit）をPOD（用量反応の出発点、point of departure）として原点まで直線外挿してVSDを算出する方法が現在一般的に用いられている」（ILSI Japan［2012］11-12頁）。VSDにはこのほかにも、①動物実験データから得た実質安全量のヒトへの適用、②「社会的に容認されるリスクレベル」についての社会的合意、③化学物質の複合影響、などの問題がある。

　WHOの飲料水水質ガイドラインでは「遺伝毒性を有する発がん物質であると考えられる化合物の場合、通常、ガイドライン値は数学モデルを用いて求められる。いくつかのモデルがあるが、一般には線形多段階モデルが用いられる。（中略）提示したガイドライン値は、過剰生涯発がんリスク10^{-5}（または、ガイドライン値と同じ濃度でその物質を含む水を70年間飲み続けた場合、10万人に1人が新たにがんになる場合）の推定上限値に相当する飲料水中の濃度を控えめに表す。（中略）閾値のない化学物質のガイドライン値の導出のために使われたモデルは実験で検証することはできず、また、通常、薬物動態、（中略）、DNAの修復、免疫システムによる防御など、生物学的に重要な多くの点を考慮していない。また、実験動物での極めて高用量の曝露を、ヒトでの極めて低用量の曝露へ線形外挿することが、妥当であると仮定している。その結果、用いられるこれらのモデルは保守的な（すなわち、慎重すぎる）ものとなっている（WHO［2011］国立保健医療科学院訳、171-172頁）」のように記載されている。

　ここで特に留意したいことは、「生涯ばく露の生涯発がん確率」が10^{-5}ということである。ばく露期間は「年」ではなく「生涯」で、影響判定点（エンドポイント）は「死亡率」ではなく「発生率（罹患率）」となっている。放射線の分野でも検討すべき課題と考える。

6　リスク判断基準（公衆被ばく10,000分の1）

　LNTモデルを適用して、リスクを算定したとき、そのリスクが「許容される領域」なのか、それとも「許容されない領域」なのかを判断する基準（リスク判断基準）が必要になる。ここでは、ICRPおよびイギリスのSAP（安全性評価原則）等を援用して公衆被ばくの場合は「10,000分の1」（10^{-4}）とする。算出されたリスク（発生確率）が10^{-4}より大きい場合は「許容されない」と判断される。

（1）ICRP

　Publ.60（1990年勧告）において、職業被ばくの線量限度は「容認不可」と「耐容

可」との境界に設定する、としている（150項）。また、Publ.60の付属書Cで「容認できない範囲の境界は、最大に被ばくした個人に対し約10^{-3}という職業上の年死亡確率である」（C16項）としている。公衆被ばくは職業被ばくの「10分の1」を適用すれば、公衆被ばくのリスク判断基準は10^{-4}（10,000分の1）になる。

（2）イギリスのALARPおよび安全性評価原則（SAP）

イギリスでは、原子力プラントを含めて安全性の評価にはALARPの原則が適用される。ALARPはas low as reasonably practicableの略で、ALARPの原則とは「リスクは合理的に実行可能な限りできるだけ低くしなければならない」というものである。

ALARPは、リスクの高いほうから「Unacceptable region（許容不可能な領域）[注4]」、「The ALARP of Tolerability region（ALARPであれば耐容できる領域）[注4]」、「Broadly acceptable region（広く受け入れられる領域）」の三つのリスクレベルに区分される。ALARPの概念および原子力の安全性評価の枠組みを図2に示す。

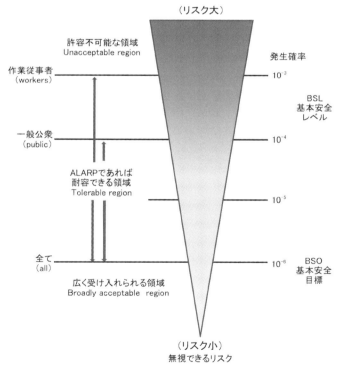

（出典）下記の資料を参考に筆者（小野塚）作成
1）ONR：SAP（Safety Assessment Principles for Nuclear Facilities. 2014 Edition.Revision 0）
2）HSE：TOR（The tolerability of risk from nuclear power stations. Revised 1992）
3）HSE：R2P2（Reducing risks, protecting people. First published 2001）
4）総合資源エネルギー調査会原子力の自主的安全性向上に関するWG、第2回会合、資料3、2013年。
図2　ALARPの概念およびイギリスにおける原子力の安全性評価の枠組み

第7章　ICRP公衆被ばく線量限度1mSv／年の設定根拠およびリスクの推定

「許容不可能な領域」と「ALARP であれば耐容できる領域」の境界は BSL（Basic Safety Level. 基本安全レベル）で、一般公衆におけるリスクレベルは 10^{-4} である。また「ALARP であれば耐容できる領域」と「広く受け入れられる領域」の境界は BSO（Basic Safety Objective. 基本安全目標）で、リスクレベルは 10^{-6} である。

ONR（原子力規制局）の SAP（Safety assessment principles for nuclear facilities. 原子力施設の安全性評価原則）では、BSL と BSO の枠組みを用いて、具体的な数値目標 Target 1 ～ Target 9 を定めている（ONR［2014］153-164 頁）。例えば、

　　・通常運転時の放射線作業従事者（Target 1）では

　　　　BSL（LL）：20 mSv、BSO：1 mSv　（LL）：legal limits（法定限度）

　　・通常運転時の一般公衆（Target 3）では

　　　　BSL（LL）：1 mSv ／年、BSO：0.02 mSv ／年

　　・事故時の一般公衆の個人死亡リスク（Target 7）では

　　　　BSL：1×10^{-4} ／年、BSO：1×10^{-6} ／年

などとなっている。

通常運転時における一般公衆の BSO（基本安全目標）は、0.02 mSv ／年（＝ 20 μSv ／年）であり、事業所（原発設置者）はこの目標に向けて ALARP の原則に則り実行可能な設計を行い、TAGs（Technical Assessment Guides 技術評価ガイド）などにより規制当局の審査を受けることになる。

日本にも、イギリスの上記 BSO に類似した「線量目標値」がある。1975 年 5 月 13 日付、原子力委員会決定の「発電用軽水型原子炉施設周辺の線量目標値に関する指針」で、50 μSv ／年（＝ 0.05mSv ／年）が設定されている。

1970 年代前半は、原子力発電所の黎明期にあたり、1970 年に関電美浜発電所 1 号（PWR）が、1971 年に東電福島第一発電所 1 号（BWR）が運転を開始している。比較的早い時期に「線量目標値」が定められたといえる。しかし、「50 μSv ／年（＝ 0.05mSv ／年)」に設定した根拠は明らかではなく「『as low as reasonably achievable』の考え方に立って周辺公衆の受ける線量を低く保つための努力目標である」とされている。

注4　「許容」と「耐容」：明確な用語の定義および定訳はないのではないかと思われる。ここでは「許容（acceptable）」は、許して認めること。「容認」とほぼ同義語。「耐容（tolerable）」は、耐え（られ）ること。我慢すること。「受忍」とほぼ同義語、とした。

7 放射線被ばくによる発がんリスク

(1)「100 mSv／生涯（積算）」による過剰がん死亡リスク

　公衆被ばくの場合、基本的には数年または生涯にわたって被ばくは継続するものとして考える必要がある。1mSv／年の放射線量を生涯（仮に100年とする）にわたり被ばくしたとすれば100mSvの積算線量になる。福島第一原発事故に伴う「避難指示の解除基準」の20mSv／年では、5年で100mSvの積算線量になる。

　表1のリスク係数（10,000人当たり、全年齢平均、1Sv当たり500人の過剰死亡数）をもとに100mSvの過剰がん死亡率を計算すると5×10^{-3}（被ばく者1,000人のうち5人ががんにより過剰死亡）となる。また、ICRP Publ.60、付属書C、C73項に「相乗モデルを採用しDDREFを2とすると、1mSvの年線量による寄与生涯致死確率は4×10^{-3}となる」との記述がある。計算プロセスは明らかにされていないが、年1mSvを80年間（生涯）繰り返し被ばくした場合の積算線量は80mSvとなり、生涯致死確率は4×10^{-3}となりこの数値に一致する。いずれも、公衆被ばくのリスク判断基準10^{-4}を上回り「許容できない領域」に入る。「耐容できる領域」までリスクを下げる対策が必要になる。

　ICRP Publ.103の66項の内容（本稿の5、(1)参照）が、上記のような計算を「仮想的な症例数を計算するのは適切でない。」に該当するのか不明であるが、もし適切でないと判断されるのであれば、年1mSvの線量を数年または生涯にわたって被ばくした場合のリスクを、どのように見積もり評価したらよいのか示してほしいと考える。

(2) BEIR-Ⅶ報告書によるリスク評価値

　BEIR（米国・電離放射線の生物影響に関する委員会）は、2006年に、第7次報告書（BEIR Ⅶ）を公表した。このなかで、固形がんの生涯寄与リスクを推定したものを表2

表2　BEIR-Ⅶ報告書で推定された固形がんの生涯寄与リスク（LAR）
（積算100mSvの被ばく．10万人あたり．DDREF=1.5）

ばく露シナリオ	発生率（罹患率）		死亡率	
	男性	女性	男性	女性
全年齢集団、100mSv	800	1310	410	610
10歳のときに100mSv	1330	2530	640	1050
30歳のときに100mSv	600	1000	320	490
50歳のときに100mSv	510	680	290	420
生涯を通して年間1mSv	550	970	290	460
18歳から65歳まで通して年間10mSv	2600	4030	1410	2170

（備考）原表は、単位にGyを使用していたが、本表ではSvを用いた（1Gyは1Svとした）。

（出典）Health Risks from Exposure to Low Levels of Ionizing Radiation：BEIR Ⅶ Phase 2（2006）（p.281、表12-6)

第7章　ICRP公衆被ばく線量限度1mSv／年の設定根拠およびリスクの推定

に示す（BEIR［2006］p.281、表12-6）。従来は「死亡率」についてのリスク評価値が出されていたが、BEIR-Ⅶでは「死亡率」とともに「発生率（罹患率）」についても出されていることに注目したい。発生率（罹患率）は死亡率の約2倍となる。

　生涯を通して年間1mSvの被ばくをした場合の10万人当たりの死亡率375（男性290、女性460、両性の平均）は、3.75×10^{-3}になる。前記のICRPでは、生涯を100年とした場合の推定値は5×10^{-3}であり、両者の数値は概ね一致する。

（3）日本産業衛生学会のリスク評価値

　日本産業衛生学会許容濃度等に関する委員会［2012］は、2012年に「電離放射線の過剰がん死亡生涯リスクと対応する線量レベルの評価値（暫定）提案理由」を公表した（表3）。

表3　日本産業衛生学会許容濃度等に関する委員会による電離放射線の過剰がん死亡生涯リスクレベルと対応する評価値（mSv）

（各歳から67歳まで、繰り返しばく露）

単位　mSv／年

過剰がん死亡生涯リスクレベル	男性			女性			DDREF（線量・線量率効果係数）
	ばく露開始年齢			ばく露開始年齢			
	18歳	38歳	58歳	18歳	38歳	58歳	
10^{-2}	3.2	7.8	40.4	2.7	6.6	33.0	1
10^{-3}	0.3	0.8	4.0	0.3	0.7	3.3	
10^{-4}	0.03	0.08	0.40	0.03	0.07	0.33	
10^{-2}	6.0	14.4	70.2	5.2	12.6	60.9	2
10^{-3}	0.6	1.4	7.1	0.5	1.3	6.1	
10^{-4}	0.06	0.14	0.71	0.05	0.13	0.61	

（出典）日本産業衛生学会誌［2016］許容濃度等の勧告（2016年度）58巻　第5号、pp.195-196。

　日本産業衛生学会の許容濃度等の勧告は、作業従事者を前提としているので、ばく露開始年齢は18歳となっている。表の上段3行はDDREF（線量・線量率効果係数）「1」で、下段3行は「2」である。

　DDREF＝2（表の下段）の過剰がん死亡生涯リスクレベル10^{-4}（10,000分の1）に対応する線量は、男性18歳から67歳までの50年間繰り返しばく露の場合、0.06mSv／年（＝60μSv／年）となっている。これは積算線量で3mSv（0.06mSv×50年＝3mSv）になる。

150

8 まとめ

① ICRP 公衆の被ばく線量限度「年 1mSv」の設定根拠は、わかりにくく複雑である。日本から ICRP の委員をつとめた人の解説論文では「自然放射線レベルの年間 1mSv（ラドンからの被ばくを除く）と同等の被ばくは容認できる。第 2 に、職業被ばくのおよそ 10 分の 1 のリスク、すなわち 1 万人に 1 人の過剰死亡を社会は容認するだろう」と記述されている。

② 1mSv ／年の放射線量を生涯（仮に 100 年とする）にわたり被ばくしたとすれば 100mSv の積算線量になる。表 1 のリスク係数（10,000 人当たり、全年齢平均、1Sv 当たり 500 人の過剰死亡数）をもとに 100mSv の過剰がん死亡率を計算すると 5×10^{-3}（被ばく者 1,000 人のうち 5 人ががんにより過剰死亡）となる。この数値は、公衆被ばくのリスク判断基準を 1×10^{-4}（10,000 人に 1 人）に設定すれば「許容できない領域」に入る。1mSv ／年の放射線量は、決して厳しいとは言えない。

イギリスでは、BSL（基本安全レベル）、BSO（基本安全目標）の枠組みにおいて、通常運転時の一般公衆の被ばく線量を BSL（法定限度）：1 mSv ／年、BSO：0.02 mSv ／年（＝ 20μSv ／年）としている。BSO：0.02mSv ／年であれば、生涯（仮に 100 年間）繰り返し被ばくしても積算線量は 2mSv であり、死亡確率は 1×10^{-4} となり「耐容できる領域」の上限値になる。

【参考文献】

・BEIR［2006］Health Risks from Exposure to Low Levels of Ionizing Radiation:BEIR Ⅶ Phase 2.

・原子力安全委員会事務局［2011］「低線量被ばくのリスクからがん死の増加人数を計算することについて」（平成 23 年 9 月 8 日）。

・福島昭治ほか［2005］「環境化学物質による発がん」、佐渡敏彦ほか編著『放射線および環境化学物質による発がん』医療科学社。

・ICRP［1977］『ICRP Publ.26 国際放射線防護委員会勧告（1977 年 1 月 17 日採択）』日本アイソトープ協会訳／ 6 刷 1988 年発行。

・ICRP［1991］『ICRP Publ.60 国際放射線防護委員会の 1990 年勧告』日本アイソトープ協会訳／ 1991 年発行。

・ICRP［2007］『ICRP Publ.103 国際放射線防護委員会の 2007 年勧告』日本アイソトープ協会訳／ 2009 年発行。

・ILSI Japan［2012］「食品リスク研究部会リスクアセスメントで用いる主な用語の説明」 http://www.ilsijapan.org/ILSIJapan/COM/TF/sr/120216_Term_RevisedEdition.pdf（参照 2017.1.25）

・草間朋子［1991］『ICRP 1990 年勧告―その要点と考え方―』日刊工業新聞社。

・日本保健物理学会［2010］「医療放射線リスク専門研究会報告書」（ISSN 1881-7297）。

第7章　ICRP公衆被ばく線量限度1mSv／年の設定根拠およびリスクの推定

・日本産業衛生学会許容濃度等に関する委員会［2012］「電離放射線の過剰がん死亡生涯リスクと対応する線量レベルの評価値（暫定）提案理由（2012年度）」日本産業衛生学会誌、第54巻、5号。

・小笹晃太郎ほか［2012］「原爆被爆者の死亡率に関する研究、第14報　1950-2003年：がんおよびがん以外の疾患の概要」。　http://www.rerf.jp/library/archives/lsstitle.html（参照 2017.1.28）。

・Preston DL, 清水由紀子ほか［2003］「原爆被爆者の死亡率調査　第13報、固形がんおよびがん以外の疾患による死亡率：1950-1997年」。　http://www.rerf.jp/library/scidata/lssrepor/rr24-02.htm（参照 2017.1.28）。

・佐渡敏彦ほか［2005］「はじめに」、佐渡敏彦ほか編著『放射線および環境化学物質による発がん』医療科学社。

・佐々木康人ほか［2012］「放射線防護基準の変遷」日本アイソトープ協会HP。　http://www.jrias.or.jp/disaster/pdf/20120213-134623.pdf（参照 2017.1.17）。

・市民科学研究室［2006］「BEIR Ⅶ報告書【翻訳】行政・専門家向けの概要」。　http://archives.shiminkagaku.org/archives/2006/07/beir-1.html（参照 2017.1.26）。

・ONR［2014］Safety assessment principles for nuclear facilities.

・WHO［2011］『飲料水水質ガイドライン（第4版）』、国立保健医療科学院訳・日本語版発行、2012年。

解説3　リスクレベル「1,000分の1（10^{-3}）」および「100万分の1（10^{-6}）」について

安全性の議論をするとき、リスクレベル「1,000分の1」「10^{-3}」、または「100万分の1」「10^{-6}」という言葉（数値）がよく出てくる。この数値はいったい何を表すのか。ルーツを探ってみた。

1　「安全」の国際標準　ISO/IEC Guide 51

ISO/IEC Guide 51 は、「規格に安全に関する規定を導入するためのガイドライン」で、ISO（国際標準化機構）と IEC（国際電気標準会議）が共同して開発・発行している国際規格である。1990年に初版が、1999年に第2版が、2014年に第3版が発行されている。日本では、これを基に技術的内容および構成を変更することなく作成された JIS Z 8051「安全側面―規格への導入指針」が発行されている。JIS規格は、日本工業標準化調査会のホームページで閲覧可能である（無料）。

以下、向殿政男監修『安全の国際規格 第1巻 安全設計の基本概念 ISO/IEC Guide 51（JIS Z 8051），ISO 12100（JIS B 9700）』（2007年、日本規格協会発行、74-75頁）から引用させていただく。

　　「リスクの評価を実施するうえで重要となるのは、リスク基準であるが、ISO/IEC Guide 51 では、この基準を"許容可能なリスク"と表現している。ここで再確認しておくが、安全の定義は次であった。『安全（safety）：受容できないリスクがないこと』

　つまり"安全"とは、"受け入れ不可能なリスクがないこと"であり、いくらかリスクは残ることを前提としている。図1は、許容可能なリスクと安全の関係を示したものである。図1では、受け入れ不可能なリスクより低いリスクが、リスクの大きさ順に、"許容可能なリスク""受け入れ可能なリスク"の2段階で示されている。

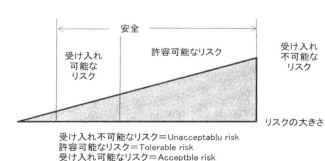

（出典）向殿政男『安全の国際規格1 安全設計の基本概念』74頁、図2・14

図1　許容可能なリスクと安全

なお、ISO/IEC Guide 51には、"受け入れ可能なリスク"の定義は示されておらず、許容可能なリスクのみが定義されている。『許容可能なリスク（tolerable risk）：社会における現時点での評価に基づいた状況下で受け入れられるリスク』。

受け入れ可能なリスクとは、リスクが非常に小さく、感覚的にいえば、かすり傷やあざができる程度のリスクと考えることができる。また重大な影響を及ぼす事象の場合、発生確率が100万分の1以下の範囲を示す場合が多い」

上記は、1999年版（第2版）をもとに記述されている。2014年版（第3版）では、安全の定義が「許容不可能なリスクがないこと」に、また許容可能なリスクの定義が「現在の社会の価値観に基づいて、与えられた状況下で、受け入れられるリスク」と変更された。

2　イギリス・HSE（保健安全庁）とALARPの原則

図2は、イギリスHSE（Health and Safety Executive、保健安全庁）の手引き書Guidance on ALARP in COMAH（SPC/Permissioning/37）の中に記されているものである。リスクを「許容不能」、「ALARPであれば許容可能」、「広く受容可能」に区分している。ALARPとは "as low as reasonably practicable" の略で、リスクは合理的に実行可能な限り出来るだけ低くしなければならない、というものである。

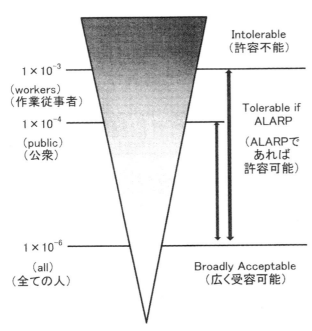

ALARP領域の上限値は作業従事者が1×10^{-3}で、公衆は1×10^{-4}である。下限値は1×10^{-6}である。

放射線防護の領域では、「ALAP（実行可能な限り低く）1958年ICRP Publ.1」、「ALARA（容易に達成できる限り低く）1965年 ICRP Publ.9」、「ALARA（合理的に達成できる限り低く）1977年 ICRP Publ.26」と変化しているが、基本的な概念としては、ALARPと同じと考えてよいものと思う。

（出典）イギリス・Guidance on ALARP Decisions in COMAH SPC/Permissioning/37

図2　Types of ALARP Demonstration（一部改変）

3 英国学士院研究グループの報告書「リスクアセスメント」（1983年）

英国学士院の研究グループは、1983年にリスクアセスメントに関する研究報告書を公表した（Risk Assessment, A Study Group Report, The Royal Society, London, 1983）。ICRP の職業被ばく線量限度設定の重要な根拠となっている。

以下、岩崎民子ほか「日本における最近の労働災害のリスク Ⅱ. 業種別・年齢階級別死亡の経年変化」（1993年、『保険物理』28、73-178頁）から、関係部分を引用させていただく。

「10^{-2} という連続的な職業上の年死亡確率は容認できないが、10^{-3} の年死亡率の場合には不明瞭であることから、10^{-3} の確率レベルはそのリスク認識があれば全く容認できないものではないだろう」

4 VSD（実質安全量）提唱者が考えた「無視できるリスク」のレベル

VSD（Virtually Safe Dose 実質安全量）提唱者のマンテルとブライアンは、1961年にアメリカの『国立がん研究所雑誌』に、VSD の考え方を提唱した。

「1億分の1というきわめてわずかな生涯発がんリスクを超える可能性が無視できるものを"実質安全量"と定義した」。1億分の1とは、10^{-8} である。

（出典）J. V. ロドリックス著、宮本純之訳［1994］『危険は予測できるか！』化学同人、291頁。マンテルらの原論文は、Mantel, N., Bryan, W.R.［1961］"Safety" Testing of Carcinogenic Agents. J. Nat. Cancer Inst. 27, pp.455–470。

5 アメリカ・FDA（食品医薬品局）のデラニー条項と食品品質保護法

「1958年、アメリカの・食品医薬品局（FDA）は、食品医薬品化粧品法のなかに食品中に発がん性化学物質を使用すること、および残留が検出されることを禁止する『デラニー条項（Delaney Clause）』と呼ばれる法律を導入した。（中略）。デラニー条項は、食品添加物のベネフィット（有用性）、を考慮することを認めなかったり、天然の発がん物質のリスクや非発がんのリスクを無視することで、必ずしもリスクを減らすことを保証しないことなど、ゼロリスクが持つさまざまな矛盾点が指摘されてきた。その結果1996年にデラニー条項は廃止され、食品品質保護法（Food Quality Protection Act）が成立。残留殺虫剤などを含む生鮮食品と加工食品に同じリスクレベルの基準が適用されるようになり、10^{-6} の生涯発がんリスク以下を『安全である』と定義するようになった」

（出典）佐渡敏彦ほか編著［2005］『放射線および環境化学物質による発がん：本当に微量でも危険なのか？』医療科学社、p.19頁。

6 「10⁻⁶」の根拠は？：リスクアセスメントハンドブックにおける記載

些細（ささい）リスクと明白リスク

　「些細原則（de minimis principle）とは、小さすぎて気にする価値のないレベルのリスクがあることを意味している（すなわち、法は些細なことには関与しない）。魅力的な考え方ではあるが、社会の全体に受け入れられる些細なレベルを定義するのは難しい。監督官庁は受容できるリスクについて明らかにしたがらないが、一般市民に対する100万分の1のオーダの生涯リスクは、産業界の多くは受容できるとされ、EPA（環境保護庁）、FDA（食品医薬品局）およびCPSC（消費製品安全委員会）により使用されている。『100万分の1』の受容可能リスクの出所やそのようなリスクの意味するものはあいまいなままである。

　私たちの調査でも、1960年代のメリーランドくじにおける100万ドル獲得のチャンスのようなものとか、リスクが小さすぎていずれにしても誰も気が付かないだろうという考えから思いつかれたかもしれない、という以外、多くを明らかにすることはできなかった」（中略）

　「これと対極にあるのが、明白リスク（de manifestis risk）、すなわち経費にかかわらず管理しなければならない明瞭なリスクである。1,000分の1以上の生涯リスクがこの領域に属し、ほとんど間違いなく法的規制の引きがねになる」

（出典）平石次郎ほか訳編［1998］『化学物質総合安全管理のためのリスクアセスメントハンドブック』丸善、23-25頁。

（小野塚春吉）

---— 第8章 ——

環境対策と両立する
日本のエネルギー需給の現状と課題

歌川　学

1　はじめに

　エネルギーは産業活動、輸送、生活等で必要だが、エネルギー供給・消費は選択した種類や処理の方法によっては気候変動、公害等の原因になる。

　原子力事故は第1部第1章、第2章に、事故がない場合も放射性廃棄物の問題が第2部第6章に示されている。

　化石燃料の燃焼で発生する大気汚染物質は、発電所や工場周辺や道路沿道等地域に大きな健康影響をもたらす。特に化石燃料の中でも石炭では大気汚染物質、重金属、水銀、有機汚染物質等多くの排出がある。

　気候変動は、化石燃料燃焼による CO_2 排出をはじめとする温室効果ガス排出の人為的排出の要因が大きい。異常気象激化、生態系悪影響、農業悪影響等を抑える目安として、産業革命前からの気温上昇を2℃未満に抑制することが議論され、IPCC（気候変動に関する政府間パネル）報告で排出削減等の研究レビューが示されてきた。国際政治がこれを受け止め、「パリ協定」で気温上昇を産業革命前から2℃を十分下回る水準に抑制することを目標、1.5℃抑制を努力目標に決め、今世紀後半の温室効果ガスの人為的排出量を事実上ゼロ（人為的吸収とバランス）と定めた。これらを満たすためには、現在把握されている化石燃料の確認可採埋蔵量の8割は使えない。

　エネルギー需給とその選択は、環境と持続可能性を前提に行われる必要がある。ここでは原子力、石炭消費を抑えた上で、気候変動の上記目標・目安を考える。

2 エネルギー需給・CO₂排出実態

(1) エネルギー需給

日本の一次エネルギー供給は、2011年の原発事故以降減少、2015年度には2010年度比9%減少した。電力消費量も原発事故以降減少、2015年度には2010年度比8%減少した（図1）。これは生産量などの落ち込みではなく省エネ対策の結果と考えられる。

(2) CO₂ 排出実態

日本の1990年以降の温室効果ガス排出量は2015年度に1990年度比4%増加、エネルギー起源 CO₂ 排出量（2015年度に全体の87%を占めた）も2015年度に1990年度比6%増加した。エネルギー起源 CO₂ 排出量は原発事故前も増加、リーマンショックでいったん落ち込み経済回復と原発事故で再び増加したが、省エネと再生可能エネルギー普及対策進展で2013年度以降減少し、2015年度のエネルギー起源 CO₂ 排出量はほぼ2010年度つまり原発事故前の水準に戻った（図2）。

部門別の CO₂ 排出割合を図3に示す。左側は発電時の排出を国際統計と同じく発電所の排出（「直接排出」という）とした計算方法、右側は発電時の排出を電力消費量に応じて割り振った「電力配分後」排出割合である。発生源と対策元を考えやすい左側で考えると、エネルギー転換部門（発電所等）と工場で3分の2を占める。大口事業所に注目するとエネルギー多消費6業種130事業所で日本の温室効果ガスの半分を排出する（図4、CO₂ 以外の温室効果ガスも含む）。

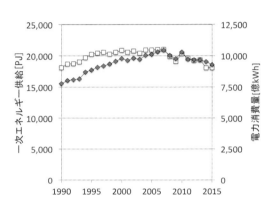

資源エネルギー庁「総合エネルギー統計」より作成

図1 日本の一次エネルギ供給と電力消費変化

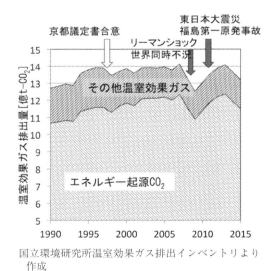

国立環境研究所温室効果ガス排出インベントリより作成

図2 日本の温室効果ガス排出量推移

各部門のCO₂排出量は、エネルギー転換部門（発電所等）が大きく増加、他は減少した（図5）。

エネルギー量あたりCO₂排出量は化石燃料間で違い（図6）、石炭は天然ガスの約2倍のCO₂を排出する。対策として石炭を減らすことが考えられるが、日本では後述のように石炭が増加した。

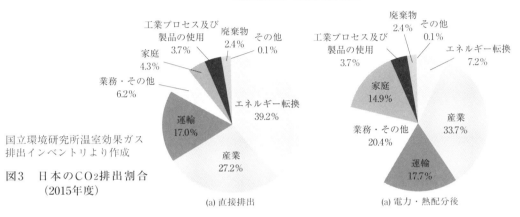

図3　日本のCO₂排出割合（2015年度）

国立環境研究所温室効果ガス排出インベントリより作成

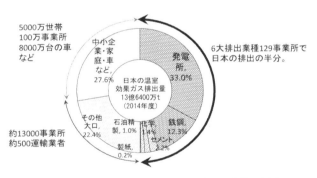

気候ネットワーク「日本の温室効果ガス排出の実態、温室効果ガス排出量算定・報告・公表制度による2014年度データ分析」より作成

図4　大口事業所の排出割合

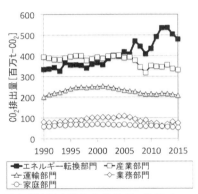

国立環境研究所温室効果ガス排出インベントリより作成

図5　日本の部門別CO₂排出推移

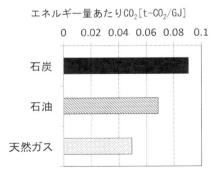

資源エネルギー庁発熱量表炭素表より作成

図6　エネルギー量あたりCO₂排出量

第8章　環境対策と両立する日本のエネルギー需給の現状と課題

（3）電力構成の実態

事業用発電の燃料別発電量推移を見ると石炭火力の発電量が原発事故以前から増加してきた（図7）。事業用発電の燃料別のCO_2排出内訳を見るとエネルギー量あたりCO_2の大きい石炭が急増した（図8）。発電所の排出増加の背景に石炭の増加がある。

対策では原発事故以降省エネが進むと共に再生可能エネルギーが増加、図5の2013年度以降のエネルギー転換部門の減少につながった。また2015年以降夏のピーク時の火力発電出力は原発事故以前より小さくなった。

（4）省エネ普及は？

日本のエネルギー消費は、有効利用は全体の3分の1程度、3分の2は排熱ロス等で捨てており、逆に大きな省エネ余地を示唆している（図9）。部門別のエネルギー原単位（生産量、床面積、世帯数、輸送量あたりエネルギー量）は1990～2010年度に全部門で停滞、特に運輸旅客（主に乗用車）は大幅に悪化した（図10）。2010～2015年度は家庭部門は大きく改善し、1990～2015年度を通し約2割改善になった。運輸旅客以外の部門も2010年度以降改善したが、1990～2015年度の改善率は1割未満で省エネ技術の進展を活かしたとは言いがたい。

（5）再生可能エネルギー普及は電気は増加、熱は減少

2012年7月の再生可能エネルギー固定価格買取制度以降、再生可能エネルギー電力普及が進展した。太陽光発電設備容量は制度導入前の約500万kWから2017年3月末で約3850万kW、7.7倍に増加した（設備認定を終え計画中または建設中のものを入れると約8950万kW、17倍）。再生可能エネルギー電力発電量割合は2010年度の約10%から2015年度に約16%に増加した（含水力）。但し太陽光とバイオマス以外はあまり増えず、バイオマスでは持続可能性に問題のあるものが増加し、制度に課題がある。

また、再生可能熱利用の代表、太陽熱利用も1990年度をピークに半分以下に減少、普及に課題がある[注1]。

注1：現行制度（2018年2月現在）の固定価格買取制度のバイオマス発電の運用は、温暖化対策や持続可能性などの観点から多くの課題がある。バイオマス発電は多くの場合、発電利用だけでは発電効率が10～20%程度と低い。熱利用を前提にしたコジェネレーションにし、熱利用を含めて50～80%の効率を得ることが望ましいが、発電だけのものが多い。日本の制度では熱利用が無くても買取価格は同じである。次に、地域のバイオマス資源でなく輸入資源が大きな割合を占め、地域資源の活用の観点から問題がある。2017年度にはパーム油およびパーム椰子殻を含むバイオマス発電が急増、2017年9月までの認定設備のうちバイオマス専焼の発電所設備容量の約8割をパーム油およびパーム椰子殻を燃料に含むものが占めた。パーム油は食品や石けんの材料であり、持続可能性、産地（海外）の生物多様性の観点で問題がある。少なくとも

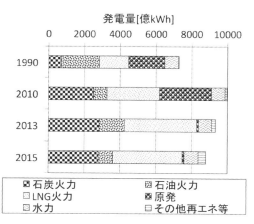

資源エネルギー庁「エネルギー白書」より作成

図7　事業用発電の燃料別発電量

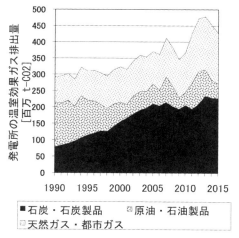

国立環境研究所温室効果ガス排出インベントリより作成

図8　事業用発電の燃料別CO_2排出量

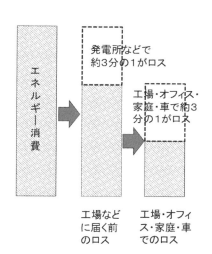

平田賢「21世紀:水素の時代を担う分散型エネルギーシステム」,vol.54-No.4,機械の研究,2002をもとに作成

図9　日本のエネルギー利用とロス

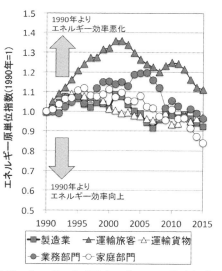

資源エネルギー庁「総合エネルギー統計」「エネルギー需給確報」などより作成。

図10　各部門のエネルギー効率の推移

企業・国民負担で賦課金を払って推進するものとは言えない。買取制度ではパーム油や椰子殻が、一般木材と同じに扱われていたが、少なくともパーム油は分離し、トレーサビリティを求め、持続可能性の認証を求めるなどの制度改正が予定されている。パーム油関係以外でも、バイオマス発電は材木・チップなどの残りあるいはその廃材・廃棄物で十分だが、価格設定などの問題から材木やチップと競合しているとの指摘がある。また、石炭火力発電所への数％バイオマス混焼も固定価格買取制度の対象である。石炭火力はLNG火力の2．5～3倍の発電量あたりCO2を排出、バイオマスを数％混ぜた程度ではこの差はあまり改善できない。

3 対策について

(1) 省エネ対策、温暖化対策

温暖化対策は、活動を減らすこと、省エネでエネルギー量を減らすこと、同じエネルギー量でも CO_2 の小さい燃料に転換（例えば石炭・石油から天然ガス、石炭・石油・天然ガスから再生可能エネルギー）がある。省エネの技術普及対策、燃料転換対策は対策が維持されるのに対し、暖房停止や生産カット等苦痛や社会経済活動の後退は社会的受容も難しい。

(2) エネルギー転換部門の対策

燃料の性質と発電効率の差により発電量あたり CO_2 排出量は大きく異なり、この両方の要因で最新 LNG 火力と石炭火力では発電量あたり CO_2 排出量が 2.5〜3 倍も異なる（図 11）。

火力発電所の削減対策は、発電所側での省エネ対策と燃料転換、消費側の省エネ対策がある。蒸気タービンのみで発電効率が 40% 以下の旧型発電所を、ガスタービンと蒸気タービンのコンバインドサイクル発電（2段階発電）で発電効率 54% のものに更新すると、発電量あたり燃料消費量、CO_2 排出量を 25〜30% 削減できる。石炭火力から新型 LNG 火力に転換すると発電量あたり CO_2 排出量を約 60〜70% 削減できる。また、発電所の排熱を産業部門・業務部門・家庭部門に回せばそこでの化石燃料消費を削減できる。

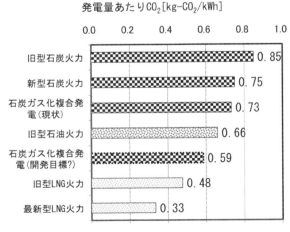

資源エネルギー庁発熱量表、電力需給の概要などより作成

図11　火力発電のkWhあたりCO_2

全ての火力発電を最新 LNG 火発に転換すれば CO_2 排出量は半減する。実際には消費側の省エネ、発電側の再生可能エネルギー普及の手段もあり、発電の CO_2 削減は多くの部門の中でも取り組みやすいといえる。

さらに火力発電所の電力を減らし再生可能エネルギー発電に置き換えると発電所からの CO_2 排出はゼロになる。日本では日本の電力消費量をはるかに上回る再生可能

エネルギー導入可能性がある（図12）[注2]。

日本では多くの石炭火力発電所建設計画がある（図13）。全て完成すればその後数十年にわたり多くのCO_2排出が継続される。石炭の対策は技術的にも限界がある[注3]。

（3）産業部門の対策

産業部門（主に工場）は石油危機後の対策で省エネ余地がないような誤解が一部あったが、1979年の石油危機以降40年近くのうちに多くの省エネ技術進展があり、また過去に導入した省エネ設備例えば蒸気・熱配管の断熱材が傷み工場の消費エネルギーの約1割が失われていると報告される等、大きな省エネの余地がある。

日本の産業部門の業種のうち、鉄鋼、セメント、化学工業、製紙、製油で産業部門の7割のエネルギー消費、CO_2排出を占める。

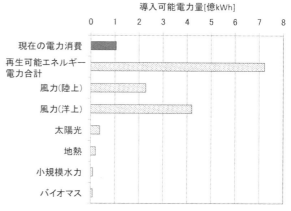

環境省：再生可能エネルギーポテンシャル調査(2010)
NEDO:太陽光2030+、自然エネルギー白書、より作成

図12　日本の再生可能エネルギー電力導入可能性

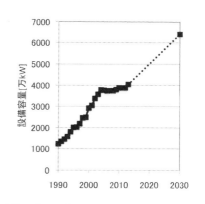

実績は資源エネルギー庁「エネルギー白書」
予測はNGO気候ネットワークの新設計画より試算。

図13　日本の石炭火発建設計画

注2：全てを変動電源（太陽光発電と風力発電）とするのは難しいが、気象予測技術や送電網運用技術などの向上で変動電源割合を50%にするような例がIEAなどで報告されている（詳しくは再生可能エネルギー解説参照）。

注3：発電効率向上技術はLNG火力で大きく進展、蒸気タービンとガスタービンの2段階発電でこの30年に約40%から54%へと大きく伸びた。石炭では技術開発が難しく蒸気タービンのみの発電効率は新型でも42～43%、蒸気タービンとガスタービンの2段階発電も現在の発電効率は新型42～43%止まりである。技術開発が遠い将来に成功し、LNGで商業化済の発電効率54%を超えたとしても、発電量比CO_2は燃料の性質から旧型石油火力よりやや良い程度で、旧型LNG火力のレベルに及ばない（図11）。石炭火力が発電量あたりCO_2で最新LNG火力の水準になるにはCO_2の半分以上を回収し地下や海底等に貯蔵（CCS、炭素固定貯留）しなければならない。この技術は油田に押し込む技術があるが、日本では未完成で、また将来成功したとしてもエネルギーロスもコストも大きい。CCS付石炭火力の発電コストはトータルコストも、燃料コストもLNG火力より高いと予想される（コラム7「発電コスト」参照）。

第8章　環境対策と両立する日本のエネルギー需給の現状と課題

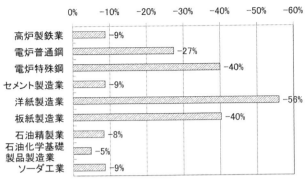

図14 素材製造業のエネルギー効率向上試算例
経済産業省：省エネ法ベンチマーク発表資料より作成

これら業種で省エネ優良レベルの工場のエネルギー効率（生産量比エネルギー消費量）に平均が改善した場合の業種毎の削減率を図14に示す。省エネ法ベンチマークは「偏差値60水準」で、トップ水準（偏差値75）に及ばないが、それでも高炉製鉄約10％、電炉鉄約3〜4割等の削減可能性がある。

素材製造業以外では、配管断熱強化、熱の使い回し、ポンプ等のインバータ化、特殊空調の効率改善等様々な省エネ対策があり、ビール工場で熱回収で工場のエネルギーを3割削減した例、半導体工場の当該行程で特殊空調のエネルギー消費・CO_2を半減した例、省エネと再エネを組み合わせ一般機械工場で購入電力を9割減らす計画をたてた例等がある。

（3）業務・家庭・運輸の対策

業務、家庭、運輸の各部門のCO_2排出割合はあわせて約3割で、省エネ、温暖化対策では重点部門とは言えないが、技術的に大きな可能性がある。

オフィスとサービス業施設（商業施設、宿泊施設、病院施設等）（あわせて「業務部門」という）では、照明設備、冷暖房・冷凍空調設備、OA機器の省エネと建物断熱強化による省エネがある。業務部門の施設では同じ用途でも床面積比CO_2排出量に大きな差があり（図15）、大きな対策余地を示唆している。例で示した東京都では床面積あたり

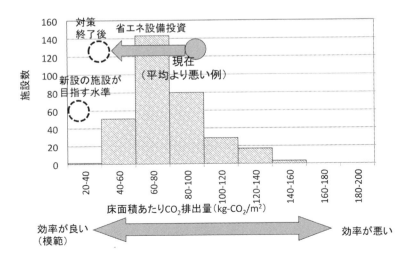

東京都環境局排出量取引制度報告資料より作成

図15　業務部門ビルの床面積比CO_2の差

CO₂排出量は2014年度に基準年比で各業種2～3割削減したのに加え、同じ業種の優良事業所（上位15%、偏差値60）水準まで対策をすると更に10～50%の削減が得られる（図16）。

家庭部門でも空調、照明、家電の省エネ型への更新、断熱住宅への改修で大きな削減可能性があり、科学技術振興機構低炭素センターは、浪費型機器・建物の家庭に比較し、省エネ住宅・機器を使う家庭は世帯あたりエネルギー消費量が半分以下と推定している。

運輸部門では、乗用車の燃費改善に大きな可能性がある。機関毎の輸送量あたりCO₂排出量は、旅客では乗用車と鉄道・バス、貨物ではトラックと船舶・鉄道で大きな差があり車から他の機関へのシフトが可能な地域・区間で効果がある。また更新時の省エネ車選択で大きな削減可能性がある。現状でもハイブリッド車でなくても2020年燃費基準を達成している車種が販売されている。

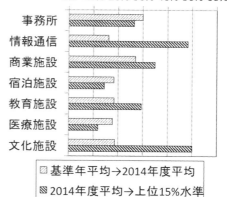

図16　東京の大口業務施設の床面積比CO₂削減可能性

（4）各部門の対策

以上挙げた各部門の省エネ対策をあわせると図17のように、2030年に向け大きな可能性がある。

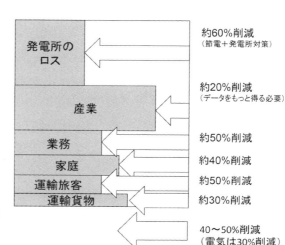

図17　2030年の全体のエネルギー消費量部門別（総量、2010年比）

第8章　環境対策と両立する日本のエネルギー需給の現状と課題

4　2030年、2050年までの削減について

(1) 政府計画について

　政府は2015年の地球温暖化対策計画で、2020年度、2030年度、2050年度までの温室効果ガス削減目標を定めた。諸外国目標との比較のため1990年度比の削減率は2020年度6%増加、2030年度18%削減、2050年度は80%削減（基準年不明）である。この試算はエネルギー起源CO_2については経済産業省の「長期エネルギー需給見通し」をもとにしている。

(2) 2030年の削減試算例について

　原発事故後、2030年までの温室効果ガス排出削減研究（多くはエネルギー起源CO_2排出）が多数行われた。2030年にエネルギー起源CO_2を40%以上削減可能とした研究が多数ある（明日香ら,2015a）。

　排出量の差は、活動量（生産量、輸送量など）の差、省エネ対策の差、エネルギー量あたりCO_2量つまり再エネ対策や燃料転換対策の差である。各研究試算の多くはエネルギー多消費産業の生産量、旅客・貨物輸送量などを政府想定にあわせて試算しているので、削減率の差は削減対策（省エネ対策、再エネ対策、燃料転換対策）の差であると言える。政府の地球温暖化対策計画、そのもとになっている長期エネルギー需給見通しは、諸

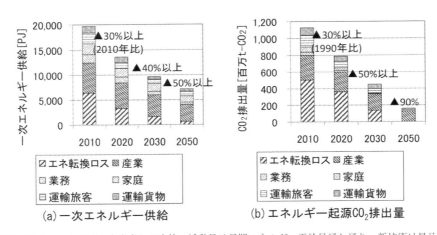

(a) 一次エネルギー供給　　(b) エネルギー起源CO_2排出量

想定：技術普及をリードタイムを考慮して実施。活動量は長期エネルギー需給見通し通り。新技術は見込まない。
歌川・外岡・平田：「ボトムアップモデルによる2050年までの対策を考慮する中長期省エネ・温暖化対策シナリオの検討」より作成

図18　2050年にむけた削減検討例

研究と比較すると省エネと再生可能エネルギーは控えめ、石炭と原子力の割合は大きい方に位置する（明日香ら,2015a）。

（3）2050年の削減試算例について

2050年にむけたエネルギー消費量とエネルギー起源CO_2排出量の削減試算の例を、図18に示す。当該研究は2050年まで大量生産・大量輸送を継続、新技術も使わずに既存商業化技術普及を行う保守的想定の結果である。エネルギーは2050年にほぼ半減、エネルギー起源CO_2排出は2050年段階で85%削減する。この試算は高温熱利用と運輸燃料で化石燃料を残しているが、これらを含め2050年には全て再生可能エネルギー転換可能とする研究もある（システム技術研究所,2011,システム技術研究所,2017）。

5 経済・雇用との関係 ·······

（1）費用対効果

温暖化対策のうち、省エネ対策の多くは投資額が光熱費削減により「もと」がとれる。再生可能エネルギー電力も、太陽光発電でも価格低下で購入電力より安くなりつつある。

今後導入する対策の費用対効果で、システム技術研究所では、2010 ～ 2050年の40年間の設備投資210兆円、光熱費削減等398兆円、正味費用は差引▲188兆円、つまり対策をした方が得になるとしている。国立環境研究所も、対策投資額は対策の強さにより増加するが、投資額は2030年までに光熱費削減でほぼ「もと」をとり、光熱費削減は2030年以降も続きさらに利益を得、対策が得であることを示している（明日香ら,2015b）。省エネ、温暖化対策設備投資の多くは投資をする事業者や家庭には得である[注4]。

（2）経済波及効果と雇用創出効果

化石燃料輸入額は年15 ～ 28兆円である。化石燃料支出はその多くが海外大手に流れるのに対し、省エネ・再生可能エネルギー投資は国内企業、地元企業の受注する場合もある。以下この受注側の経済効果と雇用について述べる。

注4：原理的に「損」、「持ち出し」である対策がある。CO_2証書等の購入は光熱費削減要素がない。将来、CCS（炭素固定貯留）が行われれば、これも光熱費削減要素がなく、CO_2回収と地下又は海洋・海底への貯留に追加的エネルギー消費を要し、コストが追加になり「持ち出し」になる。未完成技術の気候工学、例えば空から煙や粒子をまいて太陽光線を遮断、海に鉄粉をまいて植物プランクトンの光合成を高める、等の技術も、仮に環境改変のダメージがないとしても、光熱費削減要素がなく原理的に「持ち出し」になる。これらは原理的に投資回収可能な省エネ技術などよりコストが高い。

世界の新設発電所設備投資は再生可能エネルギーが7割を占める。つまり発電所建設設備投資で火力や原子力（あわせて残り3割）よりはるかに大きい売上と雇用をもたらしているとみられる。対策産業の雇用は日本で再生可能エネルギー産業の雇用が約33万人と推計され、エネルギー多消費6産業（火力発電、高炉製鉄、有機化学素材とソーダ工業、セメント製造、洋紙板紙製造、製油であわせて約14万人）や原子力産業（約5万人）を大きく上回り、自動車・自動車部品製造業（80万人）の約半分の雇用者数相当まで成長した。今後も対策による雇用拡大が予測され、2030年温室効果ガス40％削減実現で対策産業の雇用200万人との試算がある（図19）。

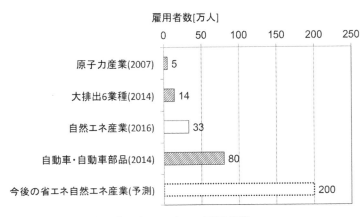

図19　温暖化対策産業などの日本での雇用者数

注：大排出6業種は、火力発電、高炉製鉄業、化学素材（ソーダ工業・有機化学基礎製品）、洋紙製造業、セメント製造業、石油精製業。
　今後の予測は2030年にCO$_2$を1990年比40％削減した場合のCASA(地球環境市民会議)の産業連関分析。
　自然エネ産業はREN21 Renewables 2017 global status report、原子力産業は原子力産業協会報告、大排出6業種と自動車・自動車部品製造業は経済産業省工業統計など、予測はCASA2030年シナリオより作成。

（3）経済発展と対策

図20に日本とドイツの温室効果ガス排出とGDPの推移を指数で示す。先進国には日本より高い経済成長で温室効果ガス排出を削減している国が20ヶ国以上あり、背景に産業構造転換・エネルギー多消費産業の割合縮小、省エネ・再生可能エネルギー等CO$_2$削減を仕事にする産業の成長と雇用の増加がある。これをみる限り、対策拡大が経済発展や雇用拡大につながる。化石燃料埋蔵量の8割は「気温上昇2℃目標」実現のためには燃やせないと警告され、鉱山権益が暴落、エネルギー多消費設備が使えなくなる可能性がある。世界の発電所新設投資の7割が再エネ発電所で、火力・原子力はあわせても3割である。石炭火力全廃を求める国の連合ができ、金融業が石炭投資に慎重になり、石炭産業への投資を減らしている。再エネ100％目標の自治体、企業が増え、取引先にも再エネ導入を要求している。ガソリン車・ディーゼル車の販売を年次を切って禁止する政策を打ち出した国もある。市場自体が温暖化対策前提に動きつつある。

各国政府の気候変動枠組条約への温室効果ガスインベントリ通報、およびIEA: CO_2 Emissions from Fuel Combustion, IEA, 2016より作成

図20　GDPと温室効果ガス排出推移

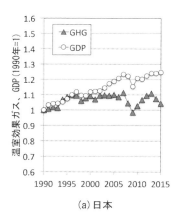
(a) 日本

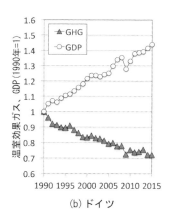
(b) ドイツ

6　まとめ

　日本において、省エネ、再生可能エネルギー普及、燃料転換等の対策可能性が大きい。原発に依存せずに省エネ、再生可能エネルギー普及、燃料転換を中心とした研究で大きな削減可能性を指摘する研究が多くある。省エネは費用対効果が高いものが多く、再エネ電力も普及により価格低下し化石燃料と逆転する傾向にある。投資を受注する省エネ・再生可能エネルギー産業も育ち、付加価値や雇用者数がエネルギー多消費産業と逆転している。環境か経済かという「対立軸」は過去のものになった。

　原発にも新技術にも依存せずにパリ協定で求められる水準に近い削減対策も可能で、地域産業や雇用増にも寄与すると予想される。対策の実現には、また経済・雇用で地域産業を中心にするにも、一定の政策が必要である。これらを、国民的議論、多くの主体の知恵を活かしながら議論し進めていくことが課題である。

【参考文献】
- 明日香ら（2015a）：明日香壽川、上園昌武、歌川学、甲斐沼美紀子、田村堅太郎、槌屋治紀、外岡豊、西岡秀三、朴勝俊、Pranab Jyoti BARUAH、増井利彦、脇山尚子「2015年パリ合意に向けての日本における温室効果ガス排出削減中長期目標試算の比較分析（1）、2011年以降に示された試算結果の比較」,2015. http://www-iam.nies.go.jp/aim/projects_activities/prov/2015_indc/document01.pdf
- 明日香ら（2015b）：明日香壽川、上園昌武、田村堅太郎、槌屋治紀、外岡豊、西岡秀三、朴勝俊、Pranab Jyoti BARUAH「2015年パリ合意に向けての日本における温室効果ガス排出削減中長期目標試算の比較分析（2）、試算結果比較からのメッセージ」,2015. http://www-iam.nies.go.jp/aim/projects_activities/prov/2015_indc/document02.pdf
- システム技術研究所（2011）：システム技術研究所「脱炭素社会に向けたエネルギーシナリオ提案〈最終報告 100％自然エネルギー〉、WWFジャパン委託研究」,2011.
- システム技術研究所（2017）：システム技術研究所「脱炭素社会に向けた長期シナリオ2017 ～パリ協定時代の2050年日本社会像～」,2017. http://www.wwf.or.jp/activities/170215LongTermEnergyScenario2017_Final_rev2.pdf

第8章　環境対策と両立する日本のエネルギー需給の現状と課題

解説4　再生可能エネルギー普及の現状と課題

1　はじめに

　再生可能エネルギー（以下「再エネ」）は環境負荷が小さく、また国産・地域産のエネルギーであり、光熱費の国外・域外流出を防ぎ、産業・雇用の担い手としても期待されている。

　世界では普及により位置づけは一変、新設設備は大型火力等より価格は安く、技術的制約より制度的課題が大きい。この普及の現状と課題について以下に述べる。

2　世界の再生可能エネルギー普及

　世界の 2015 年の再エネは 1990 年の約 1.6 倍に増加、一次エネルギー供給の約 13%を占めた。用途別で電力と熱利用の 23 ～ 25% を占めたが、運輸燃料では 3% である。OECD 欧州では電力の 3 分の 1 を再エネで賄う（第 13 章[注1]）。世界の電力設備は、太陽光が 2005 ～ 2016 年に 66 倍、風力が 8 倍に増加した（REN21,2017）。EU の 2016年新規導入発電所設備容量の 85%、累積設備容量の約 50% が再エネである（Windeurope, 2017）。

3　導入可能性と導入シナリオ

　再エネは世界の全エネルギー消費を大きく上回る可能性がある。再エネは省エネと共に温暖化対策の柱で、IEA（国際エネルギー機関）の「2℃目標」シナリオで 2050 年に世界のエネルギーの約半分、IRENA（国際自然エネルギー機関）の「2℃目標」シナリオで 65% を担う（IEA&IRENA,2017）。再エネ 100% の試算もある（WWF, Ecofys, OMA, 2011）。IEA は「2℃目標」のため世界で電力量比 CO_2 排出量を現在の 0.411kg-CO_2/kWh から 2050 年に約 30 分の 1 の 0.015 kg-CO_2/kWh に下げる必要があり、技術的経済的に可能だが制度・市場ルールが必要としている（IEA,2017）。

　日本では費用対効果、社会的制限を課しても日本の電力消費量の約 7 倍の導入可能性が

注1：電力市場は年間の計画的輸出入ではない。変動する太陽光・風力と変動する電力需要との調整を、国内での調整に加え国境を越えた送電融通で行うように変化している。

ある（環境省,2009[注2]）。これら豊富なポテンシャルをもとに、エネルギー需給の各種研究で、2030年に一次エネルギーの30%以上、電力の40%を再エネで賄うことが可能とする研究が多数ある（明日香ら,2015a）。2050年に再エネ100%が可能との研究もある（システム技術研究所,2017）。

4 技術的課題

再エネを大量に導入するにあたっての技術的課題を述べる。なお、導入には技術的・経済的問題よりも市場ルールなど制度の課題が大きい（IEA,2017）。

電力は、送電線に受け入れられる変動電源（太陽光、風力）について、気象予報を活かした予測技術進展で、IEAの「電力の変革」では年間発電量の40%、条件のよい場合には50%の変動電源の受け入れが技術的に可能、大きなコスト増にならないと報告された（IEA,2014）。変動電源と、同じく変動する電力需要との調整を水力・火力等で行い、需要も抑制或いはシフト（デマンドレスポンスなどという）、電力系統への再エネを受入が進められている。太陽光、風力が年間発電量の30%を超える国も、蓄電池の大量導入の報告はない。

冷暖房、給湯等の低温熱利用は、再エネ熱特に太陽熱等を利用しやすい用途である。一方、高温熱利用、トラック・船舶・航空用の運輸燃料の再エネ転換技術は商業化しておらず、技術開発改良に課題がある。これらも将来は再エネを用いた水素利用などの可能性もある。

5 普及政策の課題

再エネ電力を有利な価格で買い取る制度として、送電網に新しい再エネ発電所を優先的に接続する「優先接続」制度、送電網につながっている多様な発電所の中から再エネを優先して受け入れる「優先給電」制度、有利な価格で買い取る固定価格買取制度、割合などを定めて買い取るRPS制度などがある（コラム8参照）。送電線受入電力や混雑情報の開示、送電線接続費用の透明化、接続費用を全体で負担することなどがある。大型発電所を持つ会社が送電網も保有するのを避ける「発送電分離」ルールも日本で今後実施予定である（大半のOECD諸国は分離済み）。

再生可能熱利用は、化石燃料に炭素税を課すあるいは大口排出事業所に総量削減義務化を課す（排出量取引制度）などで再エネへの転換を促すことや、工場・オフィス等の新築・大規模改修にあたり再エネ導入を義務づける制度などがある。自治体公社が自ら再エネ電力や熱を地域に供給する政策（事業）もある。

注2：研究者や再エネ業界等による多くの普及可能性予測がある。

第8章　環境対策と両立する日本のエネルギー需給の現状と課題

　一方、再エネでも大規模水力による環境破壊、大型太陽光等で域外主体による大規模開発が地元との調整が不十分なまま行われる。でも、バイオマス持続可能性が問題になる例[注3]がある。このため、ゾーン制つまり決まったエリア（人家から十分離れた地域を指定するなど）しか設置させない、地元主体が参加しない限り設置させない、自治体の土地利用計画と整合する設置を求めるなどの政策で調整を行う国・地域がある。

6　発電コスト

　再エネコストは急速に低下、普及の進む米国、中国等で新設太陽光や風力の発電コストは4～9円/kWhで、火力より安い例も多い（IEA,2015）。今後火力はコスト上昇、太陽光・風力等はコスト低下、再エネの方が安くなる傾向にある（コラム8・発電コスト）。再エネ熱利用も条件を選べば化石燃料消費削減で投資回収可能なケースが多い。

　固定価格買取制度では、初期段階の高価な発電所の分の負担があるものの、これは相対的に少数で、その後再エネ電力量は飛躍的に増え価格は大きく下落し火力を下回る。火力依存継続なら電力価格も高くなる一方だが、再エネ導入の場合は2020年代～2030年にピークを迎えその後低下し火力依存と逆転すると予測されている（明日香ら,2015b）。

　再エネ導入国のデンマークやドイツ等で家庭用電力価格が約40円/kWhと日本より高いが、ここでは税金等が半分を占め、再エネ賦課金は税等の一部である。税・賦課金以外の本体価格は日本より安い。また卸電力価格は再エネ導入で低下している。

7　投資による産業・雇用

　世界の新規発電所投資額の約7割を再エネが占めた。欧州で再エネ電力設備が2016年導入設備容量の85%、既設の47%を占めた。再エネ産業の雇用は世界で980万人、日本は33万人、ドイツは34万人（REN21,2017）、自動車製造業・部品業の半分に匹敵する産業に発展した。なお地域企業・住民が再エネ施設を設置・運用すれば地域の産業・雇用創出の可能性が高いが、域外企業設置では地域の産業・雇用は小さいと予想される。

8　普及の担い手

　日本で2015年に市民・地域共同発電所が1028基9万kWになった（市民・地域共同発電所全国フォーラム,2017）。これは再エネ設備約3000万kW（大規模水力を除く）の1%未満だが、今後自治体や地域小売電力との連携、再エネ100%目標企業への売電などで発展する可能性がある。また地域企業・住民の導入で、地域産業への投資、地域雇用も拡大が見込まれる。

注3：第8章2（5）参照。

9　まとめ

　再エネ普及は省エネ対策と並ぶ温暖化対策の柱であり、国・地域発展への寄与も大きい。今後は技術開発より制度の課題が大きい。

　制度の課題として、電力や低温熱利用など再エネに有利な用途の普及制度、高温熱利用や運輸など再エネに不利な用途の技術課題、地域に経済メリットももたらす普及政策などがある。

【参考文献】
- IEA(2014):The Power of Transformation（NEDO 翻訳 [2015] 電力の変革）
- IEA(2015): Projected Costs of Generating Electricity 2015 Edition, 2015.
- IEA&IRENA(2016): Perspectives for the Energy Transmission, Investment Needs for a Low-Carbon Energy System.
- IEA(2017):Re-powering Markets（NEDO 翻訳 [2017] 電力市場のリパワリング）
- REN(2017):Renewable Energy global status report 2017
- Wind europe(2017): Wind in power 2016 European statistics
- WWF, Ecofys, OMA(2011):WWF, Ecofys, OMA:The energy report 100% renewable energy by 2050.
- 明日香ら（2015a）：明日香壽川、上園昌武、歌川学、甲斐沼美紀子、田村堅太郎、槌屋治紀、外岡豊、西岡秀三、朴勝俊、Pranab Jyoti BARUAH、増井利彦、脇山尚子「2015 年パリ合意に向けての日本における温室効果ガス排出削減中長期目標試算の比較分析（1）、2011 年以降に示された試算結果の比較」,2015.　http://www-iam.nies.go.jp/aim/projects_activities/prov/2015_indc/document01.pdf
- 明日香ら（2015b）：明日香壽川、上園昌武、田村堅太郎、槌屋治紀、外岡豊、西岡秀三、朴勝俊、Pranab Jyoti BARUAH「2015 年パリ合意に向けての日本における温室効果ガス排出削減中長期目標試算の比較分析（2）、試算結果比較からのメッセージ」,2015.　http://www-iam.nies.go.jp/aim/projects_activities/prov/2015_indc/document02.pdf
- 環境省（2009）：再生可能エネルギーポテンシャル調査
- システム技術研究所（2017）：システム技術研究所「脱炭素社会に向けた長期シナリオ 2017 ～パリ協定時代の 2050 年日本社会像」,2017.　http://www.wwf.or.jp/activities/170215LongTermEnergyScenario2017_Final_rev2.pdf
- 市民・地域共同発電所全国フォーラム（2017）：市民・地域共同発電所全国調査報告書 2016

（歌川　学）

第8章 環境対策と両立する日本のエネルギー需給の現状と課題

コラム 8

発電コスト

発電コストの試算は過去の実績データ積み上げ方式と、モデル発電所計算方式がある。前者は実績値を使うのが強みで、後者は各要素のコストや設備利用率などを想定してコスト計算するのに適している。

実績データによる室田らや大島らの研究は、運用や政策経費などを考慮すると原発のコストが火力や一般水力と比較して高い、少なくとも安いとは言えないことを示した。

モデル発電所方式はIEA（国際エネルギー機関）の試算に加え、日本では福島第一原発事故後に政府のエネルギー・環境会議のコスト等検証委員会、後に総合資源エネルギー調査会発電コスト検証ワーキンググループで「モデル」発電所を新設する際の、直近（最近の計算では2014年度）、2020年度、2030年度の発電量あたりの発電量を試算している。コスト検証委員会以降は、政府想定を示した計算シートが配布され、多くの想定を確認しながら建設費、設備利用率など一部の想定を変える計算をすることも可能になった。

発電コストは資本費（原発では新規制対応の追加安全対策費や廃炉費用を含む）、運転維持費、燃料費（原発は核燃料サイクル費を含む）、社会的費用（原発の事故対策費、火発の炭素価格）の積み上げで試算される。日本の上記試算では、今後の事故対策費の上昇などが予測不可能なため、原発については「下限値」として計算される。

下限値を示した原発の発電コストを他と比較して、他より原発が「安い」と解釈するのは誤りである。

発電コスト検証ワーキンググループ提供シートの計算値は図1、図2のようになる。「2014年度」の発電コスト（火力と原子力のみ）は図1のようにトータルコストはLNG火発が最も安く、石炭火発が次、原発は「下限値」でもこれらより高い。

「2030年度」の発電コストは図2のように石炭火発、LNG火発、太陽光、風力、地熱などは発電コスト全体で大差ない。石炭火発に対してCCS（CO_2固定貯留。技術未完成）でLNG火発なみのCO_2原単位を求めた場合には他より高くなる。石油火発は他より遙かにコストが高い。燃料費は再生可能エネルギー（バイオマス以外）ではゼロ、次いで原発、石炭火発、LNG火発、石油火発の順である（コラム8「電力システム改革と送電網受入ルール」参照）。燃料費＋炭素価格をみると石炭とLNG火発はほぼ同じ、石炭火発＋CCSではLNGより高くなる。

中長期の傾向として、火力発電所の発電コストは上昇傾向、再生可能エネルギーは低下傾向で、逆転する可能性がある（図3）。これは海外の傾向とも一致、米国・中国・ドイツなどで新設の風力や大型太陽光発電の発電コストは火力を下回っている（図4）。

原発の発電コストは日本の上記試算では上昇傾向にないが、欧州の建設原発の実績ではコスト高になっている。また事故対策費用のもとになる福島第一原発の廃炉費用や賠償費用等は増加を続けている。

　今後の発電コストで重要なのは発電コスト全体と、燃料費＋炭素価格である。発電コストは新設時に比較判断する際に重要な指標、燃料費は送電網受入ルールが、燃料費（および炭素価格）の安い順になる可能性が高いことから重要な指標である。燃料費および炭素価格が高い電源は、需要の少ない季節・時間帯に止めさせられ、想定した設備利用率が確保できず発電コストも上がる可能性があり、今は「安い」石炭火発も、今後炭素価格によってはLNG火発と逆転する可能性がある。こうした発電コストによる電力市場の競争は今の延長とは異なったものになりそうである。

（歌川　学）

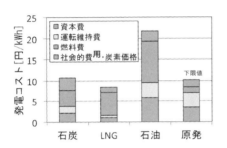

総合資源エネルギー調査会電力コスト検証WG報告の発電コストレビューシートより作成
燃料単価は2016年10月のもので石油石炭税を追加。設備利用率70％（石油火力は20％）、割引率3％

図1　日本の発電コストの比較（2016年）

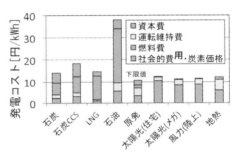

総合資源エネルギー調査会電力コスト検証WG報告の発電コストレビューシートより作成
設備利用率70％（石油火力20％）、割引率3％。再生可能エネルギーは国際価格収斂ケース。CCSはエネルギーロス30％として試算。

図2　日本の発電コストの比較（2030年）

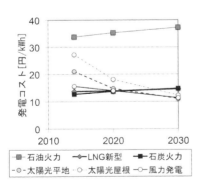

総合資源エネルギー調査会電力コスト検証WG報告の発電コストレビューシートより作成
再生可能エネルギーは国際価格収斂ケース。設備利用率石炭、LNG70％、石油20％、風力20％、太陽光12〜14％。発電効率石炭40％、LNG52％、石油39％、割引率3％

図3　日本の発電コスト予測

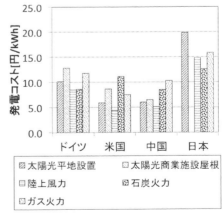

石炭火力とガス火力は設備利用率50％の場合。IEA Projected Costs of Generating Electricity 2015より作成。

図4　発電コスト比較

第8章　環境対策と両立する日本のエネルギー需給の現状と課題

コラム9

電力システム改革と送電網受入ルール

　先進国では、電力小売自由化、発送電分離が進んでいる。日本でも2016年4月から小売全面自由化が行われ、2020年には発送電分離が行われる予定である(注1)。

　発送電分離で発電会社から中立になった送電会社は、原発・火発・再生可能エネルギー発電所などからなる多くの発電所から、需要に応じてどこから電気を送電網に受け入れ、どこは受け入れないかをルールを定めて決定する。欧米でのルールは「メリットオーダー」、コスト最小化で、追加発電コストが安い順に受け入れるというものである。追加コストは設備があればかかる費用（建設費やメンテナンス費用など）を除いた、発電量に応じてかかる費用のことで、主に燃料費とエネルギー税・炭素価格などである。日本の場合の追加コストを電源種別に図1に示す。

　水力発電、太陽光発電、風力発電、地熱発電は「追加コスト」ゼロ、つまりいったん建ててしまえば発電のたびにコストが発生することもなく、使わないともったいないということで最優先に位置づけられている。これに対し、火力や原子力は、発電に応じて「追加コスト」、つまり燃料費、国によってはエネルギー税や炭素税がかかる。メリットオーダーはトータルコスト最小化、市場主義に基づいたルールであるが、結果として追加コストがゼロになる再生可能エネルギー（バイオマスを除く）を

最優先にしている。

　この運用で、火力発電は今後不利になることが予想される。需要が多い場合と少ない場合の送電網への電気の受入を図2に模式的に示す。また、最近の日本の例として九州電力の2017年5月の1週間の系統実績を図3に示す。需要の少ない季節・時間帯は、追加コストの高い発電所の電気は送電網へ受け入れられず、日本の場合には石油火力、LNG火力、石炭火力の順に停止などを求められる。今後省エネが進み、再生可能エネルギー電力の供給が増えれば、停止時間が増え、設備利用率低下を余儀なくされ、採算割れの可能性もある。既に欧米では再生可能エネルギーだけが原因ではないが図4のように設備利用率が低下している（図4）(注2)。

　送電網のルールは様々な課題があり、日本では短期的に石炭火力が増えて環境負荷が増加する可能性もある。しかし、政策の工夫により市場ルールと、再生可能エネルギー優先（優先接続、優先給電。【解説4】「再生可能エネルギー普及の現状と課題」参照）の環境政策を両立する可能性をもっている。

注1：ただし、発電会社と送電会社の関係は法的分離であり、欧州のように資本分離（子会社やホールディングの関係を許容するのではなく、資本関係のない会社とすることを制度で求める）、までは求めていない。

注2：この結果、ドイツの4大電力会社の1つ（ヴァッテンホール社）は火力発電所を他社に売却、2社（e-on、RWE）は子会社化して営業の本流から外している。

（歌川　学）

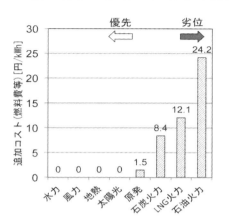
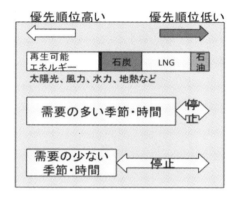

図1　追加コストと送電網への電源別受け入れ順位　　図2　送電網への電源別受け入れ模式図

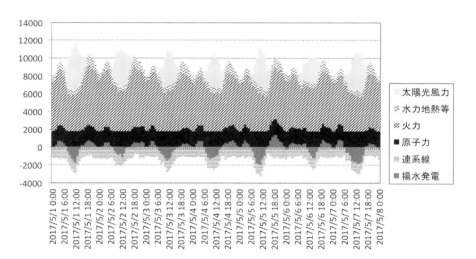

図3　九州電力送電網の5月の電源別状況

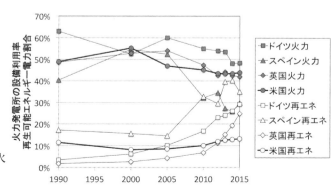

図4　再生可能エネルギー普及と火力発電所の設備利用率低下

第8章　環境対策と両立する日本のエネルギー需給の現状と課題

コラム 10

消費側からのエネルギー選択

　2016年4月より電力システム改革の一環として家庭・小口需要家に対する電力小売自由化が行われた。それ以前は家庭や中小企業は指定された電力会社つまり当該地域独占の電力会社（関東なら東京電力）からしか電気を買えなかったが、これ以降は原則としてどの小売事業者から電気を買うか選べるようになった。コンセントの先の環境を重視して電気を選び、その目的の実現に寄与することが可能になった（図1）。

　電力小売事業者は全国で445事業者（2017年12月1日現在）、このうち家庭に電気を販売しているのはこの一部約100事業者である。「コンセントの先の環境を考える」時の目安・指標には電源構成、CO_2排出係数（電力量あたりCO_2排出量）、再生可能エネルギー割合などがある。現在の制度ではこれらは開示が「望ましい」とされて義務ではないが、幾つかの会社が開示している。わからなければ事業者に遠慮なく問い合わせるとよい。こうした重要な情報を開示できないような事業者とあえて契約する必要もないだろう。再生可能エネルギー割合の高い電力小売り事業者については、NGOなどでつくる「パワーシフトキャンペーン」が推奨している（パワーシフトキャンペーン）。

　但し、家庭は電力の約3割を消費している（エネルギー全体ではずっと小さい）。上のような「コンセントの先の環境を考え

る」電力選択を残り7割の電力消費をする企業が再生可能エネルギー電力を求めて供給増を促すと、またそれと並行して自治体が政策で再生可能エネルギー域内導入目標を掲げ、また自治体が自ら電力小売会社を設立し域内へ再生可能エネルギー導入を行うことは再生可能エネルギー増加に大きく寄与する。海外の企業の中にはGM、BMW、フィリップス等の製造業も含め再生可能エネルギー100%を目指す所があり、"RE100"などのグループに集まっている（表1）。海外自治体には規模の小さな自治体だけでなくシドニー、ハンブルクなどの百万都市も含めてエネルギー全体あるいは電力を100%再生可能エネルギーで賄う目標を掲げる所もある（表2）。

　市民が日本の自治体や企業にこうした行動を促したり質問したりすることも、対策の促進に役立つ市民の役割であろう。電力小売自由化という市場政策を環境政策に活かし、家庭のような小口消費者の行動だけでなく、大口消費者の行動を促し、また自治体が域内電力を大きくシフトさせる道が様々試行されている。

【参考文献】
・パワーシフトキャンペーン「自然エネルギー供給をめざすパワーシフトな電力会社」http://power-shift.org/choice/

（歌川　学）

178

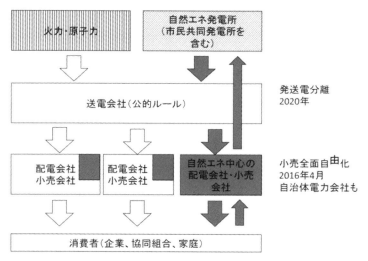

図1　電力システム改革と再生可能エネルギー選択

表1　再生可能エネルギー100%目標をもつ州・自治体の例

目標種類	対象自治体の例
エネルギー全体を100%自然エネルギーに	オスロ、コペンハーゲン、バンクーバーなど
電気と熱を100%自然エネルギー	ハンブルク、ミュンヘン、フランクフルト、シドニーなど
電気を100%自然エネルギーに	スコットランド、ハワイ、サンフランシスコ、シアトルなど

ドイツの「自然エネルギー100%自治体」はドイツの人口の約3割の自治体が加盟。日本では、福島県が、2040年に県内で使用する一次エネルギー100%以上に相当する再生可能エネルギーを県内で生み出すとしている。

表2　再生可能エネルギー100%を目指す企業の例

	参加企業（抜粋）
機械製造	GM、BMW、HP、フィリップス、アップル、タタモーター、リコー
食料品製造	コカコーラ(欧州)、ケロッグ
医薬品など	ジョンソン&ジョンソン、アストラゼネカ
その他製造業	スチールケース、テトラパック、P&G、ヴェスタス
建築	セキスイハウス
運輸など	スイスポスト、フランス郵政公社、ヒースロー空港、ガトウィック空港
通信、情報	グーグル、ブリティッシュテレコム、ブルームバーグ、フェイスブック
ソフトウェア	マイクロソフト、アドビ
金融	バンクオブアメリカ、シティグループ、ゴールドマンサックス、JPモルガン・チェース、モルガンスタンレー、アヴィヴァ、UBS、ウェルファーゴ、コマースバンク、DBS、HSBC、スイス再保険
スーパー	ウォールマート、テスコ
家具販売	イケア
衣料ファッション	H&M、バーバリ、ナイキ
事務用品販売	アスクル

第8章　環境対策と両立する日本のエネルギー需給の現状と課題

コラム 11

エネルギー政策

　日本のエネルギー政策は、エネルギー供給・エネルギー資源確保・備蓄等の政策（化石燃料、原子力、再生可能エネルギー）、需要政策（省エネなど）、電気・都市ガス等の政策、などがある。石油ショック、原子力推進、今日ではエネルギー政策の原則として、経済（エネルギー政策基本法では「市場原理の活用」）、安定供給の確保、安全、環境への適用（英語の頭文字をとり 3E+S と言う）を挙げる。

　エネルギー政策は主に経済産業省の外局である資源エネルギー庁が所管する（注）。エネルギー政策は「エネルギー政策基本法」（2002 年制定）とそれにもとづく「エネルギー基本計画」（3 年毎に改定）が上位法・計画である。その下の政策の細部に、省エネ法、電気事業法、ガス事業法など多くの法律があり、細目は省令や告示で規定される。エネルギー需給の大枠は総合資源エネルギー調査会「長期エネルギー需給見通し小委員会」の「長期エネルギー需給見通し」で決定され、この将来のエネルギー種別供給量や構成割合、部門別のエネルギー需要、CO_2 排出量見通しなどは、地球温暖化政策にもそのまま反映されることが多い。

　税と予算は、エネルギー政策に関連し、化石燃料に課される「石油石炭税」、電力に課される「電源開発促進税」計約 1 兆円が一般会計を経由し「エネルギー対策特別会計」（「エネルギー需給勘定」（経済産業省、環境省）、「電源開発促進勘定」（経済産業省、文部科学省、環境省、内閣府）、「原子力損害賠償支援勘定」）に繰り入れる。

注：原子力規制は環境省外局の原子力規制委員会、他のエネルギーの安全規制等は経済産業省商務流通保安グループが所管する。

（歌川　学）

第Ⅲ部

海外の動向

第9章

アメリカの原子力政策

青柳長紀

1 はじめに

　福島第一原発事故から約7年、被害を受けた住民の救済と廃炉処理が進まぬ中で、国内では原発ゼロの国民的運動と国、原子力産業界を中心とする原発再稼働、推進の動きの対立が激しくなっている。原子力発電、核燃料サイクルなどを含む日本のエネルギー・原子力政策は、第二次世界大戦後の日米の歴史的関係からアメリカの原子力政策に大きく依存してきた。そこで、今後日本の政策に影響を与える原子力発電を巡る世界の動向と、米国の原子力政策の歴史および現在のオバマ政権の政策に関して解明する。

　現在の原子力利用の基本的な問題点は、第一に核兵器開発と原子力利用の関係、第二に原子力利用の安全問題、第三に原子力発電の経済性と地球温暖化対策への寄与にある。このような側面からアメリカの原子力政策の歴史的流れを解明すると共に、オバマ政権の原子力政策の問題点に触れる。

2 アメリカの核開発と原子力政策の流れ

　アメリカは、世界で最初に核兵器を保有し、第二次世界大戦後の世界で最強の核軍事力を有する国として核兵器開発と「原子力の平和利用」を先導してきた。原子力政策は、国外に対しては、常に世界の核兵器保有国の動向に対応した核軍事戦略と世界全体のエネルギー資源、エネルギー需給の動向に対応したエネルギー戦略を踏まえものである。加えて国内においては、自国のエネルギー資源の確保、国内経済の発展のための安定的なエネルギー供給、環境と原子力災害による公衆の健康と安全、に考慮した原子力産業の育成、原子力研究開発の推進のため策定された。

　しかし、戦後の国際的な核兵器の拡散とエネルギー資源の権益を巡る争い、経済成長に

ともなう大量エネルギー消費による地球環境悪化等のため、米国のエネルギー・原子力政策は再三の転換をせまられ、また諸政策の相互矛盾のため手直しを余儀なくされてきた。これら一連の原子力政策の歴史的流れをまず概括する。政策の転換は、主に米大統領の交代を期に実施されたが、核拡散と平和利用、原子力安全、環境問題と経済性を重視した原子力産業の育成の観点からその流れを記述する。

（1）トルーマン（民）　1946年　1946年原子力法制定

第二次世界大戦前のマンハッタン計画では、核兵器の研究、開発と核物質の生産は、厳しい軍の管制下で極秘に進められた。大戦後トルーマン大統領は、1946年に原子力法を制定し、原子力発電など原子力の研究、開発と核物質の生産に民間企業の参入を可能とするため、その実施権限を軍から新たに設置した原子力委員会（AEC）に移し、民間の原子力産業の育成をはかった。AECは、軍事利用である核兵器の生産と、「平和的利用」の原子力発電の開発・利用を共に進める特殊な国家機関であった。

AECは、軍事産業を含む原子力産業を急速に育成させることにより、1946年より始められていた太平洋ビキニ環礁での大気圏内核実験を繰り返し原子爆弾の改良を進め、大戦直後には全く保有しなかった原子爆弾の製造を急いだ。1949年の旧ソ連、引き続くイギリス、フランスなどの核実験による核軍拡競争の中で、水素爆弾の開発を急ぎ1952年から太平洋エニウェトク環礁での水爆実験により、1953年には水素爆弾を完成させた。

潜水艦用動力炉の開発では、ウエスチング（WH）社が1948年水の熱伝達に関連した「ウィザート計画」を海軍との契約で進めていた。1950年アルゴンヌ国立研究所で水冷却炉の設計が終了すると、AECは同研究所とWH社が協力して潜水艦用加圧水型軽水炉の開発をする契約を承認した。アイダホ国立原子炉試験場に陸上の試験炉と続いて実用炉の建設がなされ1952年中に陸上試験が進められた。潜水艦用動力炉の実用化を急いだ結果、原子力潜水艦ノーチラス号が完成し1954年末には原子炉始動、翌年1月17日、原子力による試験航海が開始され、世界最初の原子力潜水艦が動きだした。

（2）アイゼンハワー（共）　1954年　1954年原子力法改定

アイゼンハワー大統領は、1953年12月、国連総会で「原子力の平和利用」提案をした。その内容は、国際原子力機関を設置し、世界主要国から「平和利用」の核物質の供出を受け、その保管、貯蔵、保護の責任を持つことで、それ以前機密にされていた軍用の核物質の一部を、原子力発電など世界で広く公開された民生用に利用することを可能にするものであった。この提案の背景には、それまでに独占していた核爆弾の製造を旧ソ連、英国等も成功させ、また他の国も核爆弾の実験を準備するという世界的な核軍拡競争が始まったため、「原子力の平和利用」を使いアメリカが世界的な核戦略と原子力利用両方の

指導権を確保することにあった。

　一方、原子力事故による施設従事者と周辺住民の被ばくは、核開発の初期から起こっていたが、軍事的な機密によりその事実は、厳しく隠されていた。しかし、民生用の原子力発電の開発が始まると重大な事故による放射線災害防止と被害者の救済のために巨額の損害賠償が求められることを産業界は危惧した。そのため、1954年原子力法を改定して、核物質の民有化にともなう原子力施設の事故に対する損害賠償を定めたプライス・アンダーソン法等の規定を追加し、強力に原子力産業の保護、育成をはかった。その結果、原子力発電の実用化が急速に進んだ。

　実用発電炉の開発実用化では、アメリカよりも旧ソ連やイギリスが先行し、軍用プルトニウム生産炉の転用により旧ソ連は、1954年に黒鉛減速軽水冷却炉の世界最初のオブニンスク発電所が運転を始め、引き続き1956年に英国で黒鉛減速・炭酸ガス炉のコールダーホール原子力発電所1号機が運転を開始した。これに対しアメリカは、1950年頃より発電用動力試験炉の研究開発を始めたが、最初は原子力潜水艦用動力炉の転用による加圧型軽水炉の開発実用化を進めた。AEC は1953年秋に実証炉の建設計画を立案、この計画に参加する企業を募り、WH 社が中心になりペンシルバニア州のシッピングポート近郊のオハイオ河岸に試験炉が建設された。発電所の建設は1954年9月から開始され、1957年12月に臨界となり、1958年6月に電気出力6万KWの全出力で商業運転に入った。

　一方、沸騰水型は、1950年代初期には設計が困難とされていたが、1953年頃より炉の安全確認試験のためアルゴンヌ国立研究所でBORAXの実験計画が立案され、国立アイダホ原子炉試験場に1953年から1962年にかけて五次にわたる段階的に熱出力をあげた大型実験装置を建設、安全性実証試験が行われた。

　沸騰水型試験炉（EBWR）は、アルゴンヌ国立研究所の中に建設されることになり、設計と炉心の製作は研究所が、その他の建設は民間原子力企業であるバブコックス＆ウィルコックス社、アリスチャーマー社、シカゴのサージェント＆ランデイ社、サマー・ソリット社が受け持った。1956年12月に臨界となり、当初熱出力は20MWtであったが、その後一年八ヶ月かけて出力上昇の改造工事を行い、1962年11月に100MWtになった。

　沸騰水型試験炉から商業炉への実用化は、おもにゼネラル・エレクトリック（GE）社によりなされた。1955年 GE 社は、同社のバレシトス原子力研究所に沸騰水型試験炉（VBWR）の建設を決定、1957年に臨界、発電に成功した。同炉の運転実績は良好で、同型炉の性能確認や実証試験、電力会社や関連企業の原子力技術者の育成に役だった。GE 社は、原子力発電市場を独占するため、1958年に新しく「サンライズ」計画を立案、1965年までにBWRの経済性の確立を目指し総合的体系的な技術開発を推進し、

BWRの商品化、標準化、カタログ化をした。GE社は、この開発の成果を基に、標準的な仕様に対して、費用の固定化、引き渡し期日の厳守、ターンキー方式を原子力市場に提案し、広く世界に原子力発電ブームを起こした。

（3）ジョンソン（民） 1966年 1954年原子力法改正

1950年代後半、AECによる原子力産業の育成と原子力発電の開発実用化プロジェクトへの多大な援助により、1960年代に入ると軽水型発電炉の実用化、商業化が進むようになった。AECは、原子力開発利用10年計画を策定し、軽水型原子力発電所の設計、建設を支援することで、電力会社は原子力発電への投資は有望と見るようになった。ジョンソン大統領は、1964年に核燃料物資の民有化に関する法律を制定し、原子力発電会社が核燃料を保有することが可能となった。さらに、原子力発電メーカーと原子力発電会社を育成するためジョンソン大統領は、1966年に1954年原子力法のプライス・アンダーソン法を改正し、事故から公衆の保護を強化すると共に、重大事故を起こした側にも無過失責任を課した。

一方、原子力発電会社が次々と原子力発電所の設置と建設の許可を申請するようになると、原子力発電の安全に対する不安が広く国民の中に浮上してきた。この問題の1950年代後半から1970年代後半までの経過を、米国の「憂慮する科学者同盟（UCS）」編で日本科学者会議原子力問題研究委員会訳の著書「原発の安全性への疑問（ラスムッセン）報告批判」より、その引用と部分的要約を以下に紹介する。

AECは、1956年原子力産業界を保護し育成することを目的に、原子力発電所の大事故による巨額の賠償責任額を評価するため、ブルックヘブン国立研究所で研究を行い「大型原子力発電所における重大事故の理論的可能性と結果」と題する研究成果を議会に提出した。この研究は、大都市から30マイル（48km）にある熱出力50万KWの原子炉で安全装置が故障して放射性物質が放出されると仮定して、事故で3400人の死亡、43,000人の障害者、70億ドルの損害を出すと推定した。この報告書は、WASH-740と呼ばれ、その結果から、新設されたプライス・アンダーソン法の賠償責任額は、5億6000万ドルとされた。

その後、1964年にWASH-740の改訂に着手したが、都市に立地された出力100万kw原子炉の最大規模の事故は、4万5000人の死亡と7万人の障害を引き起こし災害の及ぶ範囲はペンシルバニア州の大きさに拡大し、140億ドルの損害と推定され、かなりの規模の核兵器による被害よりも影響は大きいと記載されていた。AECは、産業界への影響を怖れてWASH-740改訂版の技術報告書は公表しないことも決めた。その後、報告書が開示されたのは1973年で情報公開法に基づく請求がされた後である。

WASH-740改訂版は、AECに対して炉心溶融事故を防ぐための非常用炉心冷却系

第9章　アメリカの原子力政策

（ECCS）の重要性を示した。そこで AEC は、軽水炉安全性研究計画により冷却水喪失事故と ECCS の性能に関するデータを得るため基礎的研究を組織した。1970-71 年にアイダホ国立原子炉試験場で行われた ECCS の模擬装置の試験は、コンピューター解析の予想通りに機能せず、試験は何回も行われたが終始一貫しなかった。結果は、AEC と産業界に衝撃を与えた。

　模擬実験の後、AEC は、特別部内作業班をつくり ECCS の十分性について再検討を行った。1971 年 4 月技術報告は完成したが、ECCS の有効性に関する不明確な点の「カタログ」のようであり、アイダホグループの内部技術報告書は、結論として ECCS の作動予測は「現在の科学、技術の能力を超えたもの」と述べた。

　作業部会内の論争やアイダホ国立原子炉試験場の不都合な報告にも触れず、AEC は、1971 年 6 月 ECCS に関する政策声明を出し、現行の ECCS は有効だとの結論に基づき引き続き運転許可を出し続けた。原子力発電所の裁判訴訟で ECCS 問題に疑問が次々と出され、AEC の政策声明に対する批判が発表されたが、規則制定の公聴会が終了した 1973 年 12 月に、政策声明の立場を大きな本質的修正を加えることなく規則に採用した。

　原子力発電に関する批判が広がり事故発生確率評価の必要性が迫る中で、AEC は、1972 年 3 月安全性研究という大規模な独立したプロジェクトに着手した。安全性研究のプロジェクトは、AEC の資金に支えられ、公式には独立した研究者のチームで行われ、AEC も産業界も安全性研究のいかなる研究成果にも制限したことはなくグループの独立性を保証するよう留意したとされている。

　グループの主査は、マサチューセッツ工科大学のノーマン・C・ラスムッセン氏が AEC より指名されたが、同氏は原子炉安全問題の専門家ではなく、物理学者でガンマ線のスペクトル分析が専門であった。しかし、履歴は原子力産業とつながりを数多く持っており、いくつもの原子力関連会社や組織のコンサルタントをつとめていた。研究が進行中の 1972 年夏、産業界を研究にどのように参加させるかの問題が生まれたが、AEC とラスムッセン氏は、GE、WH、コンバスチョン・エンジニアリング、バブコックス・アンド・ウィコックスの四大原子力メーカー等に協力を依頼、産業界と研究の詳細についての協議と定期的な会合等を実施した。産業界の役割は、研究が進むにつれて、安全性研究の重要な結論を支える分析作業の多くに責任を負うほどまで拡大した。

　1974 年 8 月 20 日、AEC は、安全性研究の草案を発表したが、再検討グループで提起された多数の基本的な批判と重要な諸勧告が、取り上げられなかったことに全く触れなかった。草案は、批判に対して真実を究明することからは最も遠い書き方で、不明瞭なため部会が何をしたかについて理解するのは困難であった。発表に続いて 87 の個人や団体がコメントを AEC に提出した。AEC の規制スタッフは、第二の部内再検討グループを組織した。グループの内部文書によれば、二回目の再検討の結果として、安全性研究結果

186

の妥当性がくずれ落ちるほど重大な技術上の欠陥が露呈されても、AEC 側は、再検討において確認された欠陥を最終報告書で解決する意図は全くなかった。

　1975 年 1 月 AEC で民間の原子力規制を担当する部門が、原子力規制委員会（NRC）に代わった時点で、NRC が安全性研究を完成させる責任を引き継いだ。NRC は、1975年 10 月の公表に先立って、安全性研究のプロジェクト管理をプロジェクト管理部門に任せたままにしておいて、NRC としての独自の見直しを何もしなかった。1975 年 10 月30 日 NRC は、AEC の最終版を見直すことなく無批判に受け入れそれを公表した。

（4）フォード（共）　1974 年　1974 年エネルギー再組織法制定

　1973 年に、石油輸出国の利益を守るため結成された石油輸出国機構（OPEC）が石油生産の段階的削減をきめたことで、世界的な石油価格の高騰による第一次石油危機が起こった。フォード大統領はエネルギーの安定供給ための政策として原子力発電を推進したことで、この年は、年間最高の 41 基の原子力発電所が発注された。また、同時に原子力発電の安全に対する国民の関心が広がったことで、AEC の役割である原子力利用の推進と安全の規制は、分離されるべきであるという議論が起こった。フォード大統領は、1974 年エネルギー再組織法を制定、AEC を廃止し、民生用原子力利用の安全規制を行う連邦政府の独立機関である原子力規制委員会（NRC）と原子力利用開発を推進するエネルギー研究開発局（ERDA）に分離した。

（5）カーター（民）　1978 年　1978 年核不拡散法制定

　アメリカの核開発、「原子力の平和利用」、核不拡散条約（NPT）、アメリカの核不拡散政策などの詳細とその歴史的経緯は、後の第三章で触れるが、NPT が発効した後の1974 年、インドが平和利用の目的でアメリカが提供した重水を使い、カナダが提供したキャンドゥ炉（CANDU: 加圧型重水炉）で生産したプルトニウムを使った核爆発装置で「平和的核実験」を実施した。アメリカは、国際的な原子力発電用の輸出資材の軍事転用を怖れて、1975 年に原子力供給国グループ（NSG）を設立し、厳しい輸出管理をとることを目指した。1977 年就任したカーター大統領は、新たなエネルギー・原子力政策を策定し、商業再処理と軽水炉でのプルトニウム利用の無期限延期、高速増殖炉の商業化の延期、国内ウラン濃縮能力拡大による他国の役務拡大、ウラン濃縮、再処理技術と同施設の輸出禁止の方針を出した。カーター大統領は 1978 年に核不拡散法を制定し、二国間原子力協定により輸出する機微な原子力技術と施設、資材を厳しく制限した。

（6）レーガン（共）　1982 年　1982 年放射性廃棄物政策法制定

　1970 年代に入って、度重なる世界的なエネルギー危機で商業用原子力発電所は急速に

拡大した。その間、ECCS の不十分性など原子力発電所の安全問題の論争が続くなか、
1979 年スリーマイル島原発事故が起こった。その衝撃は大きく、1980 年代に入ると原
子力発電所の規制が強化されたことで原子力業界の負担が増え、事故後原子力発電所の発
注は完全に止まった。しかし、既存の炉は稼働しており、発注済みまたは建設中の原発も
運転を始めたため、使用済核燃料と再処理から生まれる高レベル放射性廃棄物の処理処分
の問題に焦点が向けられるようになった。レーガン大統領は、1982 年放射性廃棄物政策
法を制定し、高レベル放射性廃棄物処分場をユッカマウンテンに設置することを決めた。
核不拡散政策の決定で商業用再処理は中止されていたので、使用済核燃料はそのまま処分
場に最終処分することとなった。しかし、使用済核燃料を再処理しガラス固化して最終処
分するか、そのまま直接処分するかは、後の大統領の政策によって変わっていった。

（7）レーガン（共）　1986 年　1983 年低レベル放射性廃棄物政策法改正

　1986 年レーガン大統領は、放射性廃棄物処理処分に関して、高レベル放射性廃棄物処
理は、連邦政府が国家的に規制したが、低レベル放射性廃棄物については、各州にも処理
する権限を与えた。

　1986 年、旧ソ連でチェルノブイリ原発事故が起こり、欧州諸国を中心に原子力発電か
らの撤退の国民的な運動が広がり始めた。アメリカの原子力産業界も低迷が続き、新規の
原子力発電所の発注はなかった。国際的には、IAEA を中心に原子力発電所の苛酷事故対
策の検討と、原子力事故通報条約や原子力安全条約が締結され、原子力発電所への規制が
強められた。

（8）G.H.W. ブッシュ（共）1992 年　1992 年国家エネルギー政策法制定

　1990 年代に入ると、原子力発電の長期低迷を打開し新設の原子力発電所建設を推進す
るため、1992 年ブッシュ大統領は、国家エネルギー政策法を制定し原子力発電推進の方
針を示した。エネルギー需給計画を見直し、新規の改良型発電炉の許認可手続きで、建設
許可と運転許可の二段階の手続きを建設運転許可（COL）の一段階にするなど、電力会
社が建設計画を立て易いようにした。

　しかし、1990 年代に入ると地球温暖化防止対策の問題が、世界的な課題として浮上し
てきた。1993 年に発足したクリントン大統領は、エネルギー・環境政策としてエネル
ギーの効率化、省エネ、天然ガスと再生可能なエネルギーの開発支援に重点が置かれ、原
子力発電推進は将来の選択肢として、重要プロジェクトは縮小された。そこで、DOE の
原子力研究イニシアティブ（NERI）では、核拡散に抵抗性のある原子炉、核燃料、高効
率の新型原子炉、低出力小型原子炉、放射性廃棄物の敷地内貯蔵の新技術、原子力の基礎
研究などのテーマをたて研究開発は続けられた。

1990 年代末になるとアメリカは、国内の石油生産では、自国の消費量をまかなえなくなり、また原子力発電の新設は進まず、天然ガスの高騰などで新たなエネルギー戦略の見直しが求められた。

（9）G.W. ブッシュ（共）　2005 年　2005 年エネルギー政策法制定

2001 年に発足したブッシュ大統領は、チェイニー副大統領を議長とする会議でエネルギー戦略の見直しが行われ「国家エネルギー政策」が策定された。それは、国内の石油、天然ガスの開発、原子力発電の拡大等によるエネルギー供給の拡大、送電システムの信頼性向上等によるエネルギーインフラの近代化、アラスカから引くパイプラインルートの許可手続きの推進等エネルギーの安定供給、省エネの推進、環境保護と環境改善加速化の五つの柱からなる 100 項目以上の対策が示された。原子力発電所の新設を推進するため「原子力発電 2010 年計画」を掲げて、NRC による原子力発電所の運転許可更新や出力増強許可手続きの促進、新規原子力発電所建設許認可手続きの迅速化、大気環境改善に対する原子力発電の貢献の評価、プライス・アンダーソン法の延長、廃止措置基金課税問題への対応など具体的施策が提案された。

2005 年には、新しいエネルギー戦略や原子力政策を実施するため「2005 年エネルギー政策法」を制定し、原子力発電推進については、① 2025 年 12 月 31 日までのプライス・アンダーソン法の拡大、延長、②改良型原子力発電所に対する発電税を控除、③新設原発の債務保証、④新規プラント建設の遅延、訴訟などに対する待機支援としての財政援助などである。

ブッシュ大統領は 2006 年 2 月、新たな核不拡散政策として国際原子力エネルギー・パートナーシップ（GNEP）構想を提唱した。この構想の国内向け対策として、当時ユッカマウンテンの高レベル放射性廃棄物処分場に使用済核燃料を直接処分する方針では、短期間で貯蔵容量が不足、処分場の拡大の必要性が出てくることが判明した。使用済核燃料を再処理しガラス固化した廃棄物にすれば、減容化により貯蔵量を増やすための拡大を長期間しなくてすむ。そこで、商業用再処理と高速炉の開発を再開し、再処理では長半減期核種を分離し、さらに高速炉開発では長半減期核種を短半減期核種または安定核種に変換することで、減容化と有害度低減化をはかる構想を立案した。また対外的な核不拡散政策として、GNEP は、米国、日本、フランス、ロシア、中国の 5 カ国がウラン濃縮と再処理をする核燃料供給国とし、その他開発途上国などの国は、供給国から核燃料の供給を受け原子力発電のみ行う国とすることで、発展途上国へ機微な技術であるウラン濃縮と再処理技術の拡散を防ぐ構想であった。

3 オバマ政権の原子力政策

　2009 年に発足したオバマ政権は、環境・エネルギー政策に関し前政権と異なり地球環境への影響を考慮した政策をとった。それは、再生可能エネルギーの拡大、省エネルギー、エコカーの開発などを重視し、従来のエネルギーの安定供給に加えて、新しい環境産業の育成による新たな雇用の確保と地球温暖化対策を同時に達成する「グリーン・ニューディール」と呼ばれる政策である。原子力政策では、基本的には前ブッシュ政権が 2005 年エネルギー政策法で確立した原子力発電所の新設など「原子力発電 2010 年計画」の路線を引き継いだが、ユッカマウンテンの高レベル放射性廃棄物処分場問題では、環境への影響の観点から新たな展開をはかった。また、GNEP のその後と核不拡散政策では、GNEP に代わる新たな世界的「原子力平和利用」の枠組みの構築を提案した。

　1979 年のスリーマイル島原発事故以降、厳しい規制のため 30 年以上原子力発電所の新規発注は途絶えていたが、前ブッシュ政権から大きな財政的援助をうけて、電力会社は「原子力発電 2010 年計画」で、NRC に 18 地点 27 基の原子力発電所の建設運転許可を申請した。オバマ政権になった 2012 年にやっと認可がおり始め、サザンカパニー のボーグル 3、4 号の建設が始まった。しかし、2009 年のエネルギー省の歳出予算を見ると、原子力予算は前政権の 2008 年歳出予算よりも減少し、予算要求額も同じく減少している。これは、原子力政策に対する財政的支援が少なくなり、再生可能エネルギーや省エネルギーなどの振興ため、重点的にエネルギー省の予算が配分されたためである。原子力発電所新規立地計画は、オバマ政権発足時の 2009 年に 30 以上あったが、政府からの融資の保障もれとリーマン金融危機による資金調達の影響で、多くの計画が頓挫しキャンセルされた。その後、福島第一原発事故の影響で NRC の規制が見直されたり、30 年以上の新規建設の中断による原子力技術者と建設資材の調達の困難さが生まれ、その回復が遅れているため新規の原子力発電所の建設は遅れている。

　オバマ政権が行った第二の重要な決定は、ユッカマウンテンの高レベル放射性廃棄物処分場建設中断である。この処分場建設は、2002 年ブッシュ大統領が敷地の選定を承認、地元ネバダ州知事の不承認にもかかわらず連邦議会は立地承認決議案を可決、大統領の署名でユッカマウンテンは処分場敷地と正式に決定された。その後ネバダ州が敷地決定は憲法違反との訴訟を起こしたが、連邦裁判所は 2004 年にそれを退けた。さらに、NRC に対する DOE の設置許可申請書の提出もさまざまな理由で遅れ、2008 年に出された。政権発足前からオバマ大統領は、処分場建設の見直しを表明していたが、2009 年の予算教書でその見直しの方針をだした。内容は、設置許可申請はすでに出されているので NRC の審査費用は計上したが、同処分場への使用済核燃料処分は選択肢として不十分であり、

今後の放射性廃棄物処理処分方法を審議・提案する独立専門委員会（ブルーリボン委員会）を設置し、使用済核燃料の管理と処理に関する最善の進め方を、大統領および議会に提案させるというものである。そこで、前年よりも建設予算が大幅に削減された。

ブルーリボン委員会は、2012年1月大統領の指示により、最終報告をDOE長官に提出した。その内容は、処分場を建設するかしないかを決めるだけでなく、アメリカにある使用済核燃料と放射性廃棄物の処理処分に関する広範囲の政策提言をするものとなった。技術的観点から見たこれら提言の新たな特徴は、中間貯蔵施設を開発することと核燃料サイクルでの商業再処理の再開問題である。ブルーリボン委員会は、再処理をするか否かの結論については、核燃料サイクル技術の利点や商業的実現性について不確実性があるため、議論の一致に至るのは時期尚早であると結論づけた。しかし、使用済核燃料をユッカマウンテン放射性廃棄物処分場に直接廃棄するという当初の計画は、すでにGNEPで否定されており、さらにブルーリボン委員会でも再処理問題が結論がでないとすれば、発電所敷地内での使用済核燃料の貯蔵は限界があり、発電所の稼働を続けるには中間貯蔵施設の開発、設置しかない。

ブルーリボン委員会の結論により、新しい放射性廃棄物処理処分の法制化を議会で審議することとなった。しかし、ユッカマウンテン放射性廃棄物処分場を今後の検討の選択肢にいれるか、完全に中止するかで議会上院と下院で意見が分かれた。上院は、中止するとしたのに対して下院は選択肢に入れて検討するとした。

上院では2012年ブルーリボン委員会の勧告をもとに2012年に「原子力廃棄物管理法案」が提出されたが、提出議員の引退で審議未了となった。その後、2013年4月上院に提出された「2013年原子力廃棄物管理法案」は、次のようなものであった。①DOEから独立した新たな連邦機関を設立し原子力廃棄物計画の運営をする。②新組織は使用済核燃料・廃棄物貯蔵パイロット施設を建設し、廃炉または一部運転中の原子力発電所から取り出した使用済核燃料を貯蔵する。③貯蔵・処分場施設について合意を基礎とした新たな立地プロセスを確立する。建設スケジュールは、④2021年までに貯蔵パイロットプラントを運転させる。⑤優先度の低い使用済核燃料・廃棄物貯蔵施設を2025年までに運転させる。⑥処分場を2048年に運転させる。「2013年原子力廃棄物管理法案」は、提出議員の転出などによりこれも審議されないままとなった。

その後、2015年3月ブルーリボン委員会の勧告に基づき「パイロット総合型施設」の建設と原子力廃棄物の運営のための新たな連邦組織を設立する「2015年原子力廃棄物管理法案」が再提出された。その内容は「2013年原子力廃棄物管理法案」とほぼ同じ内容であった。

オバマ政権が放射性廃棄物処分場の見直しを決めたのは、放射性廃棄物処理処分の遅れが原子力発電推進に大きな障害となるのを防ぐために、核燃料サイクルと再処理の問題は

先に送り、新たに提案した使用済核燃料の中間貯蔵を実現させようとしたことである。すでに世界は高レベル放射性廃棄物の最終処分についての展望は、どこの国も技術的に確立されてはいない。それを世界で最初に確立するための「原子力廃棄物管理法案」は、政権任期の間に成立するかどうか微妙であるようだ。

1977年のカーター政権から始まった核不拡散政策は、その後歴代の大統領によってその手法は異なるが引き継がれてきた。ところが前ブッシュ政権はGNEPによって、商業用再処理の再開提案などその政策の基本方針からは矛盾する政策を出した。しかしオバマ政権は、原子力政策の柱に核軍縮と核不拡散政策の強化に再び転じた。GNEPを引き継ぐ際に、原子力発電の推進拡大とウラン濃縮、再処理など機微な技術とは切り離さねばならないとして新たな提案として国際核燃料バンク、国際核燃料サイクルセンターの設立、信頼できる核燃料供給確保を含む新しい国際的枠組み（International Nuclear Energy Architecture）を提案し、他国の政府とともに核拡散を拡大させずに原子力利用の需要拡大に対応することをめざした国際原子力エネルギー協力フレームワーク（IFNEC）に改編した。

さらにオバマ大統領は、核兵器と核不拡散について2009年4月、チェコ共和国のプラハで演説し、「核のない世界」と核不拡散条約体制の強化により、世界各国が核の拡散を防止し、「原子力の平和利用」が、核兵器を放棄する国、特に平和利用計画に着手しようとしている発展途上国の権利とすることを訴えた。しかし、再処理と高速炉開発の核燃料サイクルは、これまでのアメリカの核不拡散政策とは相入れない。ユッカマウンテン放射性廃棄物処分場問題は、世界的流れとなっている当面の中間貯蔵を経るにしても、今後核拡散の起こらない核燃料サイクルと高レベル放射性廃棄物の最終処分を目指さねばならないという国際的な命題を残している。

4 世界的な核不拡散条約体制の確立とアメリカの核不拡散政策

第二次世界大戦後の1945年10月に発足した国際連盟は、翌1946年1月にロンドンで第一回総会を開いた。この総会で広島、長崎に投下された原爆の被ばくの実相により、原爆製造の重大性に気づいた世界は、核兵器廃絶の問題に関して国連総会第一号決議「原子力の発見により生ずる諸問題を処理する委員会の設置」を採択した。その内容は、平和目的のための科学情報の交換を広げ、原子力の利用が平和目的のみにするため原子力を管理し、原子兵器と大量破壊兵器を各国の軍備から廃絶し、違反や抜け道による危険から守るため、査察その他の手段により効果的な保障措置をとるというものであった。この原則

が後の核兵器と「原子力の平和利用」の問題の出発点であり、到達すべき目標でもある。

第一号決議を実現するため設置された国連原子力委員会は、その冒頭から米ソで対立した。アメリカはバルーク案とよばれる国際原子力開発機関の設置により、すべての核燃料の生産および管理をし、その後すべての原子力活動の査察活動を開始したら、核兵器の生産中止や廃棄をするというものであり、一方、ソ連は核兵器の生産と使用を禁止し、その後に原子力活動の管理をする案を提出した。それは、核軍備の禁止が先か原子力活動の国際管理が先かという対立で、アメリカが核兵器を独占する状況の下では、まったくまとまらなかった。

その後、米ソ冷戦体制のもとでの核軍拡競争により核兵器保有国が増え続け、核兵器の拡散が始まった。核戦争反対の国際世論が広がるなかで、核実験禁止、核兵器使用の禁止、非核武装地帯など核軍備の拡大を防ぐ部分的交渉が始まった。その交渉の中で、原子力発電など「原子力の平和利用」の拡大にともない、核物質と原子力の技術の軍事転用による核兵器国の増加する核拡散を防ぐための条約交渉がなされた。

困難な交渉の中で 1968 年に米英ソが中心になって核不拡散条約（NPT）がまとまり、調印が開始され 1970 年に発効した。この条約の特徴は、核開発の先行した国連安全保障理事会常任理事国の 5 カ国だけが核保有国として核の独占を認められ、その他の締約国は、核兵器を持たない非核保有国とされた。非核保有国は、核兵器国が保有する核兵器の廃棄を強く求めた結果、条約第六条に核軍備の縮小撤廃に関する効果的措置について誠実に交渉をおこなうことが定められた。そして、すべての締約国は「原子力の平和利用」の活動の権利を有し、核保有国は核兵器と兵器の製造につながる援助を禁止し、非核保有国は核兵器を製造せず、核兵器の受領と製造の援助を受けないことを約束する。さらに、非核保有国は、「原子力の平和利用」から核開発への軍事転用を防ぐため、IAEA と保障措置制度に従う協定を結び、IAEA の保障措置を受け入れることを約束するものである。

アメリカは、1953 年の国際的な「原子力の平和利用」提案と同時に IAEA の設立を呼びかけ設立させるとともに、主にアメリカの同盟国に二国間の原子力協定に基づき「原子力の平和利用」のための核物質、原子力施設、原子力利用技術とその情報などを提供した。1960 年代に動力用発電炉の開発が進み、商業用原子力発電の世界的な普及にしたがい「原子力の平和利用」は広く世界に広がった。その先導をはたしたアメリカは、NPTを基本とした世界的な体制の確立を進めることとなったが、この条約はアメリカが第二次世界大戦後の当初から提案したバルーク案にそった体制である。

一方、アメリカの核不拡散政策は、NPT を基本とした政策ではあるがアメリカの世界的な軍事戦略、核戦略、国家安全保障等の観点から歴代大統領により変化する政策でもある。その始まりは、NPT が発効した後の 1974 年に NPT 未加盟国のインドが、アメリカとカナダが平和利用目的で供与した資材を使って「平和的核実験」をしたことから、

NPTの基準以上に厳しい制約、例えば再処理とかウラン濃縮など機微な施設や原子力技術とその情報をNPT未加盟国や非核保有国でも移転や供与を停止し、平和目的の研究用の高濃縮ウランやプルトニウムの供与もしないなどの政策をとることを模索した。アメリカは、国際的な原子力発電用の輸出資材の軍事転用を怖れて、1975年に原子力供給国グループ（NSG）を設立し、厳しい輸出管理をとることを目指した。五つの核保有国と西ドイツ、カナダ、日本のグループは、この問題についてロンドンで協議を行った。その後加入した国も加え計15カ国が、1977年に非核保有国への原子力輸出に際して適応すべきガイドラインについて合意し、1978年に「ロンドン・ガイドライン」という名で公表された。

1977年カーター大統領により始められた核不拡散政策は、自国の商業用再処理やプルトニウムの再利用の無期限延期、高速増殖炉開発計画の変更と商業化の中止などの政策を、新たな世界的基準としてNPT未加盟国や非核保有国にも求めたもので、そのための国際的な会議を開いて平和利用を広め、核兵器の拡散の危険性を最小にするような核燃料サイクルの方法を研究するとして国際核燃料サイクル評価（INFCE）の作業会議を開いた。

1978年に発効した核不拡散法によりアメリカからの原子力資材技術の輸出に際して、核不拡散のための措置が強化されると同時に、アメリカが提案した核不拡散政策を遵守する国には核燃料が安定的に供給される政策を実施した。

1981年レーガン政権は、核拡散の危険を減少させるには、その多様な側面を考慮した総合的な政策をとる必要性を強調した。そして、核拡散防止を安全保障と外交政策の目標の基本とすることは前政権から引き継ぐと同時に、一方「原子力の平和利用」のための協力を世界的に進めるため原子力協定の輸出申請、承認申請の処理を速やかにおこない、さらに先進原子力計画を持つ核拡散の危険のない国々の再処理と高速増殖炉開発は、妨げないとした。核不拡散政策の強化が、「原子力の平和利用」の推進と原子力産業の発展を妨げないように配慮したものである。

1990年代に入ると、旧ソ連の崩壊によりそれ以前の米ソを先頭とした東西両陣営の対決による核戦争の世界的な軍事的緊張状態は変化し始めた。1993年クリントン政権が発足すると、核不拡散政策として核兵器やミサイル技術の拡散を防ぐとともに、高濃縮ウランやプルトニウムの民生利用を厳しく制限する政策をとった。さらにクリントン政権は、世界的な軍事、平和両目的の核物質、資材、器材等の輸出管理と国際的な管理制度の強化を求めた。

NPTは1995年に無期限に延長され、核不拡散条約体制は現在に至るが、1998年にはインド、パキスタンが共に核実験を実施し、また後の北朝鮮問題など多くの欠陥が表面化することとなる。

21世紀に入り発足した二代目ブッシュ政権は、核軍縮よりも北朝鮮、イラン、イラクなど核開発を進める国や核疑惑国に対する軍事力による圧力、介入という「核拡散対抗戦略」をとった。世界的な核の闇市場などに対しては、軍事的圧力と経済制裁により核不拡散政策の貫徹をはかり、さらに核と原子力施設を攻撃する国際的な核テロの危険性を防止するため、米ロが協力して世界的な指導権の確立をはかることを目指した。

一方、エネルギー安全保障と地球温暖化防止・環境問題に原子力エネルギーのはたす役割の重要性を認め、原子力発電を推進すると共に「原子力の平和利用」の商業再処理や高速炉開発の路線に戻るGNEPの提案をした。また、ブッシュ政権は、軍事力や経済制裁などによる核不拡散政策の貫徹は、「原子力の平和利用」と両立できるという立場をとり、NPTの枠外でインドとの原子力協定を進めるなど、世界的な核不拡散条約体制内の矛盾と体制の崩壊の危機を招いた。

現オバマ政権の原子力政策の特徴は、プラハ演説の「核のない世界」に示されるように核軍縮を重視し、地球環境への影響を考慮したエネルギー・原子力政策をとったことである。しかし、「原子力の平和利用」の点では、ユッカマウンテンの高レベル放射性廃棄物処分場の見直しを通して、新たな放射性廃棄物処理処分計画の変更をはかったが、GNEPについてみると、自国の政策転換というよりも新たな国際的課題として展開させたことで、基本的には前政権の路線を継続させており、原子力発電については地球温暖化対策に役立つエネルギーとして推進の方向は変わらない。

1970年NPT発効後に始められたアメリカの核不拡散政策は、歴代大統領により引き継がれ、全体として民主党の歴代大統領は、核軍縮とNPT体制強化を基本とし、「原子力の平和利用」の制限と国際的規制を強化する政策を採用したが、共和党の歴代大統領は、国際的な「原子力平和利用」の拡大をはかる一方で、軍事的、経済的制裁により核拡散防止を遂行する戦略をとってきた。しかし21世紀に入ると、核軍縮に対する姿勢の違いはあるが、共和党ブッシュ政権と民主党オバマ政権の核不拡散政策の基本方針はそれほど大きな差はなくなっている。

5 まとめ

アメリカの原子力政策は、大戦後の世界で最強の核軍事力、最大の経済力を持つ超大国として国際政治を動かす基本となる役割を担い、核兵器開発と「原子力の平和利用」を先導してきた。アメリカの核不拡散政策は、NPTを基本とした政策ではあるがアメリカの世界的な軍事戦略、核戦略、国家安全保障等の観点から歴代大統領により変化する政策でもある。世界的なNPT体制は、重大な欠陥と矛盾により体制上の危機が深まってきた

が、アメリカはその体制の確立を先導するよりも、利用はするが自国の国益と国家安全保障を基本とした独自の核不拡散政策を進めている。

　アメリカの原子力発電利用は世界最大であり、今まで「原子力の平和利用」として世界を先導してきたが、スリーマイル島原発事故をさかいとし30数年発注が中断した。国の手厚い保護により、2010年代に入り発注が再開された。原子力発電は、今でも地球温暖化防止など環境政策に貢献するエネルギーとして利用する方針をかかげているが、核燃料サイクルについては、歴代大統領の方針により再三変更され、それと関連してユッカマウンテンの高レベル放射性廃棄物最終処分場の見直し法案は審議中である。

【参考文献】
・憂慮する科学者同盟編、日本科学者会議原子力問題研究委員会訳［1979］『原発の安全性への疑問・ラスムッセン報告批判』水曜社
・日本科学者会議会編［1982］『核・知る・考える・調べる』合同出版
・日本科学者会議会編［1985］『原子力発電・知る・考える・調べる』合同出版
・井出　洋［1987］『核軍縮交渉史』新日本出版社
・井桶　三枝子［2010］「アメリカの原子力法制と政策」『外国の立法』（2010.6）18-28頁　国立国会図書館調査及び立法考査局
・井桶　三枝子［2011］「オバマ大統領の原発政策の継続―「確実で安全なエネルギーの未来のための青写真」の発表―」『外国の立法』（2011.5）　国立国会図書館調査及び立法考査局
・前田　一郎［2014］「米国オバマ政権の環境・エネルギー政策」（2014.5.20）日本原子力産業協会ホームページ・米国の原子力政策の動向
・日本電気協会新聞部『原子力ポケットブック』2015年版　第9章　核不拡散体制の確立

第10章

イギリスの原発政策

松田真由美

1 はじめに

　イギリスの原子力発電（原発）事業の歴史は長く、国そして企業レベルで日本とも密接な関係を築いてきた。

　現在イギリスは原発推進政策を掲げており、これは東日本大震災による福島第一原発の事故によっても揺らぐことはなかったが、このような動向は他のヨーロッパ諸国とは異なる様相を呈している。しかし、このような推進政策も、国の総意ではない。

　本章では、イギリスの原発政策の歴史を広く見てゆきたい。

2 原発政策のはじまりと原発の稼働

　原発政策のはじまりは 1940 年代といえる。イギリスはマンハッタン計画に参加してはいたものの、国内での研究は不十分であったため、原子力関連研究を目的として 1945 年 10 月ハーウェルに研究所を設置することを決定する。その後、アメリカにおけるマクマホン法によって原子力技術の共有が不可能になり、原子力爆弾の独自開発が余儀なくされた。

　1946 年原子力の発展を目指すために原子力法（Atomic Energy Act）を制定すると、原子力に関する責任の所在などを明確化し、1947 年ハーウェルの実験用原子炉（黒鉛減速空気冷却炉）の運転を開始させた。加えて、軍需工場が置かれていたウィンズケールも、戦後その役割を終えて繊維工場への転用を考えていたが、プルトニウム生産用原子炉として利用されることになる。

　これと平行して、イギリスでは原子力の平和的利用を目指し、原子力による発電を実現しようとしていた。そして、1953 年に実験が成功すると、すぐさま政府は新たな原発

の建設計画を発表する。これによって建設されたのがコールダーホールであり、1956 年世界最初の商業用原発（黒鉛減速炭酸ガス冷却型原子炉：マグノックス炉）としてその稼働をはじめた。既に 1955 年の白書[1]「原子力プログラム」では、10 年間で 12 ヶ所に原発の建設を計画し、続く 1956 年の白書でも建設に向けて積極的な姿勢を示した。しかし 1957 年 5 月南太平洋で水素爆弾の核実験が行われると、原子力プログラムへの逆風が吹きはじめる。また、同年 10 月設計および人為的ミスによりウィンズケールの 1 号炉で火災事故が起きた。しかし、事故についての報告は時系列的にその経緯を述べる程度にとどまり、事故後に周辺地域の牛乳の出荷が停止されたが、あくまでも予防的措置にすぎないことを強調することで、被害状況やその事故による放射能汚染などについての情報が正確に開示されることはなかった[2]。これについては原発政策が頓挫することを政府が恐れたためであるとも言われており、結果的に原発政策が撤回されることはなかった。

　1958 年には日本と日英原子力協定を結び、これはイギリスによる日本の原発事業を支援や、後に東海発電所に改良型マグノックス炉の導入に至る礎となった。

3　原発政策の転換

(1) 拡大政策とその収縮

　1960 年代に入ると石炭による火力発電がより安価であるという理由から原発政策はいったん停滞したが、1964 年の白書「第 2 次原子力プログラム」では再び拡大へと転じ、その後改良型ガス冷却炉（Advanced Gas-cooled Reactor：AGR）の導入や高速増殖炉の建設を発表するなど、原発建設は留まることがなかった。特に AGR は海外へ輸出することを大きく期待された原子炉であった。しかし、1970 年代になると AGR は経済的合理性が得られないという判断が下され、国内でも加圧水型原子炉（Pressurised Water Reactor：PWR）へシフトしてゆく。そして 1979 年、10 基の PWR の建設計画が俎上に載せられる。このような積極的な建設計画の背景には、オイルショックによる石油価格の高騰や、北海油田の減産を見越し、それに代わるエネルギーが必要であると判断したためである。しかし、1986 年にチェルノブイの原発事故が起こると、計画は白紙に戻された。ただ、すでに審査過程にあった PWR 1 基はサイズウェルに建設が認めら

1　イギリスにおける「白書」とは、日本のような報告や分析を意図するものではなく、将来に向けた提案、計画を示すものである。
2　イギリスは国家秘密保護法（Official Secret Act）のもと、ウィンズケールの情報は軍事機密の対象となり、法律が適用される 30 年間開示されなかった。

れ、1995 年より稼働を開始している。

　コールダーホール以降、イギリスでは 14 ヶ所に 41 基の原発が建設され[3]、1990 年代には電力供給の 20% 以上が原発によるものであったが、1997 年の 26% をピークに減少してゆく[4]。

　一方で原発に欠かせない使用済核燃料の処理や原発の廃炉処理機能については、原子力関連に権限を持つ英国原子力公社（UK Atomic Energy Authority：UKAEA）が行ってきたが、その機能を移転するために英国核燃料会社（British Nuclear Fuels Limited：BNFL）を 1971 年に設立した。そして、BNFL のもと 1970 年代より使用済核燃料の再処理工場の建設が計画しながら、1998 年、20 年以上の時を経てようやく核燃料処理のために THORP（The Thermal Oxide Reprocessing Plant）工場が本格稼働した。これは日本からの商業的需要を期待するものであった。

(2) 原発事業の民営化

　長年に渡り原発事業を含めた電力事業は国営であったが、1957 年からは、中央電力局（Central Electricity Generating Board：CEGB）がイングランドとウェールズを、南スコットランド電力局（South of Scotland Electricity Board：SSEB）がスコットランドと北アイルランドを統括していた。

　しかし、1988 年サッチャー政権は、原発事業以外の発送電会社を分割民営化し、それとともに 1990 年から電力市場の自由化を導入する。その後、原発事業も例外に漏れず、CEGB から切り離された原発事業ニュークリア・エレクトリック社（Nuclear Electric）と SSEB から切り離されたスコティッシュ・ニュークリアー社を合併させて、ブリティッシュ・エナジー（British Energy：BE）として 1996 年民営化させた。その際、マグノックス炉を除く原発を BE の経営下に置いた。マグノックス炉については廃炉費用が予想以上に膨らむことがわかり、BE の財務的負担を考慮して、国営企業マグノックス社（Magnox Ltd）に委ねることになった。

3　あくまでも電力供給を目的としたものである。
4　Paul Bolton, Nuclear Energy Statistics, House of Commons, 9th Sep 2013

第10章　イギリスの原発政策

4　原発政策の復興

(1) 原発ルネッサンス

　1990年代には政府が想定していたよりも早く北海油田の資源が枯渇していることがわかった。しかし、代替エネルギーへの転換は遅れており、当時の計画では2023年までにサイズウェルの1基を残してすべての原発の稼働が停止することが予定されていた[5]。これによって政府には電力の供給と需要のエネルギー・ギャップの懸念が生じてゆく。しかし一方で気候温暖化対策として、温室効果ガスの削減を積極的に進めるイギリスでは化石燃料に依存しないエネルギーを模索する必要性があった。

　1990年代の電力政策は、自由化とコストの効率化を中心に据えていたが、2003年のエネルギー白書「エネルギーの未来—低炭素経済の創造（Our energy future − creating a low carbon economy)」では、チェルノブイリ原発事故以降初めて原発建設の可能性を示唆している。これは温暖化に配慮しつつエネルギーの供給の確保を重視した結論であった。その後、2006年「エネルギー・レビュー（Energy Review)」において具体的に原発の必要性が述べられたが、原発を推進するために必要とする手続きがとられていないと、グリーンピースに訴えられたため、国民との対話（コンサルテーション）の手続きを実行することになる。2008年白書「エネルギー問題への対応（Meeting the Energy Challenge)」では具体的に8ヶ所に建設を決定するなど、イギリスの原発推進はより明確かつ確実なものとなってゆく。このような原発回帰はイギリスのみならず、2000年以降、他国でも見られ、原発ルネッサンスと呼ばれた。

(2) 自治とエネルギー政策

　しかし、このような原発推進政策は国の総意ではない。イギリスは、イングランド、ウェールズ、北アイルランド、スコットランドより構成されている。1990年代になると、ウェールズ、スコットランド、北アイルランドに議会を設けることが認められ、自治権が与えられる。ただし、ウェールズの立場は、歴史的経緯よりスコットランドおよび北アイルランドとは異なり、イングランドと同じ法律を共有することが多い。また、それぞれの議会で政策決定がなされた時、中央政府の決定はイングランドのみに適用されることになる。北アイルランドは、政権が不安定であり、その運営が困難な状況になると、中央政府が関与することになり、これまで幾度もそのような状況を生み出している。そして、

5　その後運転の延長が認められており、現在とは状況が異なる。

スコットランドは独立運動が活発である。

　このような状況の中、中央政府の方針は、エネルギー政策についてはイングランドに適用されるが、原発政策には特別とみなされ、ウェールズおよび北アイルランドも適用対象となる。しかし、北アイルランドは、再生可能エネルギー政策を積極的に進め、原発政策に反対の意思を表明している。アイルランドも反原発政策をとっていることから、アイルランド島に原発そのものが存在していない。また、スコットランドも原発に依存せずに風力発電を中軸に置いた再生可能エネルギー政策を積極的に推進している。

　そのため、イギリス政府の原発政策への対応は、国を二分するものといえる。仮にスコットランドの独立が実現した場合、廃炉処理など経済的影響を与えることも予想される。

(3) 原発事業の開放

　民営化された BE は、電力市場の自由化により電力卸売単価の下落、事業税や使用済み核燃料の処理費用の高騰に直面し、2002 年には債務超過に陥ったため、政府による資本注入が行われる。しかし、財務状況は改善することなく、最終的に 2009 年、BE はフランス電力企業 EDF（Electricite de France）に 125 億ポンドで売却された。EDF はフランス最大の国営電力会社で、BE の株式の約 80％保有することで、BE が保有するすべての原発を手中に収めた。そして、残りの 20％はブリティッシュ・ガス（British Gas）の子会社セントリカ（Centrica）によって保有された。

　政府は、新たな原発政策に伴い、民間企業に原発事業を委ねることを決定し、広く参加を求めた。その結果、EDF、Horizon Nuclear Power（ドイツ企業 E.on、RWE ら 2 社によるジョイントベンチャー：JV）、NuGeneration（スペイン企業 Iberdrola とフランス企業 GDF Suez による JV）が参入することになる。しかし、当初の思惑と異なり建設許可が降りるまでに時間を要し、意欲的だった企業も撤退してゆく。ただ、GE 日立が Horizon を東芝が NuGeneration の 60％ の株式を取得し、さらに新たにセントリカの役割を中国企業が担うことで、参加企業は大きく塗り替えられたにすぎなかった。このようにイギリスの原発事業は他国の企業で産業が占拠されるという、「ウィンブルドン現象」となっている。

　また、政府は、自らの負担を最小限に抑制しつつインフラ整備を行うために、新たな原発は、建設から廃炉作業まで参入企業がその責任を有することを条件とした。

(4) 福島第一原発事故の影響

　2011 年の東日本大震災に起因する福島第一原発事故が起こると、イギリス政府は、マイク・ウェイトマン（Mike Weightman）博士に福島原発事故とそれによるイギリス原

発への影響について調査報告を要請した。ウェイトマン博士は IAEA の調査団として事故調査のため来日しており、その報告書「日本の地震と津波：イギリスの原発産業にとっての意味 (*Japanese earthquake and tsunami: Implications for the UK nuclear industry*)」[6] では、イギリスでは日本のような自然災害が起こることは到底考えられないが、原発の安全性の向上を求めると結論づけた。また同年 11 月には「原子力研究開発の可能性 (*Nuclear Research and Development Capabilities*)」が上院の科学技術特別委員会によって公表され、原発がエネルギー・ミックスの一手段として重要であることが再度強調された。福島原発事故によって、他の EU 諸国が推進政策に消極的になる一方で、イギリスでの原発政策は継続に意欲的だった。

(5) 廃炉処理と再処理工場の閉鎖

初期の原発の廃炉処理は 1988 年より始まり、上述のように BNFL によって行われていた。BNFL はマグノックス社を子会社としながら、組織としては拡大していったが、廃炉処理の費用が増大し、経営が圧迫されてゆく。そのため、2004 年のエネルギー法を経て原子力廃止措置機関（Nuclear Decommissioning Authority：NDA）が設立され、BNFL の機能を移し、国営時代における原発の廃炉処理について国が責任を持って実行してゆくことを約束した。NDA は独立行政法人（Non Departmental Public Bodies：NDPB）であるが、商業的収入が少ないため、廃炉処理や使用済核燃料の再処理を行うためには、ビジネス・エネルギー・産業戦略省（旧エネルギー・気候変動省）からの補助金に依存せざるをえなかった。特に再処理事業については日本の電力会社からの委託を期待していたが、東日本大震災によって日本の原発事情が変わることで商業的収入がより一層見込めないことも一要因となり、2011 年 MOX 工場の閉鎖に引き続き[7]、2018 年 THORP 工場も閉鎖されることが決定した。

新たな原発の使用済核燃料の処理方法および廃炉計画は、参入企業が決定できるとしているため、原発政策は推進しながら、NDA が行う再処理については商業的に成立しない以上、政府負担が増さないために、このような決断に至った。

(6) 電気料の設定と原発建設資金

新たな原発政策のもと、最初に建設許可がおりたのはヒンクリー・ポイント C（Hinkley Point C：HPC）である。HPC を建設する EDF は BE を買収した際には資金的余裕があったものの、福島原発事故による海外コンサルティング業務の不調、また既存の原子炉補修

6　中間報告書が 2011 年 6 月、最終報告書が 9 月に公表されている。

7　一部日本の報道では、福島原発事故のために従業員解雇となったが、実際には配置転換されている。

コストの増大など、財務的に悪化していった[8]。政府は、原発の建設のための資金調達は民間電力会社が行うべきであるとしていたものの、EDFは、財務支援の必要性を訴えた[9]。

　EDFは政府との交渉を繰り返した結果、20億ポンドの債務保証と、稼働後35年に渡る差金決済取引（Contracts for Difference：CfD）での電力の買取りを政府に約束させた。価格については、HPCのみ稼働した場合と、もう1ヶ所建設予定であるサイズウェルが稼働した場合で異なるが、HPCのみなら92.50ポンド/MWhという、当時の取引価格の約2倍に設定されている。このような固定買取について、EUの公正取引委員会では補助金にあたり、公平性に欠けるかどうかの議論が重ねられたが、最終的には認められた。

　一方で、政府は直接的な資金援助を回避することができたが、買取価格の契約とは電気代という形で消費者に負担させたにすぎなかった。ただし、消費者も建設費用が高額になることで、価格転嫁による電気代の上昇を懸念していたが、これにより92.50ポンド/MWh以上には上昇しないことが確定したことになる。そして、このHPCの買取価格は他の低炭素エネルギーへの投資を行う際の採算性を図る一つの基準になりつつある[10]。

(7) 新たな原発の建設

　当初の予定から大幅に遅れながらも、2013年HPCの建設許可が降り、原子炉は欧州加圧水型原子炉（European Pressure Reactor：EPR）が2基で合計3.2GW、2023年から60年以上の稼働を見込んでいる。EDFはサイズウェルとともに、イギリス全体の電力の13%を供給する予定である。

　しかし採用されるEPRは、現在フィンランドやフランスのフラマンヴィルで建設中の原子炉と同型で、フランス企業アレバが数十年かけて開発した最新モデルであるが、2015年4月、EPRに備わる致命的欠陥が仏原子力安全規制当局によって明らかにされるなど、物理的な強度が十分でないことが問題視されていた。また、この問題は2006年から把握されていたにもかかわらず、解決を先延ばしにしていたことも明らかにされるなど、HPCへの影響が懸念されている。しかしHPCの格納容器はまだ製造されておらず、イギリスの原子力規制局もこれを機に十分な安全基準を満たすことを求めた。ただ、イギリスのEU離脱は、欧州原子力共同体やヨーロッパの原子力条約からの離脱の可能性もあり、これもまたHPCの建設に影響を与える可能性があると指摘している[11]。

8　Economist, 20 Nov, 2009
9　Financial Times, 26 May 2009
10　潮力発電への投資の有効性を確かめるための報告書2016年12月「潮力発電ラグーンの役割（The Role of Tidal Lagoons（通称：ヘンドリー・レビュー）」などが挙げられる。
11　The guardian, 27 Jan 2017

5 将来計画と見通し

2016年7月の会計検査院（National Audit Office）による「イギリスにおける原子力（Nuclear Power in UK）」では、今後イギリスで2035年までに31GWのエネルギー需要の増加を見込んでいる。これは、温室効果ガスの削減のために低炭素エネルギーによって供給されるべきあり、風力、太陽光とともに原発がその役割を担い、31GWのうち14GWを新たな原発によって確保することを期待するものである。

政府は、エネルギー・ミックスとして原発は重要であることを再三述べており、「政府はイギリスの原子力産業のルネッサンスを支援したい」と、依然として積極的な姿勢を示している。

しかし、高額な原発を建設するためには資金調達が必要であるため、HPCに見られるような数兆円にのぼる建設資金を支援するために、固定価格買取制度を導入し、政府の債務保証を付与するなど、企業がこれ以上撤退しないような配慮を行っている。

また、日本企業も関与していることから、日本政府もそれに呼応して、2016年12月イギリス政府と覚書を交換し、日立と東芝への財務的支援を通じてイギリスの原発事業の後押しを約束した。日立については、建設費を2.6兆円と試算しているが、1兆円規模で日本政府による貸与が決定し、HPCの次の原発の担い手として準備を進めている。一方、東芝はアメリカにおける原発事業の失敗から多額の損失を計上するなど、原発を中軸事業として位置づけることが困難な状況である。新たな原発の申請については原子炉の審査を必要するが、東芝はその申請を取り下げているが、もはや事業の継続すら不透明な状況といえる。

現在、イギリスの原発事業はウィンブルドン現象下にはあるものの、政府はこれまで1956年にコールダーホールを稼働させてから60年以上に渡り原子力に関する専門知識を蓄積してきたと自負している。そして、今後13年間で30カ国に新たな原子炉が建設され、その投資額は9300億ポンド（約130.2兆円）、さらにその役割を終えた原子炉の廃炉費用に2500億ポンド（約35兆円）が支出されるだろうとの試算し、これまで培ってきた知識や技術を輸出することに意欲を示している。

6 おわりに

2008年に示された政府のタイムテーブルでは、HPCは2018年に稼働するはずであった。しかし計画は大きく遅れている。この背景の一端は、EDFが原発の建設資金の調達

に苦心したためである。会計検査院の「イギリスにおける原子力」では、固定価格を設定することで「非常に高額で建設に時間のかかる」原発による電力を確保することの正当性を主張している。固定価格であるがゆえに、建設資金が増加しても、それを電気代へ転嫁できないが、実際に HPC も当初の 2 倍以上の資金が建設のために費やされるだろうと見積もられている。東芝に見られるアメリカにおける原発事業の損失隠しにも見られるよう、参入企業は建設から廃炉までの費用を回収できるのかどうか、収益性の観点から慎重にならざるをえない状況であるといえ、今後は撤退する企業も生まれる可能性もある。加えて、EU からの離脱をはじめ、さまざまな環境変化も伴い政府も企業へ配慮するようになっており、今後も、政府の期待通りに原発推進政策が進むかどうかは不透明であるといえる。

【参考文献】

・World Nuclear Association, Nuclear Development in the United Kingdom, http://www.world-nuclear.org/ （2017 年 3 月 20 日現在）

・Peter Pearson and Jim Watson, [2012] UK Energy Policy 1980-2010, Institute of Engineering and Technology, Parliamentary Group for Energy Studies.

・Simon Taylor [2006] "Privatisation and Financial Collapse in the Nuclear Industry" Routeledge.

・安芸皎一監修、原子力平和利用調査会編著 [1955]『イギリスの原子力』読売新聞社

・長山浩章 [2015]「英国における電力自由化と原子力：我が国への教訓」、『開発技術』vol21

―― 第**11**章 ――

原発に依存しないという選択、ドイツの場合
―原発と市民社会―

北村　浩

1　ドイツのエネルギー政策の大転換

（**1**）「倫理委員会」がもたらしたインパクト

　2011 年 3 月におきた福島での原発事故に際して、よく知られているように、ドイツでは、すばやく、エネルギー政策の大転換、つまり、原発、核エネルギーによる発電に依存しないということを、いち早く決めるということをおこなった。また、その決定の方法も、日本においても、多くの注目を集めることとなった。社会の広い範囲の人びと、できるだけ多数の納得と了解を得るために、文字通り、国民的な合意を作り上げることを目的として、「倫理委員会」という、あまり日本ではなじみのないコンセプトの会議において、それをとりおこなったのである。ある意味、それは、現在のドイツ社会を特徴づけるやり方であるといえるだろう。こうしたやり方によって作り上げたコンセンサスにもとづいて、何か重要な社会的な決定を行うというのが、今日のドイツのスタイルということができる。

　ここでは、おもに、なぜ、このような形での意思決定、合意の形成を図ろうとするのかということを軸に、ドイツでの脱原発の選択について考えてみたい。「倫理委員会」という形式のユニークさに着目をされがちではあるが、その根底には、価値観の多様化などにともなう社会の分断化傾向に歯止めをかけ、決定的な対立を回避するという、第二次世界大戦後のドイツ社会が積み上げてきた歴史的経験がある。それは、政治的な論点を、どのような形で問題解決をするのかという意味での、政治問題の解決手法であり、それが行動様式やふるまい方の形式にまで定着をしていく点をとらえて、これを文化の次元で理解することができる。こうした政治文化をドイツの社会は着実にきづいていった。

　そもそも、このような政治的な態度、文化は、ナチズムの経験に根差していた。ドイツの近代の歴史において、最大の争点であり、第二次世界大戦という、重大な帰結を招き、

その結果、ドイツ社会に壊滅的な打撃を与えた、この出来事の背景には、社会における価値観の多様化と分断化の傾向が押し進められ、そのため、政治的対立が抜き差しならないものとなった状況で出現したという事実があった。このことをふまえて、戦後のドイツ社会では、こうしたコンセンサスを形づくることを重視した政治文化を、模索していくこととなっていった。この意味で、それは、歴史意識、歴史認識と密接なかかわりを持つ。

　だが、このような政治文化が、第二次世界大戦後のドイツ社会に、あらかじめそなわっていたというわけではない。むしろ、それはドイツ社会における意識の変化の中で、徐々に形成されてきたものということができる。起点は1960年代後半であり、そのころから既成の価値観を疑う、いろいろな論議が噴出し始め、それが決定的な分断や対立とならないよう、一種の社会の知恵として、コンセンサスを作り上げようという意思が働いたということもできるだろう。この点では、原発をめぐる論議においても、例外ではない。

（2）ドイツの市民社会と原発をめぐる議論

　ドイツにおける、ポスト3・11、ポストフクシマという状況での原発をめぐる言説を考えるのに際して、このような文脈を考慮に入れる必要があるだろう。以下では、それについて、対話にもとづく合意形成、コンセンサスを作り上げることが一種の政治文化としてどのように形成されてきたのかを、歴史認識の問題を例に、簡単に示したい。これを受けて、ドイツにおける原発をめぐる論議、それは核兵器の問題とパラレルに進行しており、その意味では、核をめぐる意識として展開可能であるが、これについて概観をする。さらに、核エネルギーに依存しない、脱原発という選択の延長上に発生する、ライフスタイル、生活様式の問題、とりわけそこでは持続可能な社会ということが焦点化される、こうした問題連関を、核をめぐる言説との相互関係にそくして取り上げることとする。

　これらの議論を展開するうえで鍵となるのは、市民社会ということができるだろう。広範な社会的合意を作り上げていくのに、市民社会の存在は欠かせない。それは、コンセンサスを形成するための土台となるものであると同時に、そこでの意識の変化を促す役割も果たし、いわば、多様な言説の場であるとともに、議論の過程そのものが、さまざまな社会的な意識を反映するという意味で、内実を備えたものととらえることができるだろう。これらの事柄が、市民社会に着目する理由であり、これがコンセンサスを図るための土壌となり、そうした土壌が、政治的な次元での、文化としても機能していく、そうしたプロセスこそが、原発をめぐる論議において、ドイツの特質ということができるだろう。

　市民社会という視角から、理性的な認識、対話や、熟慮と熟議を重視するというふるまいかたを導き出す、政治文化に着目し、ドイツにおける原発をめぐる言説を考えることは、多くの点で示唆的であろう。政治理論的にも、民主主義のありようを考える民主主義論にとってはもちろん、具体的なエネルギー政策の観点や、原発、そしてその事故を検討

するうえでも、有益な視点を提供しうるだろう。また、多くの社会的な争点、イッシュー
で、しばしば分断と対立、それも対話不能なほどに亀裂の深い、こうした状況が噴出して
いる現代社会にとって、こうした経験の有する意義は、少なくはないだろう。

2 合意を志向する社会 ―歴史認識、戦後補償を例に―

（1）「倫理委員会」という方法

　福島原発の事故を受けて、これからのエネルギー政策、具体的には、原発の存続の是非
が中心的な課題となった。こうした議題を検討する機関として、「倫理委員会」は設置さ
れた。諮問される事柄としては、エネルギー問題であり、そのための検討会、審議会とい
うのが、形式的にではあるが、その議題であり、「より安全なエネルギー供給のための倫
理委員会」という、正式な名称もこれに沿った形ではあった。しかし、「倫理委員会」と
いう呼び方が示すように、そこでの論議のプロセスは、単に、今後の原発政策とその在り
方についての、政策論や技術的、即物的な議論にとどまるものではなかった。

　むしろ、議論のされ方としては、重要な意思決定に際し、形式的な要件を満たすだけで
はなく、それをどのような形で、多くの人びとに納得されるような形での、合意に達する
ことができるのかというところに、力点がおかれていたように思える。その点では、熟慮
と熟議、とりわけその過程が、重要視されていたということができるだろう。そのために
「倫理委員会」という名称が設けられ、議論の中心を、判断、決定の倫理的な妥当性や、
それがどれだけ説得力を持って展開されるのかにおかれ、また、多くの人に受け入れ可能
とするための方策などが、意識されていたということができるだろう。

　会議の形式も、このことをよく示しているといえる。議論の参加者が、丸いテーブルに
座り、対等な立場で議論を繰り広げるという、いわゆる円卓会議方式がとられたことに
も、それが現れているといえるだろう。このような円卓会議は、その形からもわかること
ではあるが、拙速な形で結論を求めることや、一定の回答に導くということを避け、価値
観の相違にもとづく、対立しがちな問題を、ていねいに積み上げる形で、相互理解を図る
という性格のものであるといえよう。それゆえに、ましてや、あらかじめ定められた結論
を追認するような、手続きの正当性だけを確保するようなものとは異なるといえる。

　ここには、科学的知見や、客観的な事実認識と、その倫理的正当化、これらをどのよう
に公的な意思の決定、政策判断に反映させ、実行の過程にのせて、遂行していくのかとい
う問題が潜んでいるということができる。そこで含意されていることとして、委員会、円
卓会議の役割は、基本的には、政策判断のための知見、材料を提供することであり、意思

決定と、その実施に責任を持つのは、政府や政治的行為であるとの理解があるといえる。この点で、諮問のための会議、審議会や検討会といったものが、どのような役割を持っているのかを、みてとることができるであろう。こうした過程によって得られた判断が、結果として、多くの人に受け入れられていくのではないだろうか。

（2）「過去の克服」という政治文化

　このような態度の背景にある興味深い事実として、歴史認識をめぐる、戦後ドイツの長年の取り組みが指摘される必要があるだろう。ある特定の社会的な問題に対して、どのようにしてコンセンサスを得ることができるのかということを、学習する過程でもあった。ともすると、価値観の対立に起因する社会の分断状況を助長しかねない、深刻なものとならざるを得ない問題を、慎重に、時間をかけて解決を図っていくということに、結果的にではあるが、一定の成果を収めたと評価することのできるものであった。

　具体的には、第二次世界大戦の際にドイツが引き起こした種々の問題と、それをもたらしたナチズムの支配下の不正義に、どう向きあっていくのかという問いであった。こうした取り組みについて、しばしば「過去の克服」という表現がもちいられるが、それは、自らの問題として、ドイツの社会が、正面から対峙していくことを意味し、そこにいたるまでにはしばらくの時間が必要であった。ナチスがおこなった人道に反する行為は、確かに、戦後すぐ、問題とされ、裁かれてはいたが、これを、自分たちの責任であると認識するには、不十分であり、主として、その指導者であったヒトラー個人や、そこに加担した特定の個人の問題とされていたのであった。

　しかし、実際には、その当時のドイツ人の多くが、ナチスに同調していたことは否定できず、また、その行為にも、少なからず広範に自発的にかかわっていたという認識が浸透するようになってきた。その意味で、これらの事柄は、多くのドイツ人にとって、自らのアイデンティティを問いなおすことにつながり、歴史認識は、まさに、それを考える重要な契機であり、反省的なものであるとしても、そのよりどころとなったといえる。

　こうした理解が、一定の範囲へと広がり、多くの人びとに共有されるようになり始めたのは、1960年代の半ば以降の、社会に対する意識の変容と、実際の社会そのものへの変革の欲求と軌を一にしたときであった。それまでの経済成長を後ろ盾とした、なかば現状追認的な価値観に代わって、1960年代末の学生運動に象徴されるような、より積極的に社会に参画し、それをさらに良い方向へとうながすという変化であった。こうしたいささか理想主義的な観点から、自分たちの拠って立つ、その根拠としてのアイデンティティを、歴史意識や、歴史認識を通じて、確保し、批判的な距離をもって、それに向き合うというのは、ある意味で必然的なものといえよう。同時それは、かなりの程度で、世代間の対立という性格もおびるものとなった。すなわち、ナチズムを経験した旧世代の多くに

第11章　原発に依存しないという選択、ドイツの場合

とって、できれば避けたい、ふれられたくはない、いわば傷跡のような出来事に対して、そこに直接関与はしていない新世代の人びとが、ふみこんでくることには、それを脅威と感じても不思議ではないだろう。

（3）歴史認識の定着と戦後補償

　この過程は、当初は、歴史認識、歴史意識をめぐる論争という形をとって展開された。その意味で、おもに知識層を中心とする、公的な言説空間での事柄であった。ここでは、ナチスの犯罪や戦争責任をどう把握し、それを果たすのかが、主要な争点であった。こうした論議が、くりかえし、形態を変えながら、一定の期間、継続してなされた。だが、やがて、問題は、実際に被害を受けた人たちに対する補償の問題へと、焦点が移動することとなった。いわゆる強制労働の問題である。これは戦時中に強制労働をさせられた人、個人に対して、謝罪はもちろん、具体的に金銭での賠償を図るものであった。

　このような状況にいたることによって、問題解決のための、広い範囲の社会的な合意、コンセンサスを取り付ける必要が生じてきた。賠償の枠組みをどう定めるのかが問われることとなった。そこで、これまでの議論の蓄積が意味を持つことになる。結果的に、時間をかけて議論してきたことによって、世代交代による、感情的な側面での対立という要因が後景に退いたことは否めないが、ともかくも、論争的な対立としては沈静化して、ゆるやかではあるとしても、ある程度の共通了解がみられ、それが問題解決へとつながった。

　いろいろな経過はあったが、最終的には、おもに政府と責任企業が出資する財団からの金銭による補償のスキームが作られ、必ずしも十分な形ではないとしても、公的な謝罪がなされる結果となった。これらの経験は、重要な社会的な決定に際して、共通の理解や認識を形成するという観点での、たとえ漠然としたものであっても、ある程度の合意の形成が大切であることを物語っている。また、そのためには、時間とコストがかかることは否定できないが、こうした論争的な議論を展開可能とする空間である、市民社会の役割が非常に大きいことと、その中でコンセンサスの土壌となる政治文化がもたらす影響の持つ意義も有益な視座を与えてくれることを、同時に示唆しているといえるだろう。

　しかしながら、しばしばいわれることとは対照的に、こうしたプロセスは、完成された、いわば克服された、完了したものではないことを強調しておきたい。依然として、その途上にある、むしろ未完のものであるとみなす必要がある。それは、例えば、非西欧からの難民に対する態度に端的に表れている。歴史認識としての責任意識は、ナチズムや戦争犯罪に対しては明確だとしても、それが帝国主義的な政策や、植民地支配には、いまだにおよんではいない。非西欧という地理的な位置づけ、近代に内在する問題性への視座は乏しい。「過去の克服」が、まだまだ未完のプロジェクトであることの証左として、それはあるといえるだろう。それゆえに、むしろ、それだからこそ、その過程に着目し、そこ

から数々の意義をくみ取ることが重要であり、必要なことと思われる。

3 「核」をめぐる意識の変容

（1）戦後ドイツの原子力政策

　ドイツにおける原発をめぐる論議、さらには、核兵器の是非を含めた、核をめぐる議論は、歴史認識についての論議と同様の経過を、基本的には、たどっていったということができるだろう。やはり、原発・核エネルギー依存、それに核抑止論にも、これらに対する現状追認的な姿勢であったものが、1960年代後半以降の、社会的な異議申し立ての傾向の中で、徐々にではあるが、反原発運動、反核運動という形をとりながら、そこに異を唱え始めた。それは、ときには直接的な抗議活動もともないながら、市民社会での、価値観の相違に根差す、その意味では、簡単には折り合いをつけることが困難な、公共的な議論の的となっていった。こうした論議を積み重ねるという経験をしたことになる。

　もともとは、戦後のドイツにおいても、原発推進が基調であった。1950年代から、アメリカと原発、核エネルギー技術を共有し始め、積極的に原子力の利用を推し進めていった。これは、冷戦という状況下で、ドイツが分断国家として、その当事者であり、そのため核抑止論を受け入れていったことと、結びついているといえよう。結果、原子力発電所が建設されていくのだが、当初は、建設予定地などでの、散発的な反対運動にとどまっていたということができるだろう。その後、このような意識が、大きく転換を遂げていく。

　これらの事情を考えるうえで興味深いのは、反原発運動が本格化していく、1970年代以降の、当時の政治的、社会的な状況がもたらしたものといえるだろう。かなり複雑なものではあるが、かいつまんで、端的にそれを示してみたい。この作業を通じて、ドイツにおける核をめぐる意識の変容という事態の中にある、その背後関係が明確なものとなるだろう。

　ドイツにおける原子力政策、エネルギー政策にとっても、オイルショックと、公害・環境問題に端を発する成長の限界論という、1970年代に出現した言説が、ひとつの転機をもたらしたことは否定できないであろう。それまでも、経済成長優先の考えのもと、原発の技術開発がされてきたが、同時に、有力な化石燃料である石炭とその産業のあるドイツでは、これへの依存も強かった。だが、オイルショックという危機的な事態から、資源の有限性と、それに付随する公害問題に直面して、経済成長路線を維持しつつも、それらに対処するため、原発の、より一層の推進へと舵を進めることとなった。

　しかも、皮肉なことに、その当時政権を担っていたのは、中道左派の社会民主党を中軸

211

とした政権であった。経済成長を達成した、それまでの保守政権に代わって、そうした経済至上主義への矛盾と、社会の変化に対する期待を担って登場したのであるが、必ずしも、その期待には、十分に応えられてはいなかった。歴史認識、戦争責任に関しては、ある程度の進展がみられたが、原発に関しては、結果的にではあるとしても、社会民主主義のもう一つの様相である、テクノクラート化の傾向を強め、原発に内在する困難については、技術的に対処可能であり、コントロールすることができるとの立場を強めていった。この点では、その当時の科学と技術への、素朴な、やや信仰に近い楽観主義的な、科学技術主義的態度といえるだろう。

　ところが、こうしたテクノクラート優位の社会的趨勢に対して、それを、社会の管理主義的方向、管理主義化と受け止める人が、少なからずいた。とりわけ、1960年代以降の社会意識の変容という事態の中で、これを担い、社会のさまざまな側面で、変革をうながした人びとであった。そうした人たちの存在こそが、この政権交代を後押ししたのであり、それゆえ、それらの多くは、失望を感じると同時に、原発を社会の息苦しさの象徴とみなしたのであった。原発に反対するという態度は、こうして広がっていった。

（2）管理社会の象徴としての原発

　そこでの原発に対する基本的な認識は、政権とは対照的に、制御困難な、巨大化した現代の科学・技術を表象するものであり、安全性に問題を抱えながら、それを技術主義的にコントロールしようという姿勢は、社会のいたるところ、個人の生活までも管理の対象とするテクノクラシーの営為と重なるものであった。権力が拡大していくという事態において、それを支える科学技術も、また肥大化していくという関係性が読み取れる。

　このような形で、反原発の意識が社会に浸透し、実際に反対運動が展開されることになるが、ドイツにおいては、これらの活動が、核兵器の配備に抗議する活動、反核運動と歩調を合わせていたところに特徴があるといえる。反核運動自体は、冷戦下の抑制のきかない軍拡競争と、そこでの実際の核ミサイル配備による、限定核戦争という想定に対して高揚したものであった。これと原発との結びつきは、民生利用、いわゆる平和利用と、殺傷を目的とした兵器としての性格、軍事目的との差異よりも、核エネルギーにもとづく技術という共通性に着目し、そこにより力点を置いていると解することができよう。

　この連関を象徴的に示しているのが、「緑の党」という政党の存在である。この政党に対しては、しばしば、エコロジーに依拠した、比較的単色の、環境保護政党という印象を持たれがちであるといえるだろう。しかし、環境保護は、その重要な表象機能の一端を担っているとはいえ、決してモノトーンではない。それを構成するおもな要素としては、環境・公害問題、原発とならび、反核・平和運動の系譜も、主要な潮流をなしており、このような結びつきは、なかば必然のものといえよう。これに加え、社会意識の転換と関わ

り、管理主義的な技術至上主義に抗する、オルタナティブなライフスタイル、生活様式を志向する、種々のイニシアティブも、これに欠かすことのできない部分といえる。

　こうして社会に広がっていった反原発、脱原発の意識は、「緑の党」の台頭も相まって、社会民主党が主導する政権から、再度、保守へと政権が移動することとなる際に、ひとつの遠因となっていった。社会民主党そのものも、その後、脱原発へと方向転換し、「緑の党」と連立し、再び政権を担当した、2000年代初頭に、稼働中の原発を、順次、廃炉とし、核エネルギーへの依存から脱却していくという、脱原発へと舵を切ることになる。だがしかし、ことはスムーズには進まず、3・11の少し前、2010年の秋に、保守を中軸とする政権によって、またもや、廃炉を延長することによって、原発を延命させる策がとられることとなった。こうした状況のもとで、ドイツ社会は、福島原発の事故がもたらした衝撃を受け止めることになった。そこで、同じ政権が、「倫理委員会」を設置するという事態にいたった。

4　もうひとつの、オルタナティブなライフスタイルを求めて

（1）再生可能エネルギーという選択

　脱原発という選択の一方で、ドイツでは、原子力や化石燃料に頼らない、いわゆる自然エネルギーや、再生可能エネルギーといったものが普及していることでも知られている。これらの存在が、こうした原発への態度を後押ししたということもできる。こうした再エネへの取り組みは、原発や核をめぐる意識の変容と無関係に展開されたというわけではない。むしろ、それと密接にかかわりながら、さらには、1960年代以降の社会意識全般の変化とも、シンクロしながら浸透していたということができるだろう。

　このことをよく示すのが、エネルギーの地産地消ともいうべき、自分たちの生活で使用するエネルギーは、可能な限り身近なところから調達し、無駄を排し、必要最小限でまかなうという姿勢であろう。そのため、しばしば、出資と運営、利用を自らでおこなう、コミュニティをベースとした小事業体で取り組まれたりする。協同組合などの方式が採用されることもある。また、都市部でも、自治体単位、一都市の次元での事業が試みられるなど、できるだけ手の届く範囲でのエネルギー供給を目標とした考えをみることができる。これは、同時にエコロジーに対する意識の延長であるともいえる。

　原発に対する懐疑的な態度の根底には、肥大化する科学・技術への不信と不安、さらには、問題を技術的な観点だけで解決可能であるとする管理主義的、社会工学的な発想の存在があった。コミュニケーション過程を重視し、対話による熟議と、合意の形成を志向す

る政治文化が、これに対峙する形で、一方で成熟してくることとなった。再エネの試み
や、エネルギーの自給自足の取り組みは、こうした認識からの、日常レベルでの、実践と
応答であると理解できるだろう。原発、核エネルギーに頼ることなく生活をしていくため
には、どのような方策が必要であるのかを考慮した、その結果であった。

　事実、1960年代の後半から徐々に開始され、60年代末の学生運動の高揚よって促進
された、この社会意識の変容過程で、開発中心、経済成長優先主義的な価値観に代わる、
さまざまな、生活に密着した問題解決と、これまでのやり方とは異なった、オルタナティ
ブの試み、イニシアティブがみられるようになりはじめた。再エネはこのような文脈に位
置づけられる。エネルギー分野での、核に依存しない、具体的なオルタナティブの提示を
意図したものであり、それを可視化したものと理解することができる。

（2）脱原発と連動した再エネの普及

　このようなイニシアティブは、むしろ、表面的には学生運動が沈静化し、一見、社会運
動が停滞したかに見えた、1970年代を通じて、静かに進行していった。性急な社会改革
の欲求が挫折したことにより、かえって、地に足の着いた、生活実感にもとづく、その意
味で、地道な取り組みが意識されるようになっていった。そこでは、日常という概念に着
目した、学問的営為などがみられたが、これもそうした状況の反映であるといえるだろ
う。エネルギーの地産地消は、まさに、このような雰囲気を、よく指し示している。

　こうしたオルタナティブを求める取り組みは、1970年代終わりごろから活性化してい
くのであるが、それは、原子力開発やその技術への不信から、反原発運動が影響力を持ち
はじめる時期でもあった。そのころには、エネルギーやライフスタイル、エコロジー的価
値にもとづくもの、ソーシャルワーク、社会福祉の領域から、メディアにいたるまで、い
ろいろなイニシアティブ、運動が提起されてきた。従来の組織、動員を主とする運動と区
別される意味で、それらは「新しい社会運動」と称されることになった。

　原発と再エネの関係に示されるように、それは、単に異議申し立ての運動という側面だ
けではなく、それに代わるもの、もうひとつの社会的な秩序構想、オルタナティブを模索
する動きと連動していた。これらをセットでとらえることが重要であるといえよう。こう
した活動を通じて、社会的に問題提起をし、アピールしていくと同時に、解決策や既存の
やり方とは異なる実践を示すことで、実現可能性を担保するねらいもあった。

　「新しい社会運動」の背景に、いろいろな要求や社会的な争点と対立があり、そうした
潮流をまとめ上げるうえでも、「緑の党」は重要な役割を果たした。それは、核をめぐる
環境、エコロジー的価値と、平和運動を結びつけただけではなく、社会の意識変容にもと
づくさまざまな価値観、諸潮流の運動と実践をつなげることにもなった。ただ、注意して
おくべきは、政党という政治セクターが、排他的に市民的な運動を表象するという関係で

はなく、共有する部分を持ちながら、完全には一致、重ならない集合であるという点である。どちらか一方に、従属や支配といった、非対称的な関係の成立は困難だといえよう。

　エネルギーの地産地消、市民発電などの試みをはじめ、こうした流れから生み出されてきた実践は、社会のオルタナティブを提起するということからも明らかなように、支配的な価値観であった、経済成長や開発などではなく、サステイナビリティ、持続可能な社会を志向するものである。こうした地に足の着いた取り組みが、今日、社会的連帯経済とか、シビックエコノミーといわれる実践につながっていった。また、自らの地域にある課題を解決するためにとられる、コミュニティビジネスの手法となっていった。それは、豊かさへの問いなおしであるとともに、生活の基盤としての地域コミュニティを重視する姿勢であり、民主主義的過程を通じ、これを立て直し、強化していくことを意味する。

5　ドイツの経験が意味するもの

　原発、核をめぐる意識の転換を軸に、ドイツ現代史の動向を、社会意識の変容、価値観の多様化にともなう分断とそれを回避するための合意の文化に関連づけ、また、それらから派生したエコロジー的価値にもとづく、持続可能性への問いを、ここまで論じてきた。これらの相互関係を意識していくことによって、これまで、それなりに認識されていたドイツ社会の相貌に、また新たな一断面を加えることができたといえよう。ここで取り上げた、それぞれの事柄については、それなりに知られていたことではあると思う。

　だが、それらを連関させることにより、トータルな理解をうながし、より深い意義づけが可能となるのではないだろうか。これによって、相互の事象の持つ位置づけや、理解に変化をもたらし、支配的ではない価値観にもとづく、オルタナティブを志向する、もうひとつの社会的な説明が描けることになる。豊かな意味空間がそこにはある。ここから多くの、そして重要な、社会への、示唆に富む、問題提起が潜んでいるといえよう。

注記：本稿は、いくつかの筆者の旧稿（北村浩［1993，1995，1996，2000]）に、拠っている。かなり以前の研究をもとにはしているが、基本的な視座や、認識枠組みに関しては、ほとんど変更はない。それらに、最近の知見や動向、とりわけ、3・11以降の出来事をふまえ、そこに付け加えたものである。これについて、明記しておきたい。
　なお、ここでの記述は、ドイツ統一以前のことは、旧西ドイツに関するものである。もう一つのドイツ国家、旧東ドイツについては、言及されていない。煩雑さを避けるために、単に、ドイツとだけ表記した。その点もふれておかなければならないだろう。

第11章　原発に依存しないという選択，ドイツの場合

【参考文献】

・安全なエネルギー供給に関する倫理委員会（編）［2013］『ドイツ脱原発倫理委員会報告：社会共同によるエネルギーシフトの道すじ』大月書店。
・千葉恒久［2013］『再生可能エネルギーが社会を変える—市民が起こしたドイツのエネルギー革命—』現代人文社。
・北村浩［1993］「『歴史家論争』の政治的意味とその影響—ノルテとハーバマースの議論を中心として—」『社会思想史研究』17号，社会思想史学会，79–84頁。
・北村浩［1995］「〈日常〉概念の再検討　—ドイツ日常史派を手がかりにして—」『社会思想史研究』19号，社会思想史学会，93–99頁。
・北村浩［1996］「ドイツ『緑の党』の政治哲学的特質」『政経研究』第67号，政治経済研究所，167–180頁。
・北村浩［2000］「戦後ドイツにおける戦争をめぐる言説」『日本の科学者』35巻第8号，日本科学者会議，20–24頁。
・北村実［2012］「原発をめぐる科学・技術と倫理」『政経研究』第99号，政治経済研究所，3–17頁。
・小田博志［2016］「戦後和解と植民地後和解のギャップ—ドイツ—ナミビア間の遺骨返還を事例に—」『平和研究（脱植民地化のための平和学）』第47号，日本平和学会，45–65頁。
・三島憲一［1991］『戦後ドイツ—その知的歴史—』岩波新書（岩波書店）。
・富沢賢治［2017］「社会的・連帯経済と非営利・協同運動」『経済科学通信』第142号，基礎経済科学研究所，21–27頁。
・吉田文和［2015］『ドイツの挑戦：エネルギー転換の日独比較』日本評論社。

—— 第12章 ——
チェルノブイリ被災者補償法
―年間1mSvを法制化、1〜5mSvゾーンに選択的移住権を保証―

小野塚春吉

1 はじめに

　2011年3月11日の東日本大震災に伴い発生した福島第一原発事故は、多くの避難者（最大時約16.5万人）を出し、約7年が経過したいま、帰還困難区域を除き避難指示はほぼ解除された。同時に、避難指示区域外避難者約1万2千世帯（約3万2千人）に対する居住補償が2017年3月末日をもって打ち切られた。

　復興庁は、避難住民の基礎情報収集を目的とした「住民意向調査」を毎年被災自治体と共同で実施している。2017年3月末日および4月1日に居住制限区域および避難指示解除準備区域の避難指示が解除された富岡町、浪江町、川俣町、飯舘村の調査結果（抜粋）を表1に示す。

　福島第一原発から約30km離れている川俣町、飯舘村では「戻りたいと考えている」人は43.9％、33.5％と比較的高い。一方、原発に近い富岡町、浪江町では、16.0％、17.5％と低い。「戻らないと決めている」人は富岡町では57.6％、浪江町では52.6％と高い。帰還しない理由（帰還の前提・健康に関わるもの、複数回答可）については、「放射線量が低下せず不安」が30代では川俣町を除き44.5〜52.5％で高い。

　福島第一原発事故に伴う復興対策は、放射性物質により汚染された土地の「除染」を行い、そして住民の「帰還」を軸に進められてきた。しかし、地域によって差はあるが、全体的にみると帰還率は低い。

　30代の子育て世代においては「戻らないと決めている人」も多い。表1に示した自治体からの避難世帯では6〜7割が「戻らない」と意思表示している。戻らない理由として「放射線量が低下せず不安（27.3〜52.8％）」と答えている。

　放射線量の基準は、ICRP（国際放射線防護委員会）の2007年勧告に準拠して決めている。緊急時（事故時）被ばくについては「急性若しくは年間20より大きく100mSvまで」の下限値20mSvを採用。現存（復興時）被ばくについては「年間1より大きく

第12章　チェルノブイリ被災者補償法

20mSv まで」の上限値 20mSv を採用した。避難指示解除の要件も「年間 20mSv 以下」と設定されているが、不安を持っている人は少なくない。

　原発事故（原子力災害）は自然災害とは異なる特徴をもっている。放射線の減衰には長い年月が必要である。次世代を考慮した対応も必要になる。当然移住を含めた対策も必要となる。

　後述するように、チェルノブイリ原発事故被災国（ウクライナ、ベラルーシ、ロシア）は、国家（ソ連）の「350 ミリシーベルト概念」（生涯 350mSv の被ばく基準）に抗して激論の末「生涯 70 ミリシーベルト（＝年 1mSv）」を、それぞれの共和国で法制化をおこない被災者を補償する制度を確立した。放射線量が、年 1 ～ 5mSv のゾーンを「保証された自主的移住ゾーン」として「住んでもよいが、移住権が認められる地域」とした。チェルノブイリ事故の場合は、各共和国における国土の広さなどもあると思われるが、住んでいたところに戻る「帰還」は基本的に考えられていない（不可能ではないが、ハードルは高い）。日本との大きな違いである。

表1　住民意向調査（富岡町、浪江町、川俣町、飯舘村）の結果

%

			富岡町	浪江町	川俣町	飯舘村
調査実施時期			2016年8月	2016年9月	2016年11月	2017年1月
調査対象（世帯）			7,040	9,087	550	2,844
有効回収数（世帯）			3,257	4,867	280	1,271
有効回収率（%）			46.3	53.6	50.9	44.7
町村内に帰還困難区域の有無			一部有り	かなり有り	なし	一部有り
帰還の意向	全体	戻りたいと考えている	16.0	17.5	43.9	33.5
		まだ判断がつかない	25.4	28.2	13.6	19.7
		戻らないと決めている	57.6	52.6	31.1	30.8
	30代	戻りたいと考えている	8.2	5.9	16.7	9.0
		まだ判断がつかない	17.2	23.4	16.7	21.3
		戻らないと決めている	74.6	70.7	61.1	68.5
帰還しない理由	全体	原発の安全性に不安	48.4	51.5	25.3	27.8
		水道水などの生活用水の安全性に不安	42.7	46.5	18.4	33.8
		放射線量が低下せず不安	41.4	42.6	29.9	37.1
	30代	原発の安全性に不安	42.5	58.6	9.1	29.5
		水道水などの生活用水の安全性に不安	48.5	60.5	18.2	39.3
		放射線量が低下せず不安	44.5	52.8	27.3	52.5

（備考）「帰還しない理由」については、帰還の意向で戻らないと回答している人に対して質問。
　　　　帰還の前提・健康に関わるもの。複数回答。

（出典）復興庁、福島県、当該自治体による住民意向調査報告書、2017年3月。
　　　　調査報告書をもとに筆者（小野塚）作成。

チェルノブイリ被災者補償法（チェルノブイリ法）は、事故収束作業者（リクビダートル）や被災者住民などによる要求と運動により、事故発生後5年が経過するなかで生まれた。

　日本でも、チェルノブイリ被災者補償法を参考に「原発事故子ども・被災者支援法」が、議員立法により全会一致で2012年6月21日に成立した。しかし、この立法精神は活かされずに経過している。

　改めて福島第一原発事故による被災者の現状を踏まえ、しっかりした補償制度を確立する必要があると考える。補償制度を考えるうえで、チェルノブイリ被災者補償法はおおいに参考になると考える。

2　チェルノブイリ原発事故

　チェルノブイリ原発事故は、1986年4月26日に旧ソ連ウクライナ共和国で発生した。INES（国際原子力事象評価尺度）レベル7（深刻な事故）と評価されている。

　事故によって最も大きな被害を受けた国はウクライナ、ベラルーシ、ロシアであった。表2にそれぞれの国の首都、人口、面積を示した。

　1986年の調査で、ヨーロッパ地域に沈着したセシウム137の総量は約64TBq（6.4×10^{13}Bq）で、その23%がベラルーシ、30%がロシア、18%がウクライナに沈着したと推定されている（IAEA［2006］、日本学術会議訳、37頁）。

　放射性物質の放出量を表3に、セシウム137を指標とした汚染面積を表4に示す。放出量の比較で、福島第一事故はチェルノブイリ事故の約7分の1などといわれているのは、ヨウ素換算した総放出量の比較である。

　チェルノブイリ事故と福島第一事故では、放出された核種の状況（比率）が異なる。例えば、セシウム134とセシウム137の比（^{134}Cs/^{137}Cs）をとると、チェルノブイリは0.51、福島第一は1.2となる。物理的半減期はセシウム137が約30年、セシウム134が約2年であり、セシウム134の割合は福島第一のほうが多いので、放射線の減衰は福島第一のほうが早い。

表2　チェルノブイリ原発事故による被災3国

国	首都	人口 （約 万人）	面積 （約 万km²）
ウクライナ	キエフ	4520	60
ベラルーシ	ミンスク	950	21
ロシア	モスクワ	14650	1710
日本（参考）	東京	12710	38

第12章　チェルノブイリ被災者補償法

表3　放射性物質の放出量

| 核　　種 | チェルノブイリ事故 | | 福島第一事故 |
	10^{16} Bq	福島第一との比較	10^{16} Bq
総放出量（ヨウ素換算）	520	6.8倍	77
ヨウ素131（半減期8日）	180	11.3倍	16
セシウム134（半減期2年）	4.4	2.4倍	1.8
セシウム137（半減期30年）	8.5	5.7倍	1.5
ストロンチウム90（半減期29年）	0.8	57倍	0.014
プルトニウム239（半減期2.4万年）	0.003	1万倍	0.0000003

（出典）原子力規制委員会HP「チェルノブイリ原発事故に関するレポート」（平成25年9月）から転載、一部改変

表4　チェルノブイリ原発事故被災3か国のセシウム137（^{137}Cs）の汚染面積

| 国 | ^{137}Csの放射能沈着密度で区分した各区分の面積（km²） | | | | | 出典 |
	(kBq/m²) 37〜185	185〜555	555〜1480	＞1480	合計	
ロシア連邦	49,800	5,700	2,100	300	57,900	
ベラルーシ	29,900	10,200	4,200	2,200	46,500	1)
ウクライナ	37,200	3,200	900	600	41,900	
合　　計	116,900	19,100	7,200	3,100	146,300	
チェルノブイリ原発事故	116,900	18,900	7,200	3,100	146,100	2)
福島第一原発事故（参考）	6,900	1,400	400	200	8,900	

（備考）チェルノブイリ事故のデータは、1989年12月時点（UNSCEAR 2000年報告書）と思われる。
　　　　福島事故のデータは、2011年11月時点。

（出典）1)IAEA[2006]チェルノブイリ原発事故による環境への影響とその修復：20年の経験（日本学術会議訳）、37頁。
　　　　2)通商産業省「年間20ミリシーベルトの基準について」（平成25年3月）、3頁。

3　チェルノブイリ原発事故と避難基準（被ばく線量限度）

　事故発生約2週間後の1986年5月12日に、ソ連放射線防護委員会（NCRP）は、住民の被ばく線量限度を年間500mSv（ただし、妊婦と14歳以下の子どもは年間100mSv）と設定し、その10日後の5月22日にこれを修正し、全住民に対して年間100mSvとした。

　翌年1987年、NCRPは放射線安全規則（NRS-76/87）を制定。その規則に基づきソ連保健省は、チェルノブイリ事故2年目（1987年）の限度を30mSv、3年目（1988年）と4年目（1989年）の限度を25mSvとした（イーゴリ［1998］73-74頁）。

4 「350ミリシーベルト概念」と「概念」をめぐる議論

（1）NCRP「350ミリシーベルト概念」の提案と議論

　1988年11月ソ連放射線防護委員会（NCRP）は、飲食物や行動に対する規制なしに生活を送ることができる放射線学的定義として「安全に生活する概念」を提案し、これを生涯線量限度350mSv（生涯を70年とし、外部＋内部被ばくで年平均5mSv）として、1990年1月から実施したい、と提案（発表）した。この「安全に生活する概念」は「350ミリシーベルト概念」とも呼ばれている。しかし、この提案は受け入れられず、各共和国の科学者と激論が交わされ、この提案と議論が契機となり被災者補償法の制定へと繋がった。

　当時の社会的な背景として、①ソ連はゴルバチョフ書記長のもと、ペレストロイカ（再構築、改革）とグラスノスチ（情報公開）が断行され、いわば以前に比べ自由な空気が民衆の間に流れていたこと。②ICRP（国際放射線防護委員会）が1985年にパリ会議で公衆被ばくの線量限度を「年間5mSv」から「年間1mSv」に変更（低減）したことがある。

　「350ミリシーベルト概念」に対して、ベラルーシでは、議会、科学アカデミー、政府機関などにおいて被ばく量限度が「高すぎる」との議論が巻き起こり、1989年7月にベラルーシ科学アカデミーは、NCRPから提案された「安全に生活する概念」に反対であることを決議した。

　ベラルーシ科学アカデミーの指摘事項などを含めてソ連科学アカデミーで議論が行われ、後に各共和国で成立する法律の骨格となる事項（被ばく量限度、汚染地域の区分など）が固められていった。被ばく量限度については年間1mSvとし、この被ばく量限度を目標として、1991年は5mSv、1993年に3mSv、1995年に2mSv、1998年は1mSvと段階的に限度量を設定することとした。

　1990年12月ベラルーシ科学アカデミーは、上記の内容を盛り込んだ「チェルノブイリ原発事故被災地での住民の生活に関する概念」を採択した。この「概念」がベラルーシにおける被災者補償法の基礎となった（ウラジーミル・今中［1998］61～62頁）。

（2）ウクライナ政府の「チェルノブイリ委員会」の立ち上げと議論

　事故当時情報は秘匿され、事故から3年後になってようやく汚染地図が公開されるなど、チェルノブイリ原発事故に対するソ連政府の対応に各共和国では不満が噴出していた。

　ウクライナ共和国政府は、ウクライナ最高会議議長の指示によって、政府内に「チェル

ノブイリ委員会」を立ち上げた（1990年6月、委員12人）。委員会の役割は、チェル
ノブイリ事故による被災者への補償を包括的に行うための法案の準備である。

　当時の議論を詳細に知るため馬場朝子氏は、ウクライナ国立アーカイブ（キエフ）を訪
問し委員会議事録を入手している。被災者補償法の基本的な考え方を知るうえで、正確で
かつわかりやすいので著書から引用させていただく。下記は、チェルノブイリ委員会最終
会議（1991年2月5日）議事録の抜粋である（馬場・尾松［2016］102-105頁）。

　　◇ヤボリフスキー議長：いろいろな意見がある中で、われわれは人道的視点から
年1ミリ、生涯70ミリシーベルトに抑えることに合意しよう。最もリスクを負った
1986年生まれの子どもを基準にしている。子どもたちは大人の10倍も影響を受け入
れやすいからだ。避難は二つのレベル、強制レベルと自由意思のレベルで行う。

　　◇ボンダレフ人民代議員：この法律は生活に不可欠のものであり、被災者が待ち望
んでいるものだ。この法律は被災者への恩恵ではなく人々を困難に追いやった国家の
義務である。この法律は『チェルノブイリ事故被災者の権利の法』と名付けるべきで
ある。

　　◇ショフコシトヌイ人民代議員：私はモスクワのソ連最高会議委員会から帰ったば
かりだ。チェルノブイリ法案について審議されていた。われわれは生涯7レム（70ミ
リシーベルト）で合意しようとしていた。しかし、そこでイリイン博士がそれは非科
学的で、科学的なのは35レム（350ミリシーベルト）との概念を主張した。しかし、
ウクライナ、ベラルーシ、ロシア共和国代表がイリイン博士に反対した。各共和国は
自ら決定することにした。われわれの基準は年0.1レム、1ミリシーベルトだ。1986
年に生まれた子どもが生涯7レム（70ミリシーベルト）を超えてはいけないというこ
とだ。

この日（1991年2月5日の最終会議）に年間1mSvの被ばく量限度が決議され、同
年2月27日の議会承認を得て、同年5月に施行された。

　また、馬場朝子氏は、関係者にインタビューを行っている。その中にチェルノブイリ委
員会の委員の一人であったヤツェンコ氏への聞き取り調査の記録がある。

　　◇ヤツェンコ氏：最も重要なのは、この事故が例のないものだったことです。チェ
ルノブイリ事故まで、世界ではこのような事故がありませんでした。スリーマイル島
事故がありましたが、これほど大規模ではありませんでした。ですから私たちは最大
限のアプローチを策定しました。強調しますが、私たちは人々の健康に与えられるネ
ガティブな影響の全貌をまだ知らず、そのため住民を最大限に安全にするために、国
の資源に基づいて、最大限の基準を定めました。将来、私たちが間違っていなかった
という結論を引き出すことができると強く思います（馬場・尾松［2016］107頁）。
と述べている。

222

1992 年 6 月の国連環境開発会議（地球サミット）におけるリオ宣言で、予防原則は国際的に承認された環境政策の原則の一つになったが、この時点（被災者補償法制定の準備段階）で政策への適応を決断していたことは興味深い。

5 チェルノブイリ被災者補償法の成立

チェルノブイリ被災者補償法は、各共和国でそれぞれ制定された。法律の内容は、各共和国がそれぞれ独自に制定しているので、全てにおいて同一ではないが、骨格は基本的に同じである。

成立時に関連する社会的背景を列記する。
・1985 年：ICRP（国際放射線防護委員会）の 1985 年パリ会議の声明
　　　　　　公衆被ばく線量限度を、年間 5mSv から年間 1mSv に低減
・1986 年 4 月 26 日：チェルノブイリ原発事故発生
・1990 年 11 月：ICRP、パリ会議の声明（年間 1mSv）を本勧告に組み入れる
・1991 年 12 月：ソビエト連邦崩壊

各共和国で制定された法律等を次に示す。この法律は制定時の基本原則を維持しつつ、財政状況等を背景に改正を繰り返しながら現在（2018 年）に至っている。

（1）ロシア連邦（閣僚会議の政令 1 本、法律 1 本）

・チェルノブイリ事故による放射能汚染地域での「生活概念」（1990 年 6 月 30 日、ソ連閣僚会議政令 No.645）
・ロシア連邦法「チェルノブイリ原発事故の結果放射線被害を受けた市民の社会的保護について」（1991 年 5 月 15 日付、N1244-1）
　旧ソ連で制定された法律は、ソ連崩壊後ロシア連邦によって引き継がれた。

（2）ベラルーシ（決議 1 本と法律 2 本）

・ベラルーシ科学アカデミー採択「チェルノブイリ原発事故被災地での住民の生活に関する概念」（1990 年 12 月 19 日）
・「チェルノブイリ原発事故による被災者の社会保障に関する法律」（1991 年 2 月 22 日）
・「チェルノブイリ原発事故による放射能汚染地域の法的地位に関する法律」（1991 年 11 月 12 日）

第12章　チェルノブイリ被災者補償法

（3）ウクライナ（決議1本と法律2本）

- ・ウクライナ共和国最高会議決議「チェルノブイリ原子力発電所事故によって放射能に汚染されたウクライナソビエト社会主義共和国の領内での人々の生活に関する概念」（1991年2月27日 N791-12）
- ・1991年2月27日 ウクライナ法「チェルノブイリ大災害により放射性物質で汚染された地域の法制度について」（以下、汚染地域制度法）
- ・1991年2月28日 ウクライナ法「チェルノブイリ大災害により被災した市民の法的地位と社会的保護について」（以下、社会的保護法）

6　ウクライナで制定された法律

ウクライナを例に述べる。

（1）基本目標（基本的な考え方）

1991年2月27日、ウクライナ最高会議で採択された基本概念文書において、「最も影響をうけやすい人々、つまり1986年に生まれた子どもたちに対するチェルノブイリ事故による被ばく量をどのような環境のもとでも（自然放射線による被ばくを除いて）年間1ミリシーベルト以下に抑える」（オレグ・今中［1998］47頁）と基本目標が記されている。

（2）汚染地域の定義

汚染された地域の定義は、汚染地域制度法第1条に記されている。年間1.0mSvを超える地域が汚染地域と定義される。

「第1条　ウクライナ領内において、チェルノブイリ原子力発電所事故により放射性物質で汚染された地域とされるのは、事故前のレベルを超える、放射性物質による環境の持続性汚染が生じた地域にして、個別地域の自然気候及び複合的環境特性を考慮に入れて、住民に年1.0ミリシーベルト（0.1レム）以上の被ばくをもたらし、チェルノブイリ原子力発電所事故による住民の追加的被ばくを防ぎ、その通常の経済活動を確保することを目的とする住民の放射線防護及びその他の特別な措置を必要とする地域である」（衆議院チェルノブイリ原子力発電所事故等調査議員団［2011］162頁）

（3）汚染された地域の区分

表5　放射能汚染地域の区分（ウクライナ）

ゾーン名		単位	土壌汚染密度			年間被ばく量
			セシウム137	ストロンチウム90	プルトニウム	mSv／年
①	避難ゾーン		1986年に住民の避難が行われた地域			
②	義務的移住ゾーン	kBq/m²	555以上	111以上	3.7以上	5 以上
		Ci/km²	15以上	3以上	0.1以上	
③	保証された自主的移住ゾーン	kBq/m²	185〜555	5.55〜111	0.37〜3.7	1 以上
		Ci/km²	5〜15	0.15〜3	0.01〜0.1	
④	放射線管理強化ゾーン	kBq/m²	37〜185	0.74〜5.55	0.185〜0.37	0.5 以上
		Ci/km²	1〜5	0.02〜0.15	0.005〜0.01	

（備考）表の土壌汚染密度の「〇〜〇」の数字は、「〇以上〜〇未満」。
（出典）オレグ・ナスビット・今中哲二［1998］「ウクライナでの事故への法的取り組み」『チェルノブイリ事故による放射能災害』技術と人間、48頁、表1から転載。一部改変。

①避難ゾーン

1986 年の事故時に住民の避難がおこなわれた地域。

緊急強制避難区域である。居住は認められない。

②義務的移住ゾーン

原則居住は認められない。

被災者補償法が出来て即座に撤去をさせられたわけではない。

段階的で緩やかな「計画的避難」といえる。

望まない住民が、無理矢理引きずり出されるわけではなく、当初移住の対象となっていた 18,147 世帯のうち、2006 年時点で 1,258 世帯がまだこのゾーンに住み続けている。緩やかな例外を認めている（馬場・尾松［2016］47 頁）。

避難および義務的移住により住民がいなくなった地域の管理は国が行うことになっている（汚染地域制度法 8 条）。

③保証された自主的移住ゾーン

被災者補償法の最大の特徴の一つは、追加被ばく線量年 1mSv を超える地域に住む住民に対して「住み続けることも可能であるが、移住する権利も認める」ということが法律に記載されている。ICRP の公衆被ばく線量限度年 1mSv を権利として保障している。

社会的保護法第 4 条 3 項には「任意移住保証区域（保証された自主的移住ゾーン、と同じ）の住民は、周囲の放射線量・被ばく線量とその人体への影響に関する客観的な情報をもとに、自ら同区域に残るか又は移住するか選択する権利を有する」、また同条 4 項では「任意移住保証区域からの出域を選択した住民に対して、移住のための条件を整備す

第12章　チェルノブイリ被災者補償法

る」（衆議院チェルノブイリ原子力発電所事故等調査議員団［2011］182頁）。移住のための条件とは、引っ越し費用の支給、移住先での住宅確保、就業支援などである。

　この、第3の「保証された自主的移住ゾーン」について尾松亮氏は、「『住んでもよいが、移住権が認められる地域』とは（中略）多くの矛盾をはらむ制度であるかもしれない。しかし、その意図は、『全員を避難させる』という究極の措置は避ける、と同時に『移住を希望する人間の選択』は尊重する。ここには『汚染地であるから、すべての住民は避難させる』あるいは『住んでよいと認めたから、移住に対しての支援は行わない』という『オールオアナッシング』の先を行く、もう一つの思想があるのではないか」とコメントしている（尾松［2016］68頁）。

　④放射線管理強化ゾーン
　放射線管理強化ゾーンでは、18歳以下の未成年および妊婦がいる世帯では、医師が「必要」と認めれば移住権が認められる（社会的保護法4条5項）。

7　おわりに

　①チェルノブイリ原発事故による汚染地図（汚染状況）が国民に知らされたのは、原発事故発生から3年が過ぎた頃からであり、国家（旧ソ連）の取り組みに国民は苛立ちと不満と不信が大きくなっていった。

　チェルノブイリ被災者補償法は、1986年の事故後5年を経過した1991年にそれぞれの共和国で成立した。成立させた基本的な力は、事故処理作業者、被災住民の要求と運動が多くの国民の支持と共感を得て進められ、科学アカデミーがこれらの運動を支え、共和国の議会・政府を動かして法案が作成され成立させることに成功した。

　また、ICRP（国際放射線防護委員会）が、1985年のパリ会議声明により公衆被ばく線量限度を「年1mSv」とすることを表明していたのも大きな力となった。

　②被災者補償法が制定される発端となったのは、1988年秋にソ連放射線防護委員会が「350ミリシーベルト概念」（＝生涯70年として年5mSv）を、今後の被ばく線量限度として提案したことに始まる。この「350ミリシーベルト概念」をめぐり「高すぎる」との認識のもと、議論が各共和国の科学アカデミー、議会、政府機関などで高まり「年1mSv」の被ばく線量限度とすることで合意していった。これを具体的に保証（担保）するものとして被災者補償法が制定された。

　③この法律の基本的な理念・目的（指導原理）は、「最も影響をうけやすい人々、つまり1986年に生まれた子どもたちに対するチェルノブイリ事故による被曝量をどのような環境のもとでも（自然放射線による被ばくを除いて）年間1mSv以下に抑える」ことに

ある（ウクライナ・基本概念文書）」。これを軸として法律が組み立てられている。

　なお、法律の中に「予防原則」の文言は出て来ないが、予防原則の考え方がこの法律を支えている。この法律が、財政的・政治的に厳しい国家情勢のなかでも、改正を繰り返しながら生命力を発揮しているのはこのためであろうと考える。

　④この法律の最大の特徴は、汚染地域を「住民に年 1mSv 以上の被ばくをもたらす地域」と定義し、汚染地域を 4 つに区分し、区分の一つ「年間被ばく線量 1 〜 5mSv のゾーン」を「保証された自主的移住ゾーン」として、「住み続けることも可能であるが、移住する権利も認める」としたところにある。原発事故という状況下においても「年1mSv」を法的に保証している。

　⑤ 2017 年 4 月 4 日、今村雅弘復興大臣は閣議後の記者会見で、福島第一原発事故で今も帰れない避難指示区域外避難者について、「帰れない人はどうするのでしょうか？」との記者の質問に対して「どうするってそれは本人の責任でしょう。本人の判断でしょう」と発言し、その後国会内外で批判が広がるなかで、同日の夕方には謝罪、6 日の衆議院復興特別委員会で陳謝、7 日には閣議後の記者会見で発言の一部を撤回した（その後、同年 4 月 25 日に「これがまだ東北で、あっちのほうだったからよかった」との不適切発言により翌 26 日に復興大臣を辞任。マスコミ各社報道）。

　2017 年 3 月 31 日に、避難指示区域外避難者に対する住宅補償が打ち切られ、社会的にも問題となっている。住宅補償の打ち切りは、帰還を促進させたいとの政策的意図があるものと思われるが、避難者に対する被ばくの強要であり認められるものではないと考える。

　⑥日本でも「原発事故子ども・被災者生活支援法」（略称）が 2012 年 6 月 21 日に議員立法により全会一致で成立した（公布：平成 24 年 6 月 27 日法律第 48 号）。この法律は、チェルノブイリ被災者補償法を参考として作成された。しかし現在、この立法精神が活かされているとは言い難い状況が続いている。

　原子力災害に対して災害救助法での対応には限界がある。同法の抜本的改正か、あるいは原子力災害を対象とした新法の制定が必要と考える。この際、チェルノブイリ被災者補償法は多々参考になると考える。

【参考文献】
・馬場朝子、尾松亮 [2016]『原発事故 国家はどう責任を負ったか：ウクライナとチェルノブイリ法』東洋書店新社。
・IAEA [2006]『チェルノブイリ原発事故による環境への影響とその修復：20 年の経験』日本学術会議訳。http://www.scj.go.jp/ja/member/iinkai/kiroku/3-250325.pdf
・イーゴリ・A・リャプツェフ、今中哲二 [1998]「ロシアにおける法的取り組みと影響研究の概要、今中哲二編『チェルノブイリ事故による放射能災害：国際共同研究報告書』技術と人間。

第12章　チェルノブイリ被災者補償法

・尾松亮［2016］『新版 3・11 とチェルノブイリ法：再建への知恵を受け継ぐ』東洋書店新社。
・オレグ・ナスビット、今中哲二［1998］「ウクライナでの事故への法的取り組み」今中哲二編『チェルノブイリ事故による放射能災害：国際共同研究報告書』技術と人間。
・衆議院チェルノブイリ原子力発電所事故等調査議員団［2011］『衆議院チェルノブイリ原子力発電所事故等調査議員団報告書』衆議院ホームページ。http://www.shugiin.go.jp/internet/itdb_annai.nsf/html/statics/shiryo/201110cherno.htm
・ウラジーミル・P・マツコ、今中哲二［1998］「ベラルーシにおける法的取り組みと影響研究の概要、今中哲二編『チェルノブイリ事故による放射能災害：国際共同研究報告書』技術と人間。

── 第13章 ──
先進国・新興国のエネルギー需給・電力需給の変化

歌川　学

1　はじめに

　世界の一次エネルギー供給量、CO_2 排出量の約 9 割は先進国と新興国が占める。先進国は歴史的に多くのエネルギー、CO_2 を占め、先進国の一人あたり一次エネルギー供給量や CO_2 排出量は新興国平均、途上国平均より大きい。新興国は 1990 年以降の急激な工業化で、エネルギー特に石炭が増加、CO_2 を大幅に増加させた。

　地球温暖化対策で、世界では、科学報告を国際政治が受け止め、気温上昇「2℃目標」（産業革命前から）、今世紀後半に世界の人為的温室効果ガス排出をゼロにすることなどを規定する「パリ協定」発効、先進国でも新興国でも、温暖化対策で目標・対策強化を求められる。先進国も新興国も環境対策の取り組みがあり、再生可能エネルギー急増も認められる。パリ協定全体目標のためのシナリオについては WWF が 100% 再生可能エネルギーシナリオを報告し（WWF, Ecofys, OMA, 2011）、IEA と IRENA も 2 度目標を達成するシナリオを報告した（IEA&IRENA,2017）。

　新興国では石炭等による大気汚染公害被害が深刻である。この解決策として温暖化対策と共通に、省エネに加え、石炭を重点的に削減、再生可能エネルギーを増加させる対策が行われる。

　この章では先進国と新興国のエネルギーと CO_2 の推移、特徴を点検、各国と比較した日本の位置も考える。

2　世界のエネルギー需給とCO_2排出実績

　世界の一次エネルギー供給量は 1990 〜 2015 年に約 1.6 倍に増加した（図 1）。エネルギー起源 CO_2 排出量も 1990 〜 2015 年に約 1.5 倍に増加した（図 2）。1990 年以前

第13章　先進国・新興国のエネルギー需給・電力需給の変化

の排出は主に先進国、1990年以降特に2000年以降は新興国が目立つ。2015年の世界の一次エネルギー割合、CO_2割合は先進国と新興国で大半を占める（図1、3）。中国の人口比CO_2排出量は欧州なみに増えたが、先進国の人口比CO_2排出量は新興国・途上国の3倍である（図4）。エネルギー種別には、世界の石炭消費量は1990～2015年に1.7倍に増加したが、2010年以降は増加率が低下、2015年は前年比減少した。天然ガスは1990～2015年に1.7倍、再エネは1.6倍に増加した。石油は1.3倍の増加に留まった（図5）。

世界の発電量は1990～2015年に約2倍に増加した。天然ガス火力は3.2倍、再生可能エネルギーのうち水力は1.8倍、水力以外再エネは10.5倍に増加し、あわせると2015年には原子力の2倍になった。石炭火力の発電量は1990～2015年に2.2倍増だが、2013年以降は減少している。原発は2005年をピークに減少、石油火力も減少した（図6）。

気候変動対策で、産業革命前からの気温2℃抑制に必要な削減と各国2030年目標のギャップをUNEP（国連環境計画）が発表している。2℃抑制には各国目標から110億t-CO_2、1.5℃抑制には160億t-CO_2の削減が追加的に必要と試算している。

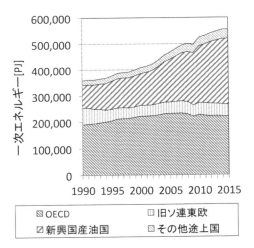

IEA: CO_2 emissions from fuel combustion 2017より作成
図1　世界の一次エネルギー推移（国別）

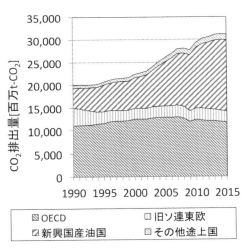

IEA: CO_2 emissions from fuel combustion 2017より作成
図2　世界のCO_2推移（国別）

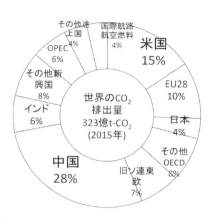

IEA: CO₂ emissions from fuel combustion 2017より作成

図3　世界のCO₂の国別割合（2015）

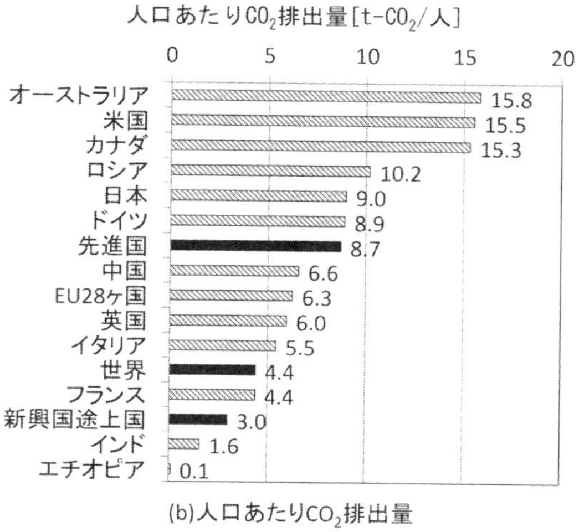

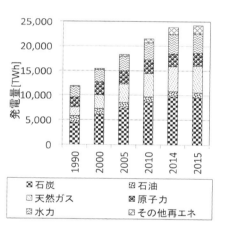

IEA: CO₂ emissions from fuel combustion 2017より作成

図4　世界の人口あたりCO₂排出量（2015）

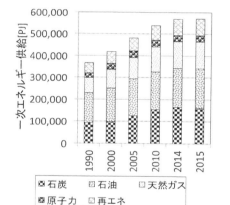

IEA: World Energy Balances 2017より作成

図5　世界の一次エネルギー供給推移（エネルギー種別）

IEA: World Energy Balances 2017より作成

図6　世界の発電量推移（エネルギー種別）

3　先進国のエネルギー需給・CO₂排出実績と目標

（1）OECD全体の概要

　OECDの一次エネルギー供給は1990〜2005年に22%増えたがその後2005〜2016年に5%減少した。2005〜2016年に再生可能エネルギーは1.5倍、天然ガスは16%増、石炭、石油、原子力は減少した（図7）。発電電力量も1990〜2005年に37%増えたが2005〜2016年は3%増にとどまった。再生可能エネルギーは2005〜2016

年に1.6倍（水力以外の再エネ電力は4倍）、天然ガス火力は1.5倍に増加、石炭火力、石油火力、原発は減少した（図8）。

CO$_2$排出量も1990年～2007年に18%増加したがその後減少傾向である。

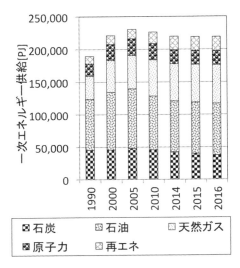
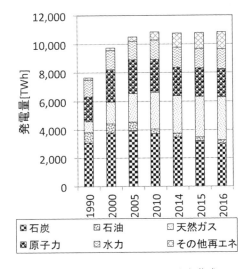

IEA: World Energy Balances 2017より作成　　IEA: World Energy Balances 2017より作成

図7　OECDの一次エネルギー供給推移（エネルギー種別）　図8　OECDの発電量推移（エネルギー種別）

（2）石炭と再生可能エネルギー

1990～2016年の一次エネルギー供給、電力で日本を除き石炭を減らし、天然ガスと再生可能エネルギーを増加させた。ここでは対極にある石炭と再生可能エネルギーの増減を見てみる。

一次エネルギー供給に占める石炭割合は、1990～2016年に英国など4分の1以下になった国もあり、石炭割合の高い米国やドイツも大きく割合を下げた。日本は割合を増やしドイツや米国を抜いた（図9）。一次エネルギー供給に占める再生可能エネルギーの割合は、電力の大半を水力でまかなうノルウェーは49%と高く、またデンマーク、ドイツ、英国など欧州諸国で再エネ割合を大きく増やした（図10）。

発電量に占める石炭火発割合は、石炭大国の米国、ドイツ、ポーランド、オーストラリア出減少、以前高かった英国、デンマークは3分の1～6分の1に減らした。日本は石炭割合を大きく増やし米国を抜いた（図11）。

発電量に占める、水力を含む再生可能エネルギーの割合は、ノルウェーで電力の約100%を占め、OECD欧州全体でも3分の1までに成長した（図12a）。水力発電を除く再生可能エネルギーは伸びが顕著で、2015年にはデンマークが60%超、ドイツ等が約25～30%、OECD欧州全体も18%を占めた（図12b）。

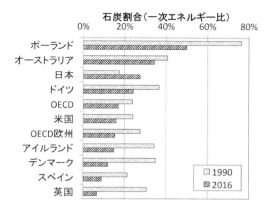

IEA: World Energy Balances 2017より作成

図9　一次エネルギーに占める石炭の割合

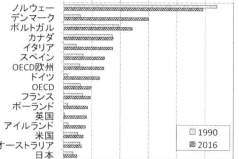

IEA: World Energy Balances 2017より作成

図10　一次エネルギーに占める再生可能エネルギー割合

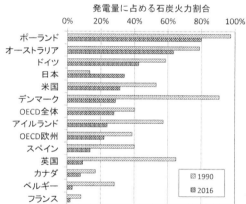

IEA: World Energy Balances 2017より作成

図11　先進国の石炭火力電力割合

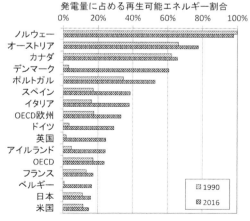

(a)水力発電を含む

図12　先進国の再生可能エネルギー電力割合

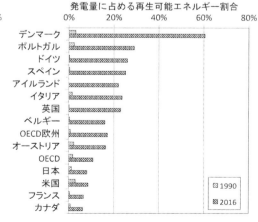

(b)水力発電を除く

IEA: World Energy Balances 2017より作成

第13章 先進国・新興国のエネルギー需給・電力需給の変化

以前は発電コストは石炭は安く再生可能エネルギーは高いとみられていたが、一部の国は既に逆転、今後も化石燃料は上昇、再生可能エネルギーは下がるとみられている（コラム8「発電コスト」、解説4「再生可能エネルギー普及の現状と課題」参照）。

（3）先進国のCO2排出量実績

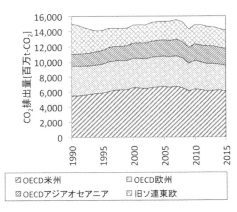

IEA:CO$_2$ emissions from fuel combustion 2017 より作成

図13　先進国のCO$_2$排出推移

先進国のCO$_2$排出は、西欧や旧ソ連東欧に続き最近は北米も減少、先進国全体の排出量は減少傾向にある（図13）。ドイツは運輸部門も含む全部門で、EU全体と英国は運輸以外の部門で排出が減少、特に排出の大きいエネルギー産業（発電所等）で減少した。米国も近年は運輸以外で排出が減少している。日本は特にエネルギー産業で原発事故が起こる2010年以前も増加している。欧州は石炭のCO$_2$を1990年より削減、米国も石炭からのCO$_2$を1990年レベルに戻した。日本は逆に石炭からのCO$_2$排出を大幅に増加させた。

（4）CO2排出とGDPとの関係

経済成長でエネルギー、CO$_2$は増加すると考えられたが、日本よりGDP成長率が高く、温室効果ガス排出を削減する国が欧州で20ヶ国以上ある。温暖化対策産業がエネルギー多消費産業や原子力産業よりも多くの雇用を得ていること等が背景にある（第8章）。

（5）先進国の今後の温室効果ガス排出削減目標と実績

先進各国の今後の温室効果ガス排出削減目標（表1）のうち、日本の2030年目標は低い部類になる。また各国の2050年目標はほぼ同じだが中間目標に差がある（図14）[注1]。

再生可能エネルギー目標はデンマークが2050年に100％、スウェーデンが2040年に100％、ドイツが2050年に最終エネルギー消費60％、電力80％等の目標である。石炭火力は英国、フランス、カナダ、デンマーク、フィンランド等が全廃目標をもつ。

ただし、人口比CO$_2$排出量は米国で2050年目標達成後も2015年の途上国平均やイ

注1：米国連邦政府は2017年6月、パリ協定離脱、目標停止を発表した。これに対し、9州・約250自治体・約1800企業・300超の大学（人口とGDPで米国の5割以上、排出の3分の1）が「私たちはパリ協定に留まる」と発表、共同して対策を積み上げている。州や市の政策は継続強化、積極的企業の対策も同様とみられる。

ンドの水準より高く、欧州のうちカーボンニュートラル目標でない国は人口比CO_2排出量が2050年目標達成後も2015年のインドの水準より高い。世界で対策強化議論が見込まれ、先進国も目標強化を求められる可能性がある。

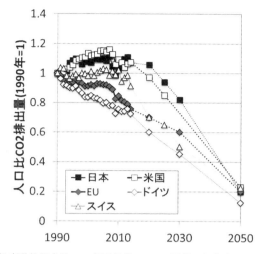

気候変動枠組条約への各国通報、INDC通報より作成
図14　先進国の温室効果ガス排出実績と目標の時系列

表1　各国の温室効果ガス削減目標（全て1990年比）

	2020	2025	2030	2045	2050	備考
スウェーデン	-40%			-100%		EUで共同達成
デンマーク	-40%				-100%	EUで共同達成
ドイツ	-40%		-55%		-80〜-95%	EUで共同達成
英国	-35%	-50%			-80%	
スイス	-30%	-35%	-50%		-70〜-85%	
ノルウェー	-30%		-40%		-100%	
EU	-30%		-40%		-80%	EUで共同達成
フランス	-20%		-40%		-75%	EUで共同達成
オーストラリア	-6%		-20〜-22%			含土地利用変化
ロシア	-25%		-25〜-30%			
米国	-3%	-14〜-16%			-77%	
日本	+6%		-18%		-80%	
カナダ	+3%		-13%			
ニュージーランド	-5%		-11%		-50%	

JSA-ACT:「中・長期気候目標に関する見解」より作成
http://www.jsa.gr.jp/jsaact/org/jsa-act/japanversion/japanver.html

4　新興国・産油国のエネルギー需給とCO₂排出量

（1）エネルギー需給

　新興国の一次エネルギーは1990〜2015年に3倍に増加、燃料別では石炭が4倍に増加した（図15）。電力は1990〜2015年に5倍に増加、燃料別では石炭が7倍に増加した（図16）。水力も3倍に増加したが、全体の増加率より小さい。水力以外の再生可能エネルギー（風力、バイオマス等）は急増、2015年割合は4%で原発の2倍である。原子力は増加しているが電力全体に占める割合は中国で2%、インドで3%と低い。

第13章　先進国・新興国のエネルギー需給・電力需給の変化

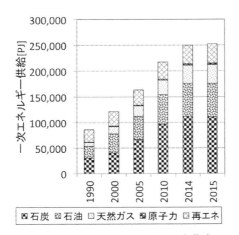

IEA: World Energy Balances 2017 より作成
図15　新興国・産油国の一次エネルギー推移

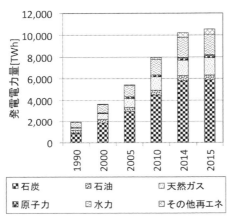

IEA: World Energy Balances 2017 より作成
図16　新興国・産油国の電力推移

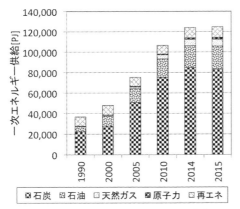

IEA: World Energy Balances 2017 より作成
図17　中国の一次エネルギー推移

新興国・産油国の一次エネルギーの3分の2を占める中国とインドの推移を以下に示す。

中国の一次エネルギーは1990～2015年に約3倍に増加した（図17）。石炭は4倍近くに増加したが、2013年をピークに減少している。中国の発電量は1990～2015年に約9倍に増加した（図18）。石炭火力の割合が7割強を占める。再生可能エネルギー電力も増加、水力発電もあわせた再生可能エネルギー電力割合は約22%である。中国の再生可能エネルギー設備は、水力発電は世界の設備容量の3分の1を占め第1位、風力発電は世界の3割を占め第1位、太陽光発電も世界の約2割を占め第1位、太陽熱利用は世界の約7割を占め第1位である（REN21,2017）。

インドの一次エネルギー供給は、1990～2015年に約3倍に増加した。石炭供給が大幅に増加、再生可能エネルギー総量は増えたもののエネルギー全体の増加率より小さい（図19）。発電量は1990～2015年に約4倍に増加、石炭火力が75%を占め、その発電量が大幅に増加した。水力発電とその他再エネをあわせた再生可能エネルギー電力割合は15%である（図20）。インドの再生可能エネルギー設備は、水力発電が世界の約5%を占め第6位、風力発電設備が世界の約5%を占め第4位、太陽光発電が世界の4%を占め第9位である（REN21,2017）。

(2) 新興国・産油国のCO₂排出量

新興国・産油国のCO_2排出量は、中国が新興国・産油国全体の約6割を占め、燃料

別には石炭からの排出が3分の2を占める。近年中国のCO$_2$は横ばいに転じているが、他の新興国では全体に排出増が続いている（図21）。

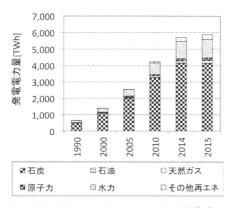

IEA: World Energy Balances 2017 より作成

図18　中国の電力推移

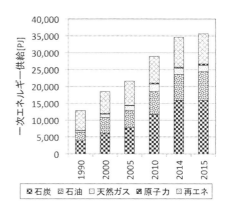

IEA: World Energy Balances 2017 より作成

図19　インドの一次エネルギー推移

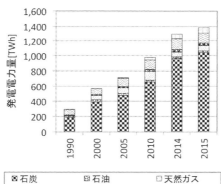

IEA: World Energy Balances 2017 より作成

図20　インドの電力推移

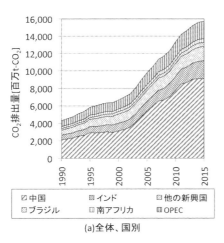

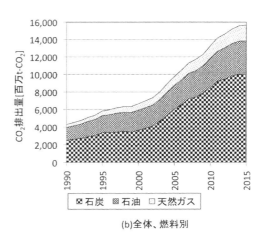

図21　新興国・産油国のCO$_2$排出推移　　IEA: CO$_2$ emissions from fuel combustion 2017より作成

第13章　先進国・新興国のエネルギー需給・電力需給の変化

（3）新興国・産油国の温室効果ガス目標

　新興国の温室効果ガス目標を表2に示す。先進国の目標（表1）とあわせ、UNEPは各国が目標を達成したとしても今後2030年まで排出が増加、2℃抑制には各国目標から110億t-CO_2、1.5℃抑制には160億t-CO_2の削減が追加的に必要と試算している。目標と実態を比較すると、例えば中国の場合2030年がピークとしているが、実際は2015年がピークの可能性もあり、他も強化の余地がある。排出総量は減少に転じたが依然人口比排出量の大きい先進国と、排出総量がまだ増加している新興国は、いずれも今後対策強化を求められるとみられる。

表2　主な新興国・産油国の温室効果ガス目標

JSA-ACT:「中・長期気候目標に関する見解」より作成　http://www.jsa.gr.jp/jsaact/org/jsa-act/japanversion/japanver.html

		2020年	2025年	2030年	備考
中国	排出ピーク			2030年まで	
	GDP比CO_2	-40〜-45% (05年比)		-60〜-65% (05年比)	目標達成でも2030年に1.4倍(2010年比)
インド	GDP比CO_2	-20〜-25% (05年比)		-33〜-35% (05年比)	
韓国	BAU比	-30%		-37%	OECD加盟国
インドネシア	BAU比	-41%		-41%	
ブラジル	総量目標		-37%(05年比)	-42%(05年比)	
メキシコ	BAU比	-30%		-40%	OECD加盟国
南アフリカ	排出ピーク	2020〜2025年			
	BAU比	-34%	-42%		

BAUは対策なしの場合

5　対策を進める政策

　排出減は政策の後押しがある。大口主体向け削減政策の代表に総量削減義務化・排出量取引制度があり、欧州諸国等が導入[注2]、中国も2017年に導入した。EU制度は2020年に2005年比21%削減（2015年に既に25%削減実績）、2030年に2005年比43%削減する。米国連邦レベルでは導入していない。日本も「導入をするかしないか検討」が続いている。

　化石燃料からのCO_2排出量に応じて税を課し、省エネや再生可能エネルギーを有利にし、対策のインセンティブを与える炭素税は、欧州諸国等で導入[注3]、チリ、南アフリカ、カナダのアルバータ州も導入を準備している。温暖化対策の財源調達の制度ではない。

　石炭火力廃止年目標は、カナダ、英国、フランス、デンマーク、フィンランドなどが導入した[注4,注5]。なお政策に応えEU28ヶ国のうち26ヶ国の電力事業者の団体が2020

238

年以降は石炭火力を建設しないことを宣言した。

再生可能エネルギー電力普及政策には優先接続政策、優先給電政策、価格優遇政策（固定価格買取制度等）等がある（「コラム10」参照）。自治体政策で、再生可能エネルギー100%をもち、自治体公社で再生可能エネルギー電力・再生可能熱を供給する政策をとる所もある。原子力は廃止政策の国もある（「コラム13」参照）。

また、ガソリン乗用車、ディーゼル乗用車の新規販売規制政策が、英国、フランス、インド、中国で相次いで発表された[注6]。電気自動車と燃料電池車、とりわけ前者が想定されている。内燃機関のままではバイオマス燃料を使用しないと脱化石燃料が難しく、現在のところバイオマス燃料には資源量に制約があり、脱化石燃料の展望が開けないため、再生可能エネルギー電力を用いた電気自動車利用で脱炭素・脱化石燃料を図る布石とみられる[注7]。

注2：欧州諸国共通政策（EU、ノルウェー、アイスランド、リヒテンシュタイン）、スイス、ニュージーランド、米国東部10州（ニューヨーク州等）、カリフォルニア州、カナダケベック州、中国、韓国、カザフスタンで導入

注3：欧州諸国（北欧4ヶ国、オランダ、ドイツ、英国、イタリア、フランス、スイス、アイルランド、エストニア、スロヴェニア、ポルトガル）、メキシコ、カナダのブリティッシュコロンビア州で導入。

注5：カナダ、英国、フランス、イタリアなど28の国と米国・カナダの8州あわせて34の国・州と企業が石炭火発2030年廃止の連合を結成した。

注5：規制政策では、米国オバマ政権で新設石炭火力発電所に対し天然ガス火力なみの排出係数規制をかけ（CO_2の半分回収が必要）、既存の火力発電所の排出削減を州毎に割り振り州政府に削減義務を課した。但しこの制度は政権交代で停止。

注6：英国、フランスは2040年以降販売禁止政策導入、インドは2030年以降の販売規制方針を発表した。中国は2019年に新車の10%をゼロエミッション車とし、ゼロエミッション車にはハイブリッド車を含まない。

注7：なお、大型トラックなどでは技術的に課題がある。

第13章　先進国・新興国のエネルギー需給・電力需給の変化

6　対策と経済

　省エネ、再エネ普及、温暖化対策の経済寄与が注目されている。世界では再エネ産業の雇用が 2016 年に約 980 万人と推定され、先進国で EU123 万人、米国 81 万人などの他、中国で 396 万人、ブラジル 106 万人、インド 62 万人、など新興国の経済発展にも寄与している（REN,2017）。省エネ、再エネ産業などが成長し雇用を生み、エネルギーや CO_2 を多消費する発展からエネルギー、CO_2 を減らす発展へのシフトの途上にあり、先進国でみると、日本より GDP 成長が大きくかつ温室効果ガスを減らしている国が 20以上ある（詳細は第 8 章、再エネ「解説 4」参照）。

7　まとめ

　世界の排出の約 9 割を占める先進国と新興国のエネルギーと CO_2 の実績、将来目標を点検した。

　先進国では、省エネとともに、石炭消費を削減し、再生可能エネルギーを大きく増加させ、CO_2 や温室効果ガスも減少基調の国が多数ある。石炭大国の米国やドイツも石炭を減らした。日本は石炭を増加させ今後も増加の計画がある。原子力は世界および先進国で近年減少傾向になっている。

　新興国では 2000 年代にエネルギー消費特に石炭が急増、CO_2 も急増したが、新興国の排出の半分以上を占める中国、2 位のインドなどで石炭抑制対策が行われ、変化の動きがある。

　各国は目標を持ち対策に取組んでいるが、気候変動対策に必要とされる世界の排出削減レベルとは大きなギャップがあり、今後対策強化の議論が行われる。

【参考文献】
・IEA&IRENA（2017）: Perspectives for the Energy Transmission, Investment Needs for a Low-Carbon Energy System. http://www.irena.org/DocumentDownloads/Publications/Perspectives_for_the_Energy_Transition_2017.pdf
・REN（2017）:Renewable Energy global status report 2017
・WWF, Ecofys, OMA（2011）:WWF, Ecofys, OMA;The energy report 100% renewable energy by 2050.

コラム 12

原発国民投票・住民投票

原発の導入、廃止は各国・地域で激しい議論が行われてきた。通常は首長判断や議会で決められ、原発是非を争点にした自治体首長・議会選挙が事実上の住民投票になることがあるが、一般に選挙はシングルイシューではないため世論との乖離が問題になる。それを避けるため、原発の是非などの意思決定に国民投票・住民投票を実施した例をまとめた（表1）。住民投票は立地自治体（表のサクラメント市は立地かつ消費地）が中心だが、最近は消費地や周辺自治体等でも議論されている。

注：国民投票、住民投票は争点を明確にすると直接民主制の意思決定になる。一方、争点がぼけると冷静な判断を欠くことがあり、戦前にはナチス政権に悪用されたためドイツではこの手法に慎重である。

（歌川　学）

表1　世界の原発国民投票・住民投票

国・自治体	年	内容	投票結果と措置
オーストリア	1978	完成した原発の稼働	反対多数（50.5%）。稼働断念、廃止。1987 年に核分裂禁止制度制定
スウェーデン	1980	将来の原子力政策	廃止多数（2010 年迄廃止 39.3%、早期廃止 38.5%、現状維持 18.9%）*
スイス	1979	原発新設の凍結 新設原発規制強化	凍結反対多数（51%） 規制強化賛成多数（69%）
	1984	原発新設禁止 エネルギー政策から原発を削除	禁止反対多数（55%） 削除反対（54%）
	1990	原発新設禁止 原発新設を 10 年凍結	禁止反対多数（53%） 凍結賛成多数（55%）
	2003	原発新設凍結 10 年延長 運転中原発早期廃止	延長反対（58%） 廃止反対（66%）
	2016	原発全廃の前倒し	前倒反対（54%）
	2017	原発全廃と再生可能エネルギー推進の現行政策賛否	賛成多数（58%）
イタリア	1987	原発の法律廃止	廃止賛成多数（81%）
	2011	原発計画再開是非	廃止賛成多数（94%）
米カリフォルニア州サクラメント市	1989	原発の継続・廃止	廃止多数。原発閉鎖
新潟県巻町	1996	原発建設の是非	反対多数（61%）。電力会社が新設断念
新潟県刈羽村	2001	プルサーマル導入是非	反対多数（54%）。翌年自治体がプルサーマル実施了解を取消
三重県海嶋	2001	原発誘致に関する賛否	反対多数（68%）。議会も誘致反対請願採択
リトアニア	2008	原発稼働延長の是非	稼働延長賛成多数（89%）（投票過半数に至らず無効）
	2012	原発新設の是非	新設反対多数（65%）**
ブルガリア	2013	原発の是非	推進多数（投票率が低く拘束力持たず）

*実現していない。

**投票結果に反して政府は建設計画を継続していたが、2016年にエネルギー省の凍結勧告が出て凍結した　他に自主投票多数

コラム 13

原発廃止政策

　原原発の導入、廃止は各国・地域で激しい議論が行われてきた。福島第一原発事故を契機に、原発をもつ先進国でも安全性、持続可能性、コスト等で原発継続か否か改めて議論が行われた。なかには原発を廃止することを決定した国もあり（表1）、原発大国のフランスも割合削減を決めた。新興国・途上国・地域でもイスラエル、シンガポール、ヴェトナムなどが導入を中止、台湾が脱原発を決めた。

　原発の電力は2010年以降先進国で減少傾向、世界でも横ばいである。先進国で老朽原発の廃止が進み、新設は東欧とアジア（日本、韓国）を除くとほとんどない。新興国・途上国では増設もあるが、省エネ進展と再生可能エネルギーが増加し、初期投資が高く発電コストも安いとは言えずリスクも大きい原発への依存が敬遠され、中止や延期が増えているとみることもできる。

（歌川　学）

表1　先進国の脱原発・原発廃止政策

国	決定年	目標年	内容	備考
オーストリア	1978		完成した原発の稼働断念	稼働を断念、運転することなくそのまま脱原発へ。
イタリア	1987		脱原発	最後の原発閉鎖後、新設せず脱原発。
ドイツ	2011	2022	脱原発	
ベルギー		2025	脱原発	
スイス	2011	2034	脱原発	
（フランス）			原発割合を現行の75%から2025年に50%へ縮小	「グリーン経済のためのエネルギーシフト法」第1条で原発削減などの目標を規定。

デンマーク、ノルウェー、アイスランド、アイルランド、ポルトガル、ルクセンブルク、ギリシャ、ポーランド、オーストラリア、ニュージーランド等はもともと原発を持たない。

【巻末資料】

【巻末資料1】 放射能・放射線の単位

　放射能および放射線の単位は、現在国際単位系（SI）[注1]が用いられている。

　放射能・放射線に関するSI単位は、①放射能の強さの単位：ベクレル（単位記号 Bq）、②放射線の吸収線量：グレイ（単位記号 Gy）、③人が受ける放射線被ばく線量の単位：シーベルト（単位記号 Sv）がある。

　なお、「放射能（radioactivity）」とは、放射性物質の原子核が崩壊（壊変）する能力（性質）をいう。崩壊（壊変）の際に放出されるのが「放射線（radiation）」である。放射線には、α（アルファ）線、β（ベータ）線、γ（ガンマ）線、中性子線などがある。

　放射能および放射線に用いられる線量等の単位は、図1・表1のように整理される。

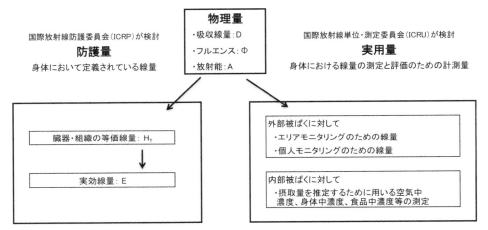

（出典）遠藤 章：放射線防護で用いられる線量について、第9回原子力委員会資料第1号、平成24年3月13日をもとに作成

図1　線量測定・評価の体系

表1　放射能・放射線の線量等に用いられている単位

線量概念等		単位 名称	単位 記号	意味
物理量	放射能 A	ベクレル	Bq	1秒間に崩壊（壊変）する原子核の数
物理量	吸収線量 D	グレイ	Gy	物質1kg当たりに吸収されるエネルギー
防護量	等価線量 H_T	シーベルト	Sv	人の臓器や組織が個々に受ける影響を表す
防護量	実効線量 E	シーベルト	Sv	個々の臓器や組織が受ける影響を総合して全身への影響を表す
実用量	周辺線量当量 $H^*(d)$	シーベルト	Sv	環境モニタリングにおいて用いられる防護量の近似値
実用量	方向性線量当量 $H'(d, \alpha)$	シーベルト	Sv	環境モニタリングにおいて用いられる防護量の近似値
実用量	個人線量当量 $H_p(d)$	シーベルト	Sv	個人モニタリングにおいて用いられる防護量の近似値

（備考）
物理量（physical quantities）：物質内でのエネルギー転換や付与といった物理過程を加味した量。直接計測できる。
防護量（protection quantities）：人の被ばく影響を表す線量。身体において定義されている線量。直接計測できない。
実用量（operational quantities）：身体における線量の測定と評価のための計測量。
（出典）環境省：放射線による健康影響等に関する統一的な基礎資料 平成28年度版 ver.2017001を参考に作成。

（注1）国際単位系（SI）：国際単位系の略称 SI は、フランス語の Le Système international d'unités に由来する。英語は、The International System of Units である。

1　放射能の単位：ベクレル（単位記号 Bq）

ベクレル（Bq）は、放射能の強さを表す単位。

1Bq は、1 秒間に 1 個の放射性崩壊をする放射性物質の量を表す。

ベクレルの名称は、フランスの物理学者・化学者で、ウランの自然放射能を発見した Antoine Henri Becquerel に因む。

Bq は、食品の放射能汚染で、単位重量当たり（Bq/kg）または単位体積当たり（Bq/L）の放射能の強さなどで使われる。 また、「福島第一原発から大気中へ放出されたセシウム 137 は、6 ～ 20 PBq の範囲にあったと推定されている。」などと使われる。ここに出てくる P（ペタ）は、SI（国際単位系）の接頭語で 10^{15} を表す。SI 接頭語については巻末資料2を参照。

2　吸収線量の単位：グレイ（単位記号 Gy）

グレイ（Gy）は、放射線のエネルギーがどれだけ物質に吸収されたかを表す単位。

吸収線量（absorbed dose、記号 D）は、放射線生物学、臨床放射線学および放射線防護において基本となる物理的線量である。

1Gy は、物質 1kg 当たり 1 ジュールのエネルギーを与える量と定義されている。

グレイの名称は、イギリスの物理学者で、放射線物理学、放射線生物学の分野で大きな貢献をした Louis Harold Gray に因む。

3　被ばく線量の単位：シーベルト（単位記号 Sv）

シーベルト（Sv）は、放射線を受けたときの人体への影響を表す単位で、放射線の生物学的効果を共通の尺度で表す量。

防護量（等価線量、実効線量）は、物理量ではないので実際には測定できない。このため防護量の推定値または上限値を提供する目的で実用量（周辺線量当量、方向性線量当量、個人線量当量）が、ICRU（国際放射線単位・測定委員会）により定義されている。

シーベルト（Sv）で表される線量には、等価線量、実効線量、周辺線量当量、方向性線量当量、個人線量当量などがある。同じシーベルト（Sv）でも違う量を指すので注意が必要である。

シーベルトの名称は、スウェーデンの物理学者で、放射線の人体影響についての研究で功績を残した Rolf Maximilian Sievert に因む。

245

巻末資料

■ 等価線量（equivalent dose）

　人体が放射線を被ばくしたときの影響は、放射線の種類（α線、β線、γ線など）によって作用の強さは異なる。放射線の種類による生物学的効果を考慮した放射線の線量を等価線量（equivalent dose、記号：H_T）という。

　等価線量は、各放射線による臓器・組織の平均吸収線量に当該放射線の放射線加重係数を乗じて、被ばくに関係したすべての放射線について合計した値、と定義されている。単位は、ジュール/kg であるが、特別の名称としてシーベルト（Sv）が使われている。

$$H_T = \sum_R w_R \cdot D_{T,R}$$

H_T：等価線量
W_R：放射線加重係数（radiation weighting factor）
$D_{T,R}$：放射線 R による臓器 T の吸収線量

　ICRP 2007 年勧告における放射線加重係数を表2に示す。α線は同じ吸収線量のγ線やβ線に比べ、人体に及ぼす影響は 20 倍に及ぶとされている。

表2　ICRP 2007年勧告における放射線加重係数 W_R

放射線のタイプ	放射線加重係数
光子（γ線、X線）	1
電子（β線）	1
陽子線	2
アルファ粒子（α線）	20
中性子線	2.5〜21（中性子線のエネルギーによる）

（出典）ICRP Publ.103『国際放射線防護委員会の2007年勧告』（邦訳版）p.28。一部改変

■ 実効線量（effective dose）

　人体が放射線を被ばくしたときの影響は、放射線の種類とともに、臓器や組織の放射線に対する感受性の違いによっても異なる。これらを考慮した線量を実効線量（effective dose、記号 E）という。

　実効線量は、各臓器・組織の等価線量に、当該臓器・組織の組織加重係数を乗じて、被ばくに関係したすべての臓器・組織について合計した値、と定義されている。単位は、ジュール/kg であるが、特別の名称としてシーベルト（Sv）が使われている。

$$E = \sum_T w_T \cdot H_T = \sum_T w_T \sum_R w_R \cdot D_{T,R}$$

E：実効線量

W_T：組織加重係数（tissue weighting factor）

H_T：等価線量

W_R：放射線加重係数（radiation weighting factor）

$D_{T,R}$：放射線 R による臓器 T の吸収線量

ICRP 2007 年勧告における組織加重係数を表3に示す。放射線により、致死がんが誘発されやすい臓器や組織に高い値の係数が割り振られている。

表3　ICRP 2007年勧告における組織加重係数 W_T

組　　織	組織加重係数	寄与の総計 （組織加重係数×組織の数）
骨髄（赤色）、結腸、肺、胃、乳房	0.12	0.12×5＝0.60
生殖腺	0.08	0.08×1＝0.08
膀胱、食道、肝臓、甲状腺	0.04	0.04×4＝0.16
骨表面、脳、唾液腺、皮膚	0.01	0.01×4＝0.04
残りの組織の合計	0.12	0.12×1＝0.12
合計		1.00

残りの組織：副腎、小腸、腎臓、筋肉、膵臓、脾臓、胸腺、子宮（子宮頸部、女性）、胆嚢、心臓、リンパ節、口腔粘膜、前立腺（男性）
（出典）ICRP Publ.103『国際放射線防護委員会の2007年勧告』（邦訳版）p.31。一部改変

上述したように等価線量、実効線量とも単位にはシーベルト（Sv）が使用されるので、等価線量の Sv なのか、実効線量の Sv なのか、明記することが必要である。

ICRP の公衆被ばく線量限度「年間 1 mSv」は実効線量で、眼の水晶体「年間 15 mSv」、皮膚の「年間 50 mSv」は等価線量である（表4）。

表4　ICRP勧告（1990年勧告、2007年勧告）における線量限度の値

限度のタイプ	職業被ばく	公衆被ばく
実効線量	5年間の平均として、年間 20mSv。 単年で50 mSvを超えるべきでない。	年間 1 mSv
以下の組織における等価線量：		
眼の水晶体	年間 150 mSv	年間 15 mSv
皮膚	年間 500 mSv	年間 50 mSv
手足	年間 500 mSv	—

（備考）2007年勧告では、上記値は「計画被ばく状況」における値
（出典）ICRP Publ.103『国際放射線防護委員会の2007年勧告』（邦訳版）p.60。一部改変

巻末資料

　日本においても、上記 ICRP 勧告の線量限度の値は、放射性同位元素等による放射線障害の防止に関する法律に基づく「平成 12 年科学技術庁告示第 5 号、放射線を放出する同位元素の数量等を定める件」、労働安全衛生法に基づく「電離放射線障害防止規則（昭和47 年労働省令第 41 号）」、国家公務員法に基づく「人事院規則 10 − 5（職員の放射線障害の防止）」などにおいて、表 5 のように放射線業務従事者に関して取り入れられている。

　なお、ICRP の勧告値は、そのまま国内法に取り入れられているわけではなく、表 5 の実効線量限度における「女子：5 mSv/3 月」は、日本独自のものである。

表5　放射線業務従事者の線量限度（平常時）

(1)実効線量限度

下記以外の者	100 mSv/5年[1] 、かつ、 50 mSv/年[2]
女子[3]	5 mSv/3 月[4]
妊娠中である女子	本人の申し出等により使用者等が妊娠の事実を知ったときから出産までの間につき、内部被ばくについて1 mSv

(2)等価線量限度

目の水晶体	150 mSv/年[2]
皮膚	500 mSv/年[2]
妊娠中である女子の腹部表面	本人の申し出等により使用者等が妊娠の事実を知ったときから出産までの間につき、2 mSv

※ 1：平成13年4月1日以降5年ごとに区分した各期間。
※ 2：4月1日を始期とする1年間。
※ 3：妊娠不能と診断された者、妊娠の意思のない旨を使用者等に書面で申し出た者及び妊娠中の者を除く。
※ 4：4月1日、7月1日、10月1日及び1月1日を始期とする3月間。
（出典）放射性同位元素等による放射線障害の防止に関する法律施行規則第1条第10号、11号および平成12年科学技術庁告示第5号（放射線を放出する同位元素の数量等を定める件）第5条、第6条の規定をもとに作成。

　緊急作業に関わる線量限度は、表 6 のようになっている。

表6　緊急作業に係わる線量限度

放射線業務従事者[1]が緊急作業に従事する場合の線量限度は、以下のごとくである。

実効線量	100 mSv
眼の水晶体の等価線量	300 mSv
皮膚の等価線量	1 Sv

※1：女子については、妊娠不能と診断された者及び妊娠の意思のない旨を使用者等に書面で申し出た者に限る。
（出典）放射性同位元素等による放射線障害の防止に関する法律施行規則第29条第2項および平成12年科学技術庁告示第5号（放射線を放出する同位元素の数量等を定める件）第22条の規定をもとに作成。

■ 預託実効線量（Committed effective dose）

　外部被ばくについては防護量である等価線量、実効線量に代わって実用量で線量評価を行う。一方、内部被ばくについては適切な実用量がないため、体内に取り込んだ放射性物質の種類と放射能を基に、性と年齢を考慮した代謝モデルを使って、取り込んでから50年間（成人の場合）、70歳まで（子どもの場合）積分した累積実効線量で評価する。これを預託実効線量（Committed effective dose）という。単位は、実効線量と同じシーベルト（Sv）である。

4　実用量（operational quantities）

　人体の被ばく影響に関係する防護量（等価線量および実効線量）は、物理量ではないため測定器を使って直接測定することはできない。そのためICRU（国際放射線単位・測定委員会）は、実際に測定できる量、実用量（operational quantities）を定義している。

　サーベイメータで、読み値にシーベルト（実際には、μSv/時など）が使われているものがある。しかし、これは防護量を直接計測しているのではなく、計測した物理量から定義される近似値が示されている。

　現在使われている実用量は、環境モニタリングのための「周辺線量当量」（ambient dose equivalent）、「方向性線量当量」（directional dose equivalent）および個人モニタリングのための「個人線量当量」（personal dose equivalent）がある。単位は、いずれもシーベルト（Sv）である。

　空間線量を測定するサーベイメータは、「周辺線量当量」を測定するように設計、校正されている。周辺線量当量（空間線量）は、具体的には人体の代わりとなる直径30 cmの球（ICRU球 ^(注2)）に、放射線を照射したときのd（cm）の深さにおける線量当量で表す。通常、d＝1 cmとした1 cm線量当量が、実効線量や等価線量（皮膚を除く）の実用量として用いられる。皮膚では、多くの幹細胞が深さ70 μmにあるため、70 μm線量当量が実用量として用いられる。

　実用量は、防護量に対して安全側に評価できるように、防護量より少し大きい数値が出るよう定義されている。

　　（注2）ICRU球：人体組織等価の密度および元素組成を有する直径30 cmの球。
　　　　　　密度；1g/cm³、質量組成；酸素76.2%、炭素11.1%、水素10.1%、窒素2.6%

巻末資料

【参考文献】

・遠藤　彰：「放射線防護で用いられる線量について」第9回原子力委員会資料第1号、平成24年3月13日。

・ICRP：Publ.103、国際放射線防護委員会の2007年勧告、翻訳・発行　日本アイソトープ協会、発売　丸善、2009年。

・岩井　敏：連載講座「放射線防護に用いる線量概念について」第2回　線量係数 Q(L) および放射線荷重係数 W_R の概念の成立と変遷、『保健物理』、43(3)、211-225頁、2008年。

・環境省：「放射線による健康影響等に関する統一的な基礎資料（平成28年度版）」

・日本保健物理学会：日本保健物理学会専門研究会報告書シリーズ、Vol.5、No.1、「放射線防護に用いる線量概念の専門研究会」、2007年8月。

・小田啓二：連載講座「放射線防護に用いる線量概念について」第1回　物理量、『保健物理』、43(1)、36-40頁、2008年。

・斎藤公明、山本英明：連載講座「福島周辺における空間線量率の測定と評価」II 放射線防護で用いられる線量の意味と特徴、『RADIOISOTOPES』63、519-530頁、2014年。

・高橋史明：連載講座「放射線防護に用いる線量概念について」第3回　放射線防護に用いる線量の変遷、『保健物理』、43(3)、226-233頁、2008年。

・吉澤道夫：連載講座「放射線防護に用いる線量概念について」第4回　被ばく線量モニタリングのための実用量について、『保健物理』、44(1)、36-45頁、2009年。

【巻末資料2】 SI 接頭語

単独の SI 単位の大きさにくらべて、はるかに大きい量や小さい量を表す際に、SI 単位と併用される一組の接頭語が決められている。これを表に示す。これらは SI の基本単位とでも、組立単位とでも任意に組み合わせて使うことが認められている。

■ 表　SI接頭語

乗数	記号	名称（読み方）		漢字表記（参考）
10^{24}	Y	ヨタ	Yotta	
10^{21}	Z	ゼタ	Zetta	
10^{18}	E	エクサ	Exa	100京（けい）
10^{15}	P	ペタ	Peta	1000兆（ちょう）
10^{12}	T	テラ	Tera	1兆（ちょう）
10^{9}	G	ギガ	Giga	10億（おく）
10^{6}	M	メガ	Mega	100万（まん）
10^{3}	k	キロ	Kilo	1千（せん）
10^{2}	h	ヘクト	hecto	1百（ひゃく）
10^{1}	da	デカ	deca	十（じゅう）
10^{-1}	d	デシ	deci	
10^{-2}	c	センチ	centi	
10^{-3}	m	ミリ	milli	
10^{-6}	μ	マイクロ	micro	
10^{-9}	n	ナノ	nano	
10^{-12}	p	ピコ	pico	
10^{-15}	f	フェムト	femto	
10^{-18}	a	アト	atto	
10^{-21}	z	ゼプト	zepto	
10^{-24}	y	ヨクト	yocto	

【参考文献】

・国立研究開発法人産業技術総合研究所　計量標準総合センター 国際単位系（SI）日本語版刊行委員会
　訳：「国際単位系（SI）の要約 日本語版」

巻末資料

【巻末資料3】 英略語

■ 組織・機関

英略語	英語名称等	日本語名称等
BEIR（委員会）	Committee on the Biological Effects of Ionizing Radiation	（米国）電離放射線の生物影響に関する委員会
EPA	Environmental Protection Agency	（米国）環境保護庁
IAEA	International Atomic Energy Agency	国際原子力機関
IARC	International Agency for Research on Cancer	国際がん研究機関
ICRP	International Commission on Radiological Protection	国際放射線防護委員会
ICRU	International Commission on Radiation Units and Measurements	国際放射線単位・測定委員会
IEA	International Energy Agency	国際エネルギー機関
IPCC	Intergovernmental Panel on Climate Change	気候変動に関する政府間パネル
IRENA	International Renewable Energy Agency	国際再生可能エネルギー機関
ISO	International Organization for Standardization	国際標準化機構
NCRP	National Committee on Radiation Protection	（米国）放射線防護委員会
NRC	Nuclear Regulatory Commission	（米国）原子力規制委員会
OECD	Organisation for Economic Co-operation and Development	経済協力開発機構
UNEP	United Nations Environment Programme	国連環境計画
UNSCEAR	United Nations Scientific Committee on the Effects of Atomic Radiation	原子放射線の影響に関する国連科学委員会
WHO	World Health Organization	世界保健機関

■ 事項

英略語	英語名称等	日本語名称等
ALARA	as low as reasonably achievable	合理的に達成可能な限り低く
ALARP	as low as reasonably practicable	合理的に実行可能な限り低く
ALPS	Advanced Liquid Processing System	多核種除去設備
BWR	Boiling Water Reactor	沸騰水型軽水炉
CDF	Core Damage Frequency	炉心損傷頻度
CFF	Containment Failure Frequency	格納容器機能喪失頻度
DD	Doubling dose	倍加線量
DDREF	Dose and dose-rate effectiveness factor	線量・線量率効果係数
DNA	Deoxyribonucleic acid	デオキシリボ核酸
DS02	Dosimetry System 2002	2002年線量推定方式
DS86	Dosimetry System 1986	1986年線量推定方式
EAL	Emergency Action Level	緊急時活動レベル
EPZ	Emergency Planning Zone	防災対策を重点的に充実すべき地域の範囲
INES	The International Nuclear and Radiological Event Scale	国際原子力事象評価尺度
LET	Linear Energy Transfer	線エネルギー付与
LNG	Liquefied Natural Gas	液化天然ガス
LNT	Linear Non-Threshold	しきい値なしの直線モデル
LSS	Life Span Study	寿命調査
M	Magnitude	マグニチュード
MOX（燃料）	Mixed-Oxide（fuel）	ウラン・プルトニウム混合酸化物燃料
PAZ	Precautionary Action Zone	予防的防護措置を準備する区域
PRA	Probabilistic Risk Assessment	確率論的リスク評価
PSA	Probabilistic Safety Assessment	確率論的安全評価
PWR	Pressurized Water Reactor	加圧水型軽水炉
RBE	Relative biological effectiveness	生物効果比
SA	Severe Accident	シビアアクシデント、過酷（苛酷）事故（新規制基準では「重大事故」とよんでいる）
SAP	Safety Assessment Principles for Nuclear Facilities	（英国）原子力施設の安全評価原則
SBO	Station Black Out	全交流電源喪失
SI	Le Système International d'Unitès（仏語）The International System of Units（英語）	国際単位系
SPEEDI	System for Prediction of Environmental Emergency Dose Information	緊急時迅速放射能影響予測ネットワークシステム
TMI（原発事故）	Three Mile Island（accident）	スリーマイルアイランド（原発事故）
UPZ	Urgent Protection action planning Zone	緊急時防護措置を準備する区域
WBC	Whole Body Counter	ホールボディカウンタ、全身放射能計測装置

あとがき

　環境・廃棄物問題研究会は、公益財団法人政治経済研究所からの研究助成を受け、環境・エネルギー・廃棄物問題に焦点を当て、自然科学領域に限定せず社会科学領域も含めた研究を行なってきた。特に、福島第一原子力発電所の事故後は、その関連領域の研究を行い、広く成果を共有してきている。

　未曾有の福島原発事故から早7年が経過したが、その現状は楽観できるものではない。しかし日本政府と電力会社は再び原発を稼働させる道を選びながら、その説明は一面的であるといえる。例えば、安全性対策については、自然災害および地形的特徴を十分に吟味しているとはいえない。稼働停止中のエネルギー資源の調達コストについても、その調達規模や為替の変動の影響を示さずに、費用増加は原発の停止が理由であるかのように誘導しかねない。また、原発は安価であり、再稼働は電気代高騰の抑制および企業利益の確保につながるとの主張も、バックエンドが費用的に勘案されておらず、そもそもバックエンド自体、多額の資金を投じてきた六ヶ所再処理工場がいまだ機能せず、放射性廃棄物の最終処分場は建設地すら決定しておらず、問題が山積しているといえる。

　そして原発の議論が及ぶのは、なにも電力会社のみではない。多くの日本企業が国内外での事業拡大を意図し原発関連産業に参入している。中でも原発事業によって多額の損失がもたらされ東芝が直面する現実は厳しい。企業の存続すら危ぶまれ、そもそも原発事業への投資は適切であったのか、という疑問が株主から突きつけられている。しかし、多くの企業は事業から撤退せず、日立については政府支援のもと大規模な原発建設をイギリスで行うべく準備を行っている。報道によれば政府もまた、日本企業の原発輸出を支援しながら、国内における新たなエネルギー計画で新規の原発建設を盛り込む方針である。これが現実のものとなれば、イギリス、フィンランドなどの事例からみて建設費の肥大化によって、バックエンドを勘案せずとも、安価な発電とはいえなくなるだろう。

　これまでこのような議論が行われてきたが、領域が限定されていたといえる。本書の意義は、福島の現状、原発に付随する論点、そして海外の動向について自然科学および社会科学領域から言及することである。ただし、本書で網羅されていない論点も数多く残されており、両領域からの研究については今後も継続してゆくつもりである。そのため、当研究の深化に向け、忌憚のないご意見がいただければ幸いである。

　最後に、本書の趣旨に理解を示し協力してくださった核・エネルギー問題情報センターおよび執筆者の方々に対して心からお礼を申し上げたい。

編集委員一同

編者・執筆者一覧

■ 編者・編集委員

編者：公益財団法人 政治経済研究所 環境・廃棄物問題研究会

編集委員：野口邦和（公益財団法人 政治経済研究所）
　　　　　歌川　学（公益財団法人 政治経済研究所）
　　　　　舘野　淳（核・エネルギー問題情報センター）
　　　　　八田純人（公益財団法人 政治経済研究所）
　　　　　松田真由美（公益財団法人 政治経済研究所）

編集協力：核・エネルギー問題情報センター

■ 執筆者一覧

（執筆順）

氏名	所属等	専門分野	執筆箇所
野口邦和	元 日本大学准教授 公益財団法人 政治経済研究所	放射化学 放射線防護学	第1章 コラム1～3、7
八田純人	一般社団法人 農民連食品分析センター 公益財団法人 政治経済研究所	食品分析	コラム4
除本理史	大阪市立大学大学院経営学研究科	環境経済学	第2章
舘野　淳	元 中央大学商学部　元 日本原子力研究所 核・エネルギー問題情報センター	原子力・核燃料化学	第3章 解説2
岩井　孝	元 国立研究開発法人 日本原子力研究開発機構	核燃料	コラム5
児玉一八	核・エネルギー問題情報センター 原発問題住民運動全国連絡センター	生物化学 分子生物学	第4章 解説1、コラム6
柴崎　暁	早稲田大学商学学術院	民事法学	第5章
本島　勲	元 電力中央研究所	岩盤地下水工学	第6章
小野塚春吉	公益財団法人 政治経済研究所 元 東京都健康安全研究センター	環境化学	第7章、第12章 解説3
歌川　学	国立研究開発法人 産業技術総合研究所 公益財団法人 政治経済研究所	機械工学 環境工学	第8章、第13章 解説4、コラム8～13
青柳長紀	元 日本原子力研究所	原子炉工学	第9章
松田真由美	立教大学経済学部（兼任講師） 公益財団法人 政治経済研究所	会計学 財務会計	第10章
北村　浩	公益財団法人 政治経済研究所	政治学	第11章

福島事故後の原発の論点

2018 年 6 月 20 日　初版第 1 刷

編　　者	公益財団法人 政治経済研究所 環境・廃棄物問題研究会
編集協力	核・エネルギー問題情報センター
発 行 者	新舩 海三郎
発 行 所	株式会社 本の泉社
	〒 133-0033 東京都文京区本郷 2-25-6
	電話 03-5800-8494　FAX 03-5800-5353
	http://www.honnoizumi.co.jp/
Ｄ Ｔ Ｐ	木椋 隆夫
印刷・製本	中央精版印刷 株式会社

Printed in Japan　ISBN978-4-7807-1674-0 C0036
落丁本・乱丁本は小社でお取り替えいたします。
定価は表紙に表示してあります。
本書を無断で複写複製することはご遠慮ください。